工程建设安全技术与管理丛书

# 市政工程施工安全技术与管理

丛书主编　徐一骐

本书主编　周松国　邓铭庭

中国建筑工业出版社

**图书在版编目（CIP）数据**

市政工程施工安全技术与管理/周松国，邓铭庭本书主编.—北京：中国建筑工业出版社，2015.5（2023.6重印）
（工程建设安全技术与管理丛书）
ISBN 978-7-112-18111-7

Ⅰ.①市… Ⅱ.①周…②邓… Ⅲ.①市政工程-工程施工-安全管理 Ⅳ.①TU99

中国版本图书馆CIP数据核字（2015）第097965号

安全生产是人类社会赖以生存和发展的基础。本书内容将涉及的市政工程特点、危险性较大工程、施工设备、施工临时用电和应急救援预案等按章节加以论述。重点突出安全生产，强调“以人为本”的理念，力求反映市政工程施工安全实践，同时借鉴了国外先进的安全管理方法。

本书深入浅出、通俗易懂，实用性、可操作性强。可供从事市政决策、技术、管理和操作人员阅读使用，也可作为技术培训教材及设计及研究单位、大专院校师生参考书。

责任编辑：郦锁林 赵晓菲 朱晓瑜
版式设计：京点制版
责任校对：张 颖 党 蕾

工程建设安全技术与管理丛书
**市政工程施工安全技术与管理**
丛书主编 徐一骐
本书主编 周松国 邓铭庭
*
中国建筑工业出版社出版、发行（北京西郊百万庄）
各地新华书店、建筑书店经销
北京京点图文设计有限公司制版
建工社（河北）印刷有限公司印刷
*
开本：787×1092毫米 1/16 印张：19½ 字数：361千字
2015年8月第一版 2023年6月第四次印刷
定价：45.00元
ISBN 978-7-112-18111-7
（27356）

## 丛书编委会

丛书主编：徐一骐

副 主 编：吴恩宁　吴　飞　邓铭庭　牛志荣　王立峰
　　　　　杨燕萍

编　　委：徐一骐　吴　飞　吴恩宁　邓铭庭　杨燕萍
　　　　　牛志荣　王建民　黄思祖　王立峰　周松国
　　　　　罗义英　李美霜　朱瑶宏　姜天鹤　俞勤学
　　　　　金　睿　张金荣　杜运国　林　平　庄国强
　　　　　黄先锋　史文杰

## 本书编委会

顾　　问：史官云

主　　编：周松国　邓铭庭

副 主 编：王英达　周尚春　李庆田　徐军亮　徐惠芬
　　　　　张彩刚

编写人员：周松国　王英达　陈志强　周尚春　李庆田
　　　　　徐军亮　徐惠芬　邓铭庭　张彩刚　吴　敏
　　　　　卢　丹　章宏东　俞学文　林金桃

# 丛书序一

建筑业是我国国民经济的重要支柱产业之一，在推动国民经济和社会全面发展方面发挥了重要作用。近年来，建筑业产业规模快速增长，建筑业科技进步和建造能力显著提升，建筑企业的竞争力不断增强，产业队伍不断发展壮大。由于建筑生产的特殊性等原因，建筑业一直是生产安全事故多发的行业之一。当前，随着法律法规制度体系的不断完善、各级政府监管力度的不断加强，建筑安全生产水平在提升，生产安全事故持续下降，但工程质量安全形势依然很严峻，建筑生产安全事故还时有发生。

质量是工程的根本，安全生产关系到人民生命财产安全，优良的工程质量、积极有效的安全生产，既可以促进建筑企业乃至整个建筑业的健康发展，也为整个经济社会的健康发展作出贡献。做好建筑工程质量安全工作，最核心的要素是人。加强建筑安全生产的宣传和培训教育，不断提高建筑企业从业人员工程质量和安全生产的基本素质与基本技能，不断提高各级建筑安全监管人员监管能力水平，是做好工程质量安全工作的基础。

《工程建设安全技术与管理丛书》是浙江省工程建设领域一线工作的同志们多年来安全技术与管理经验的总结和提炼。该套丛书选择了市政工程、安装工程、城市轨道交通工程等在安全管理中备受关注的重点问题进行研究与探讨，同时又将幕墙、外墙保温等热点融入其中。丛书秉着务实的风格，立足于工程建设过程安全技术及管理人员实际工作需求，从设计、施工技术方案的制定、工程的过程预控、检测等源头抓起，将各环节的安全技术与管理相融合，理论与实践相结合，规范要求与工程实际操作相结合，为工程技术人员提供了可操作性的参考。

编者用了五年的时间完成了这套丛书的编写，下了力气，花了心血。尤为令人感动的是，丛书编委会积极投身于公益事业，将本套丛书的稿酬全部捐出，并为青川灾区未成年人精神家园的恢复重建筹资，筹集资金逾千万元，表达了一个知识群体的爱心和塑造价值的真诚。浙江省是建筑大省和文化大省，也是建筑专业用书的大省，本套丛书的出版无疑是对浙江省建筑产业健康发展的支持和推动，也将对整个建筑业的质量安全水平的提高起到促进作用。

郭元冲

2015 年 5 月 6 日

# 丛书序二

《工程建设安全技术与管理丛书》就要出版了。编者邀我作序，我欣然接受，因为我和作者们一样都关心这个领域。这套丛书对于每一位作者来说，是他们对长期以来工作实践积累进行总结的最大收获。对于他们所从事的有意义的活动来说，是一项适逢其时的重要研究成果，是数年来建设领域少数涉及公共安全技术与管理系列著述的力作之一。

当今，我国正在进行历史上规模最大的基本建设。由于工程建设活动中的投资额大、从业人员多、建设规模巨大，设计和建造对象的单件性、施工现场作业的离散性和工人的流动性，以及易受环境影响等特点，使其安全生产具有与其他行业迥然不同的特点。在当下，我国经济社会发展已进入新型城镇化和社会主义新农村建设双轮驱动的新阶段，这使得安全生产工作显得尤为紧迫和重要。

工程建设安全生产作为保护和发展社会生产力、促进社会和经济持续健康发展的一个必不可少的基本条件，是社会文明与进步的重要标志。世界上很多国家的政府、研究机构、科研团队和企业界，都在努力将安全科学与建筑业的许多特点相结合，应用安全科学的原理和方法，改进和指导工程建设过程中的安全技术和安全管理，以期达到减少人员伤亡和避免经济损失的目的。

我们在安全问题上面临的矛盾是：一方面，工程建设活动在创造物质财富的同时也带来大量不安全的危险因素，并使其向深度和广度不断延伸拓展。技术进步过程中遇到的工程条件的复杂性，带来了工程安全风险、安全事故可能性和严重度的增加；另一方面，人们在满足基本生活需求之后，不断追求更安全、更健康、更舒适的生存空间和生产环境。

未知的危险因素的绝对增长和人们对各类灾害在心理、身体上承受能力相对降低的矛盾，是人类进步过程中的基本特征和必然趋势，这使人们诉诸于安全目标的向往和努力更加迫切。在这对矛盾中，各类危险源的认知和防控是安全工作者要认真研究的主要矛盾。建设领域安全工作的艰巨性在于既要不断深入地控制已有的危险因素，又要预见并防控可能出现的各种新的危险因素，以满足人们日益增长的安全需求。工程建设质量安全工作者必须勇敢地承担起这个艰巨且义不容辞的社会责任。

本丛书的作者们都是长期活跃在浙江省工程建设一线的专业技术人员、管理人员、科研工作者和院校老师，他们有能力，责任心强，敢担当，有长期的社会实践经验和开拓创新精神。

5 年多来，丛书编委会专注于做两件事。一是沉下来，求真务实，在积累中研究和探索，花费大量时间精力撰写、讨论和修改每一本书稿，使实践理性的火花迸发，给知识的归纳带来了富有生命力的结晶；二是自发开展丛书援建灾区活动，知道这件事情必须去做，知道做的意义，而且在投入过程中掌握做事的方法，知难而上，建设性地发挥独立思考精神。正是在这一点上，本丛书的组织编写和丛书援建灾区系列活动，把用脑、用心、用力、用勤和高度的社会责任感结合在一起，化作一种自觉的社会实践行动。

本着将工程建设安全工作做得更深入、细致和扎实，本着让从事建设的人们人人都养成安全习惯的想法，作者们从解决工程一线工作人员最迫切、最直接、最关心的实际问题入手，目的是为广大基层工作者提供一套全面、可用的建设安全技术与管理方法，推广工程建设安全标准规范的社会实践经验，推行知行合一的安全文化理念。我认为这是一项非常及时和有意义的事情。

再就是，5 年多前，正值汶川特大地震发生后不久灾后重建的岁月。地震所造成的刻骨铭心的伤痛总是回响在人们耳畔，惨烈的哭泣、哀痛的眼神总是那么让人动容。丛书编委会不仅主动与出版社签约，将所有版权的收入捐给灾区建设，更克服了重重困难，历经 5 年多的不懈努力，成功推动了极重灾区四川省青川县未成年人校外活动中心的建设。真情所至，金石为开。用行动展示了建设工作者的精神风貌。

浙江省是建筑业大省，文化大省，我们要铆足一股劲，为进一步做好安全技术、管理和安全文化建设工作而努力。时代要求我们在继续推进建设领域的安全执法、安全工程的标准化、安全文化和教育工作过程中，要有高度的责任感和信心，从不同的视野、不同的起点，向前迈进。预祝本套丛书的出版将推进工程建设安全事业的发展。预祝本套丛书出版成功。

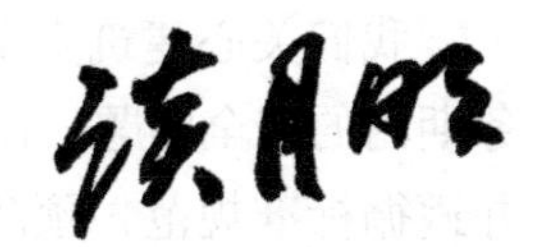

2015 年 1 月

# 丛书序三

安全是人类生存与发展活动中永恒的前提，也是当今乃至未来人类社会重点关注的重要议题之一。作为一名建筑师，我看重它与工程和建筑的关系，就如同看重探索神圣智慧和在其建筑法则规律中如何获取经验。工程建设的发展史在某种意义上说是解决建设领域安全问题的奋斗史。所以在本套丛书行将问世之际，我很高兴为之作序。

在世界建筑史上，维特鲁威最早提出建筑的三要素“实（适）用、坚固、美观”。“实用”还是“适用”，翻译不同，中文意思略有差别；而“坚固”，自有其安全的内涵在。20世纪50年代以来，不同的历史时期，我国的建筑方针曾有过调整。但从实践的角度加以认识，“安全、适用、经济、美观”应该是现阶段建筑设计的普遍原则。

建筑业是我国国民经济的重要支柱产业之一，也是我国最具活力和规模的基础产业，其关联产业众多，基本建设投资巨大，社会影响较大。但建筑业又是职业活动中伤亡事故多发的行业之一。

在建筑物和构筑物施工过程中，不可避免地存在势能、机械能、电能、热能、化学能等形式的能量，这些能量如果由于某种原因失去了控制，超越了人们设置的约束限制而意外地逸出或释放，则会引发事故，可能导致人员的伤害和财物的损失。

建筑工程的安全保障，需要有设计人员严谨的工作责任心来作支撑。在1987年的《民用建筑设计通则》JGJ 37—1987中，对建筑物的耐久年限、耐火等级就作了明确规定。要求必需有利于结构安全，它是建筑构成设计最基本的原则之一。根据荷载大小、结构要求确定构件的必须尺寸外，对零部件设计和加固必须在构造上采取必要措施。

我们关心建筑安全问题，包括建筑施工过程中的安全问题以及建筑本体服务期内的安全问题。设计人员需要格外看重这两方面，从图纸设计基本功做起，并遵循标准规范，预防因势能超越了人们设置的约束限制而引起的建筑物倒塌事故。

建筑造型再生动、耐看，都离不开结构安全本身。建筑是有生命的。美的建筑，当我们看到它时，立刻会产生一种或庄严肃穆或活跃充盈的印象。但切不可忘记，对空间尺度坚固平衡的适度把握和对安全的恰当评估。

如果说建筑艺术的特质是把一般与个别相联结、把一滴水所映照的生动造型与某个 idea 水珠莹莹的闪光相联结，那么，建筑本体的耐久性设计则使这一世界得以安全保存变得更为切实。

安全的实践知识是工程的一部分，它为工程师们提供了判别结构行为的方法。在一个成功的工程设计中，除了科学，工程师们还需要更多不同领域的知识和技能，如经济学、美学、管理学等。所以书一旦写出来，又要回到实践中去。进行交流很有必要，因为实践知识、标准给予了我们可靠的、可重复的、可公开检验的接触之门。

2008 年 5 月 12 日我国四川汶川地区发生里氏 8 级特大地震后，常存于我们记忆中的经验教训，便是一个突出例证。强烈地震发生的时间、地点和强度迄今仍带有很大的不确定性，这是众所周知的；而地震一旦发生，不设防的后果又极其严重。按照《抗震减灾法》对地震灾害预防和震后重建的要求，需要通过标准提供相应的技术规定。

随着我国城市轨道交通和地下工程建设规模的加大，不同城市的地层与环境条件及其相互作用更加复杂，这对城市地下工程的安全性提出了更高要求。艰苦的攀登和严格的求索，需要经历许多阶段。为了能坚持不懈地走在这一旅程中，我们需要一个巨大的公共主体，来加入并忠诚于事关安全核心准则的构建。在历史的旅程中，我们常常提醒自己，要学习，要实践，要记住开创公共安全旅程的事件以及由求是和尊重科学带来的希望。

考虑到目前我国隧道及地下工程建设规模非常之大、条件各异，且该类工程具有典型的技术与管理相结合的特点，在缺乏有效的理论作指导的情况下作业，是多起相似类型安全事故发生的重要原因。因此，在系统研究和实践的基础上，尽快制定相应的技术标准和技术指南就显得尤为紧迫。

科学技术的不断进步，使建筑形态突破固有模式而不断产生新的形态特征，这已被中外建筑史所一再证明。但不可忘记，随着建设工程中高层、超高层和地下建设工程的涌现，工程结构、施工工艺的复杂化，新技术、新材料、新设备等的广泛应用，不仅给城市、建筑物提出了更高的安全要求，也给建设工程施工安全技术与管理带来了新的挑战。

一个真正的建筑师，一个出色的建筑艺人，必定也是一个懂得如何在建筑的复杂性和矛盾性中，选择各种材料安全性能并为其创作构思服务的行家。这样的气质共同构成了自我国古代匠师之后，历史课程教给我们最清楚最重要的经验传统之一。

建筑安全与否唯一的根本之道，是人们在其对人文关怀和价值理想的反思中，如何彰显出一套更加严格的科学方法，负责任地对现实、对历史做出回答。

两年多前，同事徐一骐先生向我谈及数年前筹划编写《为了生命和家园》系列丛书的设想和努力，以及这几年丛书援建极重灾区青川县未成年人校外活动中心的经历和苦乐。寻路问学，掩不住矻矻求真的一瓣心香。它们深藏于时代，酝酿已久。人的自我融入世界事件之流，它与其他事物产生共振，并对一切事物充满热情和爱之关切。

这引起我的思索。在漫长的历史进程中，知识分子如何以独立的立场面对这种情况？他们不是随声附和的群体。而是以自己的独立精神勤于探索，敢于企求，以自己的方式和行动坚持正义，尊重科学，服务社会。奔走于祖国广袤的大地和人民之间，更耐人寻味和更引人注目，但也无法避免劳心劳力的生活。

书的写作是件艰苦之事，它要有积累，要有研究和探索；而丛书援建灾区活动，先后邀请到如此多朋友和数十家企业单位相助，要有忧思和热诚，要有恒心和担当。既要有对现实的探索和实践的总结，又要有人文精神的终极关怀和对价值的真诚奉献。

邀请援建的这一项目，是一个根据抗震设计标准规范、质量安全要求和灾区未成年人健康成长需求而设计、建设起来的民生工程。浙江大学建筑设计研究院提供的这一设计作品，构思巧妙，造型优美，既体现了建筑师的想象力和智慧，又是结构工程师和各专业背景设计人员劳动和汗水的结晶。

汶川大地震过后，人们总结经验教训，在灾区重新规划时避开地震断裂带，同时严格按照标准来进行灾区重建，以便建设一个美好家园。

岁月匆匆而过，但朋友们的努力没有白费。回到自己土地上耕耘的地方，不断地重新开始工作，耐心地等待平和曙光的到来。他们的努力留住了一个群体的爱心和特有的吃苦耐劳精神，把这份厚礼献给自己的祖国。现在，两者都将渐趋完成，我想借此表达一名建筑师由衷的祝贺！

胡理琛

2015 年 1 月

# 丛书前言

实践思维、理论探索和体制建设，给当代工程建设安全研究带来了巨大的推进，主要体现在对知识的归纳总结、开拓的研究领域、新的看待事物的态度以及厘清规律的方法。本着寻求此一领域的共同性依据和工程经验的系统结合，本套丛书从数年前着手筹划，作为《为了生命和家园》书系之一，其中选择具有应用价值的书目，按分册撰写出版。这套丛书宗旨是“实践文本，知行阅读”，首批10种即出。现将它奉献给建设界以及广大职业工作者，希望能对于促进公共领域建设安全的事业和交流有所裨益。

改革开放30多年来，国家的开放政策，经济上的快速发展，社会进步的诉求和人们观念的转变，大大改变了安全工作的地位并强调了其在经济社会发展中的重要性。特别是《建筑法》和《安全生产法》的颁布实施，使此一事业的发展不仅具有了法律地位，而且大大要求其体系建设从内涵上及其自身方面提高到一个新的高度。质言之，我们需要有安全和工程建设安全科学理论与实践对接点的系统研究，我们需要有优秀的富有实践经验的安全技术和管理人才。我们何不把为人、为社会服务的人本思想融入书本的实践主张中去呢？

这套书的丛书名表明了一个广泛的课题：建设领域公共安全的各类活动。这是人们一直在不倦地探索的一个领域。在整个世界范围内，建筑业都是属于最危险的行业之一，因此建筑安全也是安全科学最重要的分支之一。而从广义的工程建设来讲，安全技术与管理所涉及的范畴要更广，因此每册书的选题都需要我们认真对待。

当前，我国经济社会发展已进入新型城镇化和社会主义新农村建设双轮驱动的新阶段，安全工作站在这样一个新的起点上，这正是需要我们研究和开拓的。

进入21世纪以来，我国逐渐迈入地下空间大发展的历史时期。由于特殊的地理位置，城市地下工程通常是在软弱地层中施工，且周围环境极其复杂，这使得城市地下工程建设期间蕴含着不可忽视的安全风险。在工程科学研究中，需要我们注重实践经验的升华，注重科学原理与工程经验的结合，这样才能满足研究成果的普遍性和适用性。

关于新农村规划建设安全的研究，主要来自于这样一个事实：我国村庄抗灾防灾能力普遍薄弱，而广大农村和乡镇地区往往又是我国自然灾害的主要受害地区。火灾、洪灾、震灾、风灾、滑坡、泥石流、雷击、雪灾和冻融等多种自然灾害发生频繁。这要求我们站在相对的时空关系中，分层次地认识问题。作为规划、勘察、设计、施工、验收和制度建设等，更需要可操作性，并将其贯穿到科学的规划和建设中去。

我们常说研究安全技术与管理是一门综合性的大课题。近年来安全工程学、管理学、经济学，甚至心理学等学科中的许多研究都涉及这个领域，这说明学科交叉的必然性和重要性，另一方面也加深了我们对安全，特别是具有中国特色的工程建设安全的认识。

在这样的历史进程中，历史赋予我们的重任就是要学习，就是要实践，这不仅要从书本中学习，同时也要从总结既往实践经验中再学习，这是人类积累知识不可缺少的环节。

除了坚持"学习"的主观能动性外，我们坚决否认人能以旁观者的身份来认识和获得经验，那种传统经验主义所谓的"旁观者认知模式"，在我们的社会实践中行不通。我们是建设者，不是旁观者。知行合一，抱着躬自执劳的责任感去从事安全工作，就必然会引出这个问题：我们需要什么理念、什么方法和什么运作来训练我们自己成为习惯性的建设者？在生产作业现场，偶然作用——如能量意外释放、人类行为等造成局部风险难以避免。事故发生与否却划定了生死界线！许多工程案例所起到的"教鞭"作用，都告诫人们必须百倍重视已发生的事故，识别出各种体系和环节的缺陷，探索和总结事故规律，从中汲取经验教训。

为有效防范安全风险和安全事故的发生，我们希望通过努力对安全标准化活动作出必要的归纳总结。因为标准总是将相应的责任与预期的成果联系起来。而哪里需要实践规则，哪里就有人来发展其标准规范。

英语单词"standard"，它既可以解释为一面旗帜，也可以解释为一个准则、一个标准。另外，它还有一个暗含的意义，就是"现实主义的"。因为旗帜是一个外在于我们的客体，我们转而向它并且必须对它保持忠诚。安全标准化的凝聚力来自真知，来自对规律性的研究。但我们在认识这一点时，曾经历了多大的艰难啊！

人们通过标准来具体参与构建一个安全、可靠的现实世界。我国抗震防灾的经验已向我们反复表明了：凡是通过标准提供相应的技术规定进行设计、施工、验收的房屋基本"大震不倒"。因为工程建设抗震防灾技术标准编制的主要依据就是地震震害经验。1981 年道孚地震、1988 年澜沧耿马地震、1996 年丽江地震，特别是 2008 年汶川地震中，严格按规范设计、施工的房屋建筑在无法预期的罕遇地震中没有倒塌，减少了人员的伤亡。

对工程安全日常管理的标准化转向可以看成工程实践和改革的一个长期结果。21世纪初，《工程建设标准强制性条文》的编制和颁布，正式开启了我国工程建设标准体制的改革。《强制性条文》颁布后，国家要求严格遵照执行。任何与之相违的行为，无论是否造成安全事故或经济损失，都要受到严厉处罚。

当然，须要说明的是，“强条”是国家对于涉及工程安全、环境、社会公众利益等方面最基本、最重要的要求，是每个人都必须遵守的最低要求，而不是安全生产的全部要求。我们还希望被写成书的经验解释，能在服务安全生产的过程中清晰地凸显出来，希望有效防控安全事故的措施，通过对事故及灾变发生机理以及演化、孕育过程的深入认识而凸显出来。为此，我们能做到的最好展示，便是竭尽全力，去共同构建科学的管理运作体系，推广有效的管理方法和经验，不断地总结工程安全管理的系统知识。

本套书强调对安全确定性的寻求，强调科学的系统管理，这是因为在复杂多变的工程现场，那迎面而来的作业环境，安全存在是不确定的。在建设活动中，事关安全生产的任何努力，无论是危险源的辨识和防控、安全技术措施和管理，还是安全生产保证体系和计划、安全检查和安全评价，抑或是对事故的分析和处理，都是对这一非确定性的应答。

它是一种文化构建，一种言行方式。而在我们对安全确定性的寻求过程中，所有安全警惕、团队工作、尊严和承诺、优秀、忠诚、沟通、领导和管理、创新以及培训等，都是十分必要的。在安全文化建设中，实践性知识是不会遭遗忘的。事关安全的实践性不同于随意行动，不可遗忘，因为实践性知识意识到，行动是不可避免的。

为了公众教育，需要得出一个结论。作者们通过专业性描述，使得安全技术和管理知识直接对接于实践，也使工程实践活动非常切合于企业的系统管理。一种更合社会之意的安全文化总在帮助我们照管和维护文明作业和职业健康，并警觉因主体异化带来的安全隐患和风险，避免价值关怀黯然不彰。

我坚持，公共空间、公共利益、公共服务、公益、公平等，是人文性的。它诉诸于城乡规划和建设的价值之维，并使我们的工作职责上升为一种公共生活方式。这种生活本身就应该是竭尽全力的。你所专注的不在你的背后，而是在前面。只有一个世界，我们的知识和行为给予我们所服务的世界，它将我们带进教室、临时工棚、施工现场、危险品仓库和一切可供交流沟通的地方。你的心灵是你的视域，是你关于世界以及你在公共生活中必须扮演的那个角色。

对这条漫漫长路的求索汇成了这样一套书。这条路穿越并串联起这片大地的景色。这条路是梦想之路，更是实践人生之路。有作者们的，有朋友们的，甚至有最深沉的印记——力求分担建设者的天职——忧思。

无法忘怀，在本套丛书申报选题的立项前期，正值汶川大地震发生后不久，我们奔赴现场，关注到极重灾区四川省青川县，还需要建设一座有利于5万名未成年人长期健康成长的精神家园。在该县财政极度困难的情况下，丛书编委会主动承担起了帮助青川县未成年人校外活动中心筹集建设资金和推动援建的责任。

积数年之功，青川这一民生工程即将交付使用，而丛书的10册书稿也将陆续完成，付梓出版。5年多的心血、5年多的坚守，皆因由筑而梦，皆希望有一天，凭着一份知识的良心，铺就一条用书铺成的路。假如历史终究在于破坏和培养这两种力量之间展开惊人的、不间断的、无止境的抗衡，那么这套丛书行将加入后者的奋争。

为此，热切地期待本丛书的出版能分担建设者天职的这份忧思，能对广大的基层工作者建设平安社会和美好的家园有所助益。同时，谨向青川县灾区的孩子们致以最美好的祝愿！

徐一骐

2014年12月于杭州

# 本书前言

安全生产是人类社会赖以生存和发展的基础。市政工程安全生产涉及面广、影响因素多、技术要求高。因此，本书内容将涉及的工程本身特点、危险性较大工程、施工设备、施工临时用电和应急救援预案等按章节加以论述。重点突出安全生产，强调“以人为本”的理念，力求反映市政工程施工安全实践，同时借鉴了国外先进的安全管理成果。

本书共分十章，第一章 市政工程安全生产管理概述；第二章 市政工程施工安全管理要点；第三章 危险性较大工程施工安全管理；第四章 市政施工机械设备安全管理；第五章 临时用电安全管理；第六章 市政施工应急救援预案；第七章 现场急救安全知识；第八章 施工现场环境和卫生管理；第九章 市政工程安全信息化管理。

本书内容深入浅出、通俗易懂，实用性、可操作性强。可供从事市政决策、技术、管理和操作人员阅读使用，也可作为技术培训教材及设计单位、大专院校师生参考书。本书参考了相关作者的著作，在此特向他们表示深致谢意。

本书中缺点和不足之处在所难免，希望读者批评、指正。

# 目录 CONTENTS

# 第一章

# 市政工程安全生产管理概述

# 第一节　市政施工企业安全生产

## 一、市政施工的特点

市政施工主要是指工程建设实施阶段的生产活动。它具有与工矿企业生产明显不同的特点：

（1）市政施工点多线长，露天作业，受环境、气候的影响较大，工作条件差，安全管理难度较大。

（2）市政施工为多工种立体作业，人员多，工种复杂。施工人员多为季节工、临时工等，没有受过专业培训，技术水平低，安全观念淡薄，施工中由于违反操作规程而引发的安全事故较多。

（3）市政安全技术涉及面广，它涉及高处作业、电气、起重、运输、机械加工和防火、防爆、防尘、防毒等多工种、多专业，组织安全技术培训难度较大。

（4）市政施工流动性大，施工设施、防护设施多为临时性的，容易使施工人员产生临时观念，忽视施工设施的质量，不能及时消除安全隐患，以致发生安全事故。

（5）市政施工现场安全防范的重点是高处坠落、触电、沟槽塌方、物体打击、机械伤害等。

（6）流动性大是施工的又一个特点。项目完工后，施工队伍就要转移到新的地点，去建新的项目。

（7）露天高处作业多。在空旷的地方盖房子，没有遮阳棚，也没有避风的墙，工人常年在室外操作。一个项目从基础、主体结构到屋面工程、室外装修等，露天作业约占整个工程的70%。夏天热、冬天冷，风吹日晒，工作条件差。

（8）手工操作，繁重的劳动，体力消耗大。建筑业是我国发展最早的行业，可是几千年来，大多数工种至今仍是手工操作。近几年来，墙体材料有了改革，出现了大规模、滑模、大板等施工工艺，但就全国来看，多数墙体仍然是用黏土砖一块块砌筑。

（9）装备杂、交叉作业多。工程施工已逐渐机械化，由于各类机械增多，

交叉作业也随之大量的增加，相互间干扰大。很多工程设备是施工单位自己制造的，没有一定的型号，也没有固定的标准和定型的防护设施。

由于工程施工复杂又变幻不定，特别是生产高峰季节、高峰时间更易发生事故；再加上流动分散，工期不固定，一些工程的施工队伍多，各分包单位之间的配合性差，不采取可靠的安全防护措施，存在侥幸心理，给施工安全带来了不少隐患，伤亡事故必然会频繁发生。

## 二、加强市政工程安全管理的重要性

（1）世间一切事物中，人是第一宝贵的因素，一线生产工人是人类社会最基本的活动——生产活动的主体，保护劳动者就是保护生产力，要解放生产力和发展生产力，就是要把安全生产放在第一位。

（2）安全问题关系到社会稳定和国家的安定团结。国家历来十分重视保护劳动者的安全和健康，项目施工的各级管理人员必须提高认识，增强安全意识和责任感，牢固树立“安全第一”的思想，任何时候都不可忽视安全工作。

（3）安全生产关系到国家的经济发展和企业的经济效益。一个施工项目经济的好坏，要靠管理和技术，安全管理的优劣，对企业经济效益的影响尤其巨大，从一定意义上说，没有安全就没有效益。

（4）安全问题是人命攸关的大事，安全生产贯穿于项目施工的全过程，必须年年讲、月月讲、天天讲、时时讲，讲得家喻户晓、人人皆知，形成一个人人重视安全工作的良好局面。

## 三、市政工程施工安全生产的内容

（1）施工安全制度管理施工项目确立以后，施工单位就要根据国家及行业有关安全生产的政策、法规和标准，建立一整套符合项目工程特点的安全生产管理制度，包括安全生产责任制度、安全生产教育制度、电气安全管理制度、防火防爆安全管理制度、高处作业安全管理制度、劳动卫生安全管理制度等。用制度约束施工人员的行为，达到安全生产的目的。

（2）施工安全组织管理为保证国家有关安全生产的政策、法规及施工现场安全管理制度的落实，企业应建立健全安全管理机构，并对安全管理机构的构成、职责及工作模式作出规定。企业应重视安全档案管理工作，及时整理、完善安全档案、安全资料，对预防、预测、预报安全事故提供依据。

（3）施工现场设施管理。根据《建设工程施工现场管理规定》（建设部令第15号）和《建筑施工安全检查标准》JGJ 59—2011中对施工现场的运输道路，附属加工设施，给排水、动力及照明、通信等管线，临时性建筑（仓库、工棚、食堂、水泵房、变电所等），材料、构件、设备及工器具的堆放点、施工机械的行进路线、安全防火设施等一切施工所必须的临时工程设施进行合理设计、有序摆放和科学管理。

（4）施工人员操作规范化管理。施工单位要严格按照国家及行业的有关规定，按各工种操作规程及工作条例的要求规范施工人员的行为，坚持贯彻执行各项安全管理制度，杜绝由于违反操作规程而引发的工伤事故。

（5）施工安全技术管理在施工生产过程中，为了防止和消除伤亡事故，保障职工的安全，企业应根据国家和行业的有关规定，针对工程特点、施工现场环境、使用机械以及施工中可能使用的有毒有害材料，提出安全技术和防护措施。安全技术措施应在开工前根据施工图编制。施工前必须以书面形式对施工人员进行安全技术交底，对不同工程特点和可能造成的安全事故，从技术上采取措施，消除危险，保证施工安全。施工中对各项安全技术措施要认真组织实施，经常进行监督检查。对施工中出现的新问题，技术人员和安全管理人员要在调查分析的基础上，及时提出新的安全技术措施。

## 第二节　市政工程施工的事故类型

根据历年来伤亡事故统计分类，建筑与市政施工中的事故类型可达10种以上，但其中最主要的、易发的和常见的死亡人数最多的事故有5大类：高处坠落、触电、物体打击、机械伤害、坍塌事故。这5大类事故占事故总数的86%左右。由此可见，要消除或减少施工中的伤亡事故，就要从治理和遏制这5大类事故入手。

### 一、事故发生的类型及主要原因

#### （一）高处坠落

##### 1. 临边、洞口处坠落

（1）无防护设施或防护不规范。如防护栏杆的高度低于1.2m，横杆不足两道，

仅有一道等；在无外脚手架及尚未砌筑围护墙的临空边缘，防护栏杆柱无预埋件固定或固定不牢固。

（2）洞口防护不牢靠，洞口虽有盖板，但无防止盖板位移的措施。

**2. 脚手架上坠落**

主要是搭设不规范，如相邻的立杆（或大横杆）的接头在同一平面上，扫地杆、剪刀撑、连墙点任意设置等；架体外侧无防护网、架体内侧与构筑物之间的空隙无防护或防护不严；脚手板未满铺或铺设不严、不稳等。

**3. 悬空高处作业时坠落**

主要是在安装或拆除脚手架、模板支架等高处作业时的作业人员，没有系安全带，也无其他防护设施或作业时用力过猛，身体失稳而坠落。

**4. 登高过程中坠落**

主要是无登高梯道，随意攀爬脚手架、井架登高；登高斜道面板、梯档破损、踩断；登高斜道无防滑措施。

**5. 在梯子上作业坠落**

主要是梯子未放稳，人字梯两片未系好安全绳带；梯子在光滑的地面上放置时，其梯脚无防滑措施，作业人员站在人字梯上移动位置而坠落。

### （二）触电事故

**1. 外电线路触电事故**

主要是指施工中碰触施工现场周边的架空线路而发生的触电事故。

（1）施工作业面与外电架空线之间没有达到规定的最小安全距离，也没有按规范要求增设屏障、遮栏、围栏或保护网，在外电线路难以停电的情况下，进行违章冒险施工。特别是在搭、拆钢管脚手架，或在高处绑扎钢筋、支搭模板等作业时发生此类事故较多。

（2）挖掘、起重机械在架空高压线下方作业时，吊臂的最远端与架空高压电线间的距离小于规定的安全距离，作业时触碰裸线或集聚静电荷而造成触电事故。

**2. 施工机械漏电造成事故**

（1）施工机械要在多个施工现场使用，不停地移动，环境条件较差（泥浆、锯屑污染等），带水作业多，如果保养不好，机械往往易漏电。

（2）施工现场的临时用电工程没有按照规范要求做到“三级配电，三级保护”。有的工地虽然安装了漏电保护器，但选用保护器规格不当，认为只要是漏电保护器装上了就保险，在开关箱中装上了 50mA × 0.1S 规格，甚至更大规格的漏电保护器，结果关键时刻起不到保护作用。有的工地没有采用 TN—S 保护系统，也有的工地迫于规范要求，但不熟悉技术，拉了五根线就算“三相五线”，工作零线（N）与保护零线（PE）混用。施工机具任意拉接，用电保护混乱造成安全事故多发。

**3. 手持电动工具漏电**

主要是没有按照《施工现场临时用电安全技术规范》JGJ 46—2005 要求进行有效的安全用电，电动工具操作者没有戴绝缘手套、穿绝缘鞋。

**4. 电线电缆的绝缘保护层老化、破损及接线混乱造成漏电**

有些施工现场的电线、电缆“随地拖、一把抓、到处挂”，乱拉、乱接线路，接线头不用绝缘胶布包扎；露天作业电气开关放在木板上，不用电箱，特别是移动电箱无门，任意随地放置；电箱的进、出线任意走向，接线处“带电体裸露”，不用接线端子板，“一闸多机”，多根导线接头任意绞、挂在漏电开关或保险丝上；移动机具在插座接线时不用插头，使用小木条将电线头插入插座等。这些现象造成的触电事故是较普遍的。

**5. 照明及违章用电**

移动照明特别是在潮湿环境中作业，其照明不使用安全电压；另外，使用灯泡烘衣、袜或取暖等违章用电时造成的事故。

### （三）物体打击

物体打击是指失控物体的惯性力对人身造成的伤害，其中包括高处落物、飞蹦物、滚击物及掉、倒物等造成伤害。物体打击伤害事故范围较广。在施工中主要有：

**1. 高处落物伤害**

在高处堆放材料超高、堆放不稳，造成散落；作业人员在作业时将材料、废料等随手往地面扔掷；拆脚手架、支模架时，拆下的构件、扣件不通过垂直运输设备往地面运，而是随拆随往下扔；在同一垂直面、立体交叉作业时，上、下层间没有设置安全隔离层；起重吊装时材料散落，造成落物伤害事故。

**2. 飞蹦物击伤害**

爆破作业时安全覆盖、防护等措施不周；工地调直钢筋时没有可靠防护措施。比如，使用卷扬机拉直钢筋时，夹具脱落或钢筋拉断，钢筋反弹击伤人；使用有柄工具时没有认真检查，作业时手柄断裂，工具头飞出击伤人等。

**3. 滚物伤害**

主要是在基坑边堆物不符合要求，如砖、石、管材等滚落到基坑、桩洞内造成基坑、桩洞内作业人员受到伤害。

**4. 从物料堆上取物料时，物料散落、倒塌造成伤害**

物料堆放不符合安全要求，取料者也图方便不注意安全。比如，长杆件材料竖直堆放，受振动不稳倒下砸伤人；抬放物品时抬杆断裂等造成物击、砸伤事故；物料自卸车卸料时，作业人员受到栏板撞击等。

### （四）机械伤害

机械伤害主要是违章指挥、违章操作和机械安全保险装置没有或不可靠或两原因并存而导致的。此外，使用已报废的机械也是造成事故的一个原因。

**1. 违章指挥**

（1）施工指挥者指派了未经安全知识和技能培训合格的人员从事机械操作；

（2）为赶进度不执行机械保养制度和定机定人责任制度；

（3）使用报废机械。

**2. 违章作业**

主要是操作人员为图方便，有章不循，违章作业。比如，施工现场不戴安全帽；高空作业不系安全带；擅自变更配电箱内电器装置；行走不走安全通道；登高不走人行栈桥等；机械运转中进行擦洗、修理；非机械工擅自启动机械操作。

**3. 没有使用和不正确使用个人劳动保护用品**

如电焊时不使用防护面罩；电工作业时不穿绝缘鞋等。

**4. 没有安全防护和保险装置或装置不符合要求**

如机械外露的转（传）动部位（如齿轮、传送带等）没有安全防护罩；圆盘锯无防护罩、无分料器、无防护挡板；吊机的限位、保险不齐全或虽有却失效。

**5. 机械不安全状态**

如机械带病作业，机械超负荷使用，使用不合格机械或报废机械。

### （五）坍塌

随着桥梁、高架道路、水工构筑物建设量的增多，基础开挖的深度越来越深。近年来坍塌事故呈上升趋势。坍塌事故的主要部位及原因如下。

**1. 基坑、基槽开挖及人工扩孔桩施工过程中的土方坍塌**

主要是坑槽开挖没有按规定放坡，基坑支护没有经过设计或施工时没有按设计要求支护；支护材料质量差而造成支护变形、断裂；边坡顶部荷载大（如在基坑边沿堆土、管材等，土方机械在边沿处停靠）；排水措施不当，造成坡面受水浸泡产生滑动而塌方；冬春之交破土时，没有针对土体胀缩因素采取护坡措施。

**2. 模板坍塌**

模板坍塌是指用扣件式钢管脚手架、各种木杆件或竹材搭设的构筑物的模板，因支撑杆件刚性不够、强度低，在浇筑混凝土时失稳造成模板上的钢筋和混凝土的塌落事故。模板支撑失稳的主要原因是没有进行有效正确的设计计算，也不编写专项施工方案，施工前也未进行安全交底。特别是混凝土输送管路，往往附着在模板上，输送混凝土时产生的冲击和振动更加速了支撑的失稳。

**3. 脚手架倒塌**

主要是没有认真按规定编制施工专项方案，没有执行安全技术措施和验收制度。架子工属特种作业人员，必须持证上岗。但目前，架子工普遍文化水平低，安全技术素质不高，专业性施工队伍少。脚手架所用的管材有效直径普遍达不到要求，搭设不规范，特别是相邻杆件接头、剪刀撑、连墙点的设置不符合安全要求，造成脚手架失稳倒塌。

### （六）硫化氢中毒

城市排水管网中的污水包括工业污水和城市生活污水。这些污水中的有毒物质主要是甲烷（沼气）、硫化氢、一氧化碳等。此外，管道和窨井中沉积的淤泥因腐败分解会产生硫化氢等有毒有害的物质。污水中产生的有毒有害气体在通风不畅时，就会积聚起来，有毒气体的浓度不断增大、造成作业人员中毒，甚至身亡。同时，管道堵塞使管道处于全封闭状态，厌氧反应会加速产生，毒气会大量积聚，使毫无防备的作业人员发生急性中毒。

## 二、市政施工伤亡事故的预防措施

多年来市政行业制定了安全生产方面的法律、法规和标准，特别是自 1995 年以来，国家建设行政主管部门提出以治理五大伤害事故为主的专项治理工作，收到了很好的效果。

### （一）依据施工安全技术标准组织施工

自 1988 年以来，建设部先后出台了多项施工安全技术方面的标准和规范，如《施工现场临时用电安全技术规范》、《建筑施工高处作业安全技术规范》、《建筑施工扣件式钢管脚手架安全技术规范》及《建筑施工安全检查标准》等，这些标准和规范，从各自专业的角度，对安全技术提出了要求，并做出了明确的规定，使安全生产由定性管理，达到了定量管理。特别是《建筑施工安全检查标准》利用系统工程学的原理，对建筑与市政施工近 10 年来发生的伤亡事故做了分析，对那些易发和多发事故有关的工序和部位以检查表的形式，提出了科学的量化的要求，共有 18 张检查表，168 个检查项目，573 条检查评定的内容。

五大伤害事故易发生的工序、部位和作业程序，都包括在这些检查表中，每一项都有具体要求。在施工过程中只要按照这些要求去做，即可预防、消除大量的伤亡事故。安全技术标准或规范中的很多条文，都是由建筑与市政施工中血的教训换来的，是科学规律的总结，具有约束力和强制性，也是建立安全生产的正常秩序和保障施工过程中操作者安全和健康的法律依据。为了在施工中不再发生流血事件，施工企业在施工现场必须按照安全技术标准、规范的要求组织施工，以避免或遏制高处坠落、触电、物体打击、机械伤害、坍塌及其他类别事故的发生。

### （二）认真执行安全技术管理制度

《建筑法》第38条规定，建筑施工企业在编制施工组织设计时，应当根据工程的特点制定相应的安全技术措施；对专业性较强的工程项目，应当编制专项安全施工组织设计，并采取安全技术措施。施工安全技术措施是对每项工程施工中存在的不安全因素进行预先分析，从技术上和管理上采取措施，从而控制和消除施工中的隐患，防止发生伤亡事故。因此，它是工程施工中实现安全生产的纲领性文件，必须认真执行。

### （三）建立、健全安全生产责任制，做到人人管生产，人人管安全

按照标准要求组织施工，执行安全技术管理不能是纸上谈兵，必须落到实处，这就需要有责任制。在《建筑法》中明确了建设单位、设计单位、监理单位和施工单位的安全生产责任。消除伤亡事故，施工企业和施工项目部负有直接责任。因此，关键是企业和施工现场要有健全的安全生产责任制。按照《建筑法》的要求，施工企业的法定代表，是安全生产的第一责任人，必须处理好安全与生产、安全与效益的关系，努力改善施工环境和作业条件，制定安全防范措施，并且组织实施。要做到这一点，就要在企业中建立健全以第一责任人为核心的分级负责的安全生产责任制。在由工程项目部组织施工的施工现场也和企业一样，项目负责人（项目经理）应为本工程项目的安全生产第一责任人，并应制定以第一责任人为核心的各类人员的安全生产责任制。对于总包和分包单位的安全责任也应明确，总包单位对施工现场进行统一管理，并对安全生产负全面责任；分包单位要向总包单位负责，服从总包单位的管理。

在工程施工中还要注重四个环节，即施工前、施工中、施工现场和伤亡事故。安全生产贯穿于施工生产的全过程，存在于施工现场的各种事物中，也可以说，凡与施工现场有关的人员，都要负起与自己有关的安全生产责任。为了安全生

产责任制能落实到实处，企业和施工单位还应制定责任制落实的考核办法，这样才能给落实安全生产责任打下基础。责任落实了，在施工中的安全生产工作就能做到“人人管生产，人人管安全”，也就实现了责任制要“纵向到底，横向到边”的要求。

### （四）搞好安全教育培训

安全教育培训是实现安全生产的一项重要基础工作。只有通过安全教育培训才能提高各级领导、管理人员和广大工人的安全意识和搞好安全生产责任制的自觉性，使广大职工掌握安全生产法规和安全生产知识，提高各级领导和管理人员对安全生产的管理水平，提高广大工人安全操作技能，增强自我保护能力，减少伤亡事故。为此，《建筑法》第46条规定：“建筑施工企业应当建立健全劳动安全生产教育培训制度，加强对职工安全生产的教育培训；未经安全生产教育培训的人员，不得上岗作业。”建设部于1997年下发的《建筑业企业职工安全培训教育暂行规定》明确规定了建筑企业职工必须定期接受安全培训教育，坚持先培训、后上岗制度，并具体规定了各类人员每年培训的时间：企业法定代表人不得少于30学时；企业其他管理人员和技术人员不得少于20学时；企业专职安全管理人员不得少于40学时；企业其他职工不得少于15学时；特种作业人员在通过专业安全技术培训并取得岗位操作证后，每年还应接受有针对性的安全培训，时间不得少于20学时；企业待岗、转岗、换岗的职工，在重新上岗前，必须再接受一次安全培训，时间不得少于20学时；新工人必须先接受“三级安全教育”再上岗，公司级教育不得少于15学时，项目级不得少于15学时，班组级不得少于20学时。

### （五）搞好施工人员的安全保障

目前，工程项目正逐步实施标准化管理。工程项目标准化管理，是指制定工程项目管理标准，并组织实施标准及对标准的实施进行监督活动的总称。从人的角度来说，标准化是以标准规范每个管理人员和操作人员的行为，约束人的不安全行为；从物的角度看，标准化是一种技术准则，消除物的不安全状态，建立良好的生产秩序和创造安全的生产环境。

#### 1. 工程施工人员应具备的素质

首先，要求是年满18周岁的公民，身体素质好，能够适应施工现场艰苦的作业环境，以不超过55岁为宜。其次，要求责任心强，有一定的技术技能，有较强的安全意识，能承担相应的工作。最后，如果是从事特种作业的人员，必须经过专门的身体检验合格，并具备相应的特种作业专业技能和安全操作技能。

**2. 工程施工人员应熟练掌握“三宝”的正确使用方法，达到辅助预防的效果**

“三宝”是指现场施工作业中必备的安全帽、安全带和安全网，它们正确的使用方法和安全注意事项分别如下：

（1）安全帽。是用来避免或减轻外来冲击和碰撞对头部造成伤害的防护用品，其正确使用方法如下：

① 检查壳是否破损，如有破损，其分解和削减外来冲击力的性能已减弱或丧失，不可再用。

② 检查有无合格帽衬，帽衬的作用在于吸收和缓解冲击力，安全帽无帽衬，就失去了保护头部的功能。

③ 检查帽带是否齐全。

④ 调整好帽衬间距（约 4 ～ 5cm），调整好帽箍。

⑤ 戴帽并系好帽带。

⑥ 现场作业中，切记不得随意将安全帽脱下搁置一旁，或当坐垫使用。

（2）安全带。是高处作业工人预防伤亡的防护用品，其使用注意事项如下：

① 应当使用经质检部门检查合格的安全带。

② 不得私自拆换安全带的各种配件，在使用前，应仔细检查，确认各部分配件无破损时才能佩系。

③ 在使用过程中，安全带应高挂低用，并防止摆动，碰撞，避开尖刺，不接触明火，不能将钩直接挂在安全绳上，一般应挂到连接环上。

④ 严禁使用打结和有接头的安全绳，以防坠落时腰部受到较大冲力伤害。

⑤ 作业时应将安全带的钩、环牢挂在系留点上，各卡要接扣紧，以防脱落。

⑥ 在温度较低的环境中使用安全带时，要注意防止安全绳硬化割裂。

⑦ 使用后，将安全带、绳卷成盘放在无化学试剂、阳光的场所中，切不可折叠。在金属配件上涂些机油，以防生锈。

⑧ 安全带的使用期是 3 ～ 5 年，在此期间安全绳磨损的应及时更换，如果带子破裂应提前报废。

（3）安全网。安全网在施工现场是用来防止人、物坠落，或用来避免、减轻坠落及物击伤害的网具。在施工现场，安全网的架设和拆除要严格按照施工负责人的安排进行，不得随意拆毁安全网。在使用过程中，不得随意向网上乱抛杂物或撕坏网片。

# 第二章

## 市政工程施工安全管理要点

## 第一节　广场和道路施工

（1）广场、道路工程施工，其围护、五小设施应满足《建筑施工安全检查标准》JGJ 59—2011 的相关要求。

（2）项目部必须根据经有关部门批准的交通组织方案，按要求设置警示标志和警示灯。施工区域与非施工区域应设立分隔设施，临时出入口的设置应不影响交通视角，确保安全。

（3）项目部应落实人员在现场进行管理。

（4）项目部应结合实际情况编制现场的排水方案，确保雨污水排放通畅，不破坏环境；利用原有排水设施排水的，应合理设置沉淀池，避免堵塞排水管道。

（5）车辆进出点应设立冲洗设施，并设置排水沟和沉淀池，确保净车出场。

（6）材料、机具应按规定堆放，不得堆放在便道、车行道、人行道上。现场各类井口必须设盖，作业完毕后应及时封盖。在井下或管道内作业时，井外或管道外必须安排人员进行监护。

（7）施工涉及地下管线时，项目部应根据有关单位的交底对地下管线进行现场标识，并安排专人进行监护。

（8）现场便道、路基、行车道应确保平整、通畅，不得影响行车安全。

（9）倒车卸料、物料起吊应有专人指挥，起吊、打桩等严禁在架空输电线路下作业。

（10）工程完工后应及时清除建筑垃圾。

## 第二节　管线施工

### 一、一般要求

（1）管线（燃气、供水、热力、排水等）工程施工，应在施工方案中明确

安全生产、文明施工措施，并按规定制订各主要工序、部位所涉及的安全技术专项方案。管线施工时必须编制电力及电信管线保护方案。

（2）临街道路及在风景区施工，必须设置高度不低于2.1m的围护，以确保施工区域与非施工区域得到有效隔离。

（3）沟槽施工方案中应合理确定挖槽断面和堆土位置。堆土高度不得超过1.5m，距沟槽、基坑边小于1m，且堆土靠沟槽、基坑侧不得堆放工具、石块等硬质物件。

（4）沟槽开挖深度超过2m的，必须及时设置支撑；开挖深度超过3m的，不得采用横板支撑；开挖深度超过5m的，必须编制安全技术专项方案，由专家论证，并明确监测方式。

（5）井点降水应实行监测，并明确记录方式。当降水要影响区域内建筑物、地下构筑物及地下管线的，必须采取明确的保护措施。

（6）施工涉及树木、电杆的，应及时与主管部门协商，并落实加固和防护措施，消除安全隐患。

（7）沉井作业，必须落实现场监护，并采取有效的防护措施。

（8）机械下管时，现场必须安排指挥人员，起重机械离沟槽边壁的安全距离应不小于1m。

（9）拆封头或进入管道、窨井内清淤作业，必须落实安全措施，并按规定办理审批手续。

（10）深度超过2m的沟槽，必须设置警示标志，并对涉及的主要道口进行全封闭围护。

## 二、顶管工程安全施工要点

（1）顶管前，根据地下顶管法施工技术要求，按实际情况制定出符合规范、标准、规程、设计要求的专项安全技术方案。

（2）顶管后座安装时，如发现后背墙面不平或顶进时枕木压缩不均匀，必须调整加固后方可顶进。

（3）顶管工作坑采用机械挖土方时，现场应有专人指挥装车，堆土应符合有关规定，不得损坏任何构筑物和预埋立撑；工作坑如果采用混凝土灌注桩连续壁，应严格执行有关的安全技术规程操作；工作坑四周或坑底必须有排水设备及措施；工作坑内应设符合规定并固定牢固的安全梯；下管作业过程中，工作坑内严禁有人作业。

（4）吊装顶铁或管材时，严禁把杆回转半径内人员停留；往工作坑内下管时，应穿保险钢丝绳，并缓慢地将管子送入轨道就位，以防止滑脱坠落或冲击轨道，同时坑下人员应站在安全角落。

（5）垂直运输设备的操作人员，在作业前对设备各部分进行安全检查，确认无异常后方可作业；作业时精力集中，服从指挥，严格执行起重设备作业有关的安全操作规程。

（6）安装后的轨道应牢固，不得在使用中产生位移，并应经常检查校核；两导轨应顺直、平行、等高，其纵坡应与管道设计坡度一致。

（7）在拼接管段前或因故障停顿时，应加强联系，及时通知管头操作人员停止挖进，防止因超挖造成塌方，并应在长距离顶进过程中加强通风。

（8）顶进过程中，对机头进行维修和排除障碍时，必须采取防止冒顶塌方的安全措施，严禁在运行的情况下进行检查和调整，以防伤人。

（9）顶进过程中，油泵操作工应严格注意观察油泵压力是否均匀渐增，若发现压力骤然上升，应立即停止顶进，待查明原因后方能继续顶进。

（10）管子的顶进或停止，应以管头发出信号为准。遇到顶进系统发生故障或在拼管子前20min，即应发出信号给管头操作人员，引起注意。

（11）顶进作业时，一切操作人员不得在顶铁上方、两侧站立操作，严禁穿行。对顶铁要有专人观察，以防发生崩铁伤人事故。

（12）顶进作业一般应连续进行，不得长期停顿，以防止地下水渗出，造成坍塌。顶进时应保持管头部有足够多的土塞；若遇土质差、因地下水渗流可能造成塌方时，则将管头部灌满以增大水压力。

（13）管道内的照明系统应采用安全电压12V的灯具。每班顶管前电工要仔细检查各种线路是否正常，确保安全施工。

（14）纠偏千斤顶应与管节绝缘良好，操作电动高压油泵应戴绝缘手套。

（15）顶进中应有防毒、防燃、防爆、防水淹的措施，顶进长度超过50m时，应有通风供氧的措施，防止管内人员缺氧窒息。

（16）在土质较差、土中含水量大、容易塌方的地段施工时，管前端应加一定长度的刚性管帽，管帽应先顶入土层中，再按规定的掏挖长度挖土。

（17）顶进作业中，坑内上下吊运物品时，坑下人员应站在安全位置。吊运机具作业应遵守有关的安全技术操作规程。

（18）在公路、铁路段施工时，应对路基采取一定的保护措施。确保汽车、列车运行安全。当列车通行时，应停止作业，人员暂时撤离到离土坡（作业区）1m以外的安全地区。

（19）氧气瓶与乙炔瓶（罐）不得进入坑内。

## 第三节 桥涵施工

（1）桩基施工必须编制施工方案，操作人员必须持证上岗，严格遵守操作规范，确保设备合格及正常运转，临时线路敷设应符合有关规定，设备进场前必须办理相关的报验程序，并携带相应的随机证件。

（2）泥浆池应按规定进行设置，泥浆存放不得溢出泥浆池，且需沉淀处理后排放。

（3）泥浆池必须设置夜间照明设施，并设置警示标志，钻孔后必须采取围护设施或加盖。

（4）使用钢管扣件式脚手架必须符合《建筑施工扣件式钢管脚手架安全技术规范》JGJ 130—2011 的要求；使用门式支架必须符合《建筑施工门式钢管脚手架安全技术规范》JGJ 128—2010 的要求；使用碗扣支架必须符合《建筑施工碗扣式钢管脚手架安全技术规范》JGJ 166—2008 的要求，并按以下要求进行管理：

1）对搭设支架的材料进行进场验收，无合格证和检测报告的不得使用；

2）对搭设支架的材料建立台账；

3）当用于承重支架时，必须编制安全技术专项方案，并组织验收。

（5）张拉区必须设置明显的警示标志，并在两端设置挡板。

（6）大型梁板、构件及材料吊装时，应在作业区外设置警示标志，并指派专人进行监护和指挥。如遇吊装区域上部或周围存在高压电线，应落实相应的防护措施，并邀请电力部门派人现场监督。

（7）挂篮施工必须编制安全技术专项方案，并对挂篮进行安装验收，落实安全防护装置和现场防护设施，合格并经监理代表签证后方可使用。

（8）索塔施工，必须有安全技术专项方案和验收方案，按要求进行强度、刚度计算。

（9）索塔吊装施工时，在高空作业区域下方必须设置必要强度的防护棚，防止坠物伤人。

（10）索塔吊装施工时，在高空作业区域下方的人员必须撤离，且应设置警戒区和警戒标志，并安排人员进行监护。

（11）大型吊塔爬梯上下超过10m的，必须每隔10m设置休息平台，攀爬人员应配备必要的防护用品。

（12）高空作业人员必须在上岗前进行体检，严禁带病作业。

（13）桥梁施工涉及临边的，必须依据本规定的有关要求设置护栏，先围护后施工，护栏设置不得出现断挡、缺挡及强度不够等情况。

（14）跨铁路、航道、道路施工，必须在临边设置满足强度要求的全封闭围挡，防止坠物伤人。

（15）对未施工完的桥梁断头路，应在横向离坠落面5m处砌筑高2m、厚37cm的实心墙，内外用M10砂浆粉刷，并在后背加设高1m、宽50cm的防撞砂袋；靠行车面的外墙需油漆黄黑相间的警示图案，并根据有关规定在高度1.5m处设置交通禁行标志牌；如遇匝道口安全距离不能满足5m时，应根据实际情况设置宽度不小于1m的防撞砂袋。

## 第四节 隧道施工

（1）隧道开挖，应有安全技术专项方案，必须明确隧道支护、边坡防护、爆破、排水、通风等安全措施。

（2）爆破材料的运输、储存、加工、现场装药、起爆及瞎炮处理等必须严格按《爆破安全规程》GB 6722—2014进行管理。

（3）炸药仓库必须设置可靠的通信装置，并安排不少于两人进行炸药的看护和保管。

（4）爆破现场应安排专人进行指挥和监护，隧道入口及洞内各交叉口应设置明显的警示标志，落实人员、设备的防护设施。

（5）隧道施工涉及深基坑时，按本规定的有关要求进行防护。

（6）爆破和深基坑作业所涉及的建筑物防护和监测措施应按施工方案进行。

（7）项目部应设立施工监控测量小组，强化各环节的监控和测量，并根据明确的水文地质情况，做好软弱破碎围岩的超前支护和围岩的监控测量及地质的超前预报，严格控制围岩变形。

（8）项目部应对围堰、深基坑、边坡、临近建筑物等做好监测管理，对隐

患部位要勤检测、早发现、早汇报、早解决，落实应急预案，设置畅通、可靠的紧急救援和逃生通道。

（9）隧道内部的施工照明必须采用安全电压。

（10）隧道出渣的运输、堆放应依据设计方案进行。

## 第五节　自来水厂、污水处理厂工程

（1）自来水厂、污水处理厂工程安全文明施工标准原则根据《建筑施工安全检查标准》JGJ 59—2011执行，重点应落实以下工作：

1）做好各建（构）筑物“三宝、四口、五临边”的防护。塔吊必须安装塔吊安全监控管理系统，造价在2000万以上工程必须安装施工现场在线监控系统。

2）落实责任追究制度。项目部必须与各班组、特种作业人员，班组与施工人员签订安全生产责任书，明确责任。

3）落实现场围挡美化制度。按业主的要求，在围挡外侧设置统一的形象识别图案。

4）落实培训制度。新进人员必须进行安全知识教育培训，经考试合格后方可上岗。

5）落实技术交底制度。项目部向班组人员做好各工种的安全技术交底，明确施工技术要点、安全注意事项等。

（2）项目部应成立安全管理机构，项目负责人和专职安全生产管理人员应依法取得安全生产考核合格证书。项目负责人应具有相应的执业资格和水厂、污水处理厂工程施工管理工作经验；施工特种作业人员应持证上岗。

（3）必须建立、健全安全质量责任制和管理制度，加强对施工现场项目管理机构的管理。项目质量、安全管理人员的专业、数量应符合有关规定，并满足项目管理的需要。

（4）项目负责人原则上在一个工程项目任职，如确需在其他项目兼任的，应征得公司同意。

（5）必须将安全措施费用于施工安全防护用具及设施的采购和更新、安全施工措施的落实、安全生产条件的改善等，不得挪作他用。

（6）必须对工程周边的环境进行核查。工程周边环境现状与建设单位提供的资料不一致的，应当组织有关单位及时补充完善。

（7）对危险性较大的分部分项工程（包括可能对工程周边环境造成严重损害的分部分项工程，下同）编制专项施工方案；对超过一定规模、危险性较大的分部分项工程的专项施工方案，应组织专家论证（尤其是高大支模架、深基坑工程）。

（8）专项施工方案应根据设计处理措施、专项设计和工程实际情况编制，并经施工单位技术负责人和总监理工程师签字后实施，不得随意变更。

（9）应指定专人保护施工现场的地下管线及地下构筑物等，在施工前将地下管线、地下构筑物等基本情况、相应保护及应急措施等向施工作业班组和作业人员作详细说明，并在现场设置明显标识。

（10）应对工程支护结构、地下管线、地下构筑物及工程周边建（构）筑物等进行施工监测、安全巡视和综合分析，及时向设计、监理单位反馈监测数据和巡视信息。发现异常时，应及时通知建设、设计、监理等单位，并采取应对措施。施工时应按设计要求和工程实际编制施工监测方案，并经监理单位审查后实施。

（11）应按施工图设计文件和施工技术标准施工，落实设计文件中提出的保障工程质量、安全的设计处理措施，不得擅自修改工程设计。应按规定和合同约定对建筑材料、建筑构配件、设备等进行检验。未经检验或检验不合格的，不得使用。对涉及结构安全的试块、试件及有关材料，在监理单位的见证下，按规定进行现场取样，并送有相应资质的质量检测单位进行质量检测。

（12）大型施工设备安装完成后，应委托有相应资质的检测检验机构进行检验，经检验合格并验收合格后方可使用。按规定办理机械设备使用登记手续。

（13）按有关规定对管理人员和作业人员进行质量、安全教育培训，教育培训情况记入个人工作档案。教育培训考核不合格的人员，不得上岗。

（14）按规定做好质量、安全资料的收集、整理和归档，保证文件的真实、完整。

（15）如遇高压电缆铺设，通风设备架设、水平及垂直运输线安装、水平及垂直施工（逃生）通道设置、临边防护、高空作业、支撑、构件吊装施工等，必须严格按规范及行业标准实施。

# 第六节　基坑支护

（1）沟槽及深基坑作业，必须编制施工方案，明确支护要求、防护措施及地下管线防护措施。

（2）深基坑围护、深度超过2m的土方开挖及隧道、洞口边坡施工，必须单独编制专项施工方案；深基坑作业深度超过5m的，安全技术专项方案必须经专家论证。

（3）开挖涉及地下管线时，应落实监护人员探测并在现场立牌进行标识。

（4）深基坑作业深度超过5m的，基坑周边及上下通道必须按有关要求设置防护栏杆，并加设防护网，防止物件坠落。

（5）基坑开挖采用井点降水时，必须对可能受影响的建（构）筑物采取切实的防护和监测措施。如遇雨季，应及时对基坑内的积水进行处理。

（6）深度超过5m的深基坑，必须设置应急通道，并确保其上下通畅。

# 第七节　沉井与顶管施工

（1）严格遵照国家颁布的《建筑安装工程安全技术规程》对施工现场的安全工作进行检查、指导及纠正。

（2）专职安全人员跟班跟踪检查监督，并对所有施工人员进行施工前安全技术教育，特种作业人员必须持证上岗。

（3）施工人员必须佩戴安全劳务用品，施工现场悬挂各种宣传警告牌。

（4）施工区域采用彩板围栏与外界隔离，实施封闭式施工。车辆进出派专人指挥，夜间施工时挂红灯警示。

（5）所有施工用电设备和配电箱金属外壳接地保护。用电系统实行灵敏可靠的两级以上触电保护。

（6）配电箱引入、引出线要采用套管，进出电线要整齐并从箱体底部进入，严禁使用绝缘差、老化、破皮电线。

（7）现场配电箱要采取防雨措施，门锁齐全，有色标，并配备一机一闸一保护，箱内无杂物。严禁动力、照明混用。动力电缆转换接插前，要先切断电源，后拔出插头。严禁用其他金属丝代替熔丝，熔丝安装合理。

（8）所有施工机具有可靠的防雨措施，操作人员持证上岗。

（9）及时检查各操作员的操作程序，严防违章操作。及时检查各压力管接头的可靠性，防止压力管爆裂伤人。

# 第三章

## 危险性较大工程施工安全管理

# 第一节　深基坑工程

## 一、深基坑工程范围

根据《关于印发〈危险性较大的分部分项工程安全管理办法〉的通知》（建质[2009]87号）有关规定，深度超一定规模的深基坑工程范围为：

（1）开挖深度超过5m（含5m）的基坑（槽）的土方开挖、支护、降水工程。

（2）开挖深度虽未超过5m，但地质条件、周围环境和地下管线复杂，或影响毗邻建筑（构筑）物安全的基坑（槽）的土方开挖、支护、降水工程。

## 二、安全预防措施或控制要点

（1）对施工方案安全可靠性的评价；

（2）对人机作业区域的确定以及对参与施工人员安全教育、劳动纪律的要求；

（3）对安全防护设施的设置、实施、检查的要求；

（4）明确现场指挥即安全责任人，明确参加施工的各类人员的安全职责。

## 三、安全技术要求

（1）基坑施工应有支护方案；

（2）深度超过2m的基坑应有临边围挡防护；防护栏杆打入地面深度应为50～70cm。防护栏杆离基坑边口距离不应小于50cm。栏杆的上横杆离地面高度为1.0～1.2m；

（3）坑壁支护或放坡应与设计相一致；

（4）基坑应设置有效排水措施，坑外降水有防止临近建（构）筑物危险沉降的措施；

（5）坑边荷载（堆土、料具堆放，机械设备作业）与槽边距离符合规定；

（6）设置人员上下专用通道；

（7）施工机械作业半径内不得站人；

（8）施工机械位置坚牢；

（9）有专人负责对基坑支护变形或透水先兆进行监测；

（10）垂直作业应有安全隔离防护措施，坑内人员应有安全立足点；

（11）坑内应有足够照明。

## 四、施工要求

（1）深基坑工程施工应当根据相关规范和设计技术要求，结合工程实际编制施工组织设计或者施工方案。

施工方案应当包括下列内容：工程概况，施工方法，人、机、料组织保障，土方开挖及运输方案，地面堆载、地表水、地下水控制措施，相邻设施的保护、监控措施，出现异常或者险情时的应急措施等。

（2）施工组织设计或者施工方案应当按规定程序进行审批。经批准的施工组织设计或者施工方案，不得随意变动。确需修改时，应当经原批准单位审批同意，并征得原设计单位认可。

（3）施工单位应当严格按照审查通过的设计方案、施工方案和技术规范的要求进行施工。应当注意开挖深度和支护时间的关系，及时施工支护结构。严禁超挖，严禁基坑周边堆载超过设计允许荷载值，严禁锚杆未检验和未锁定情况下开挖下层土方。

对于施工过程中产生的淤泥渣土，施工单位应当按照施工方案中所确定的土方开挖及运输方案要求，及时组织符合条件的运输车辆按照相关规定处理，并保证车容整洁。

（4）深基坑工程施工单位应当加强对施工现场的质量安全管理，履行技术管理程序，按照审定的施工组织设计进行施工，并对施工现场和周围环境进行监控。施工现场应当按深基坑设计、施工要求配备应急抢险器材和人员。

（5）建设单位或者工程总承包单位应当加强对深基坑工程施工的质量监督和安全管理，严禁违章作业和盲目施工。施工单位应当随时观察和掌握降水过程、支护结构施工、土方开挖、基础施工等各阶段对基坑及相邻设施的影响。当发现支护结构、相邻设施或者地质条件出现重大异常情况时，事故发生单位必须按有关规定向当地建设行政管理部门报告，并迅速查清事故发生原因，及时制定落实处理措施。

（6）深基坑工程施工单位应当加强安全生产管理，严格执行安全生产责任制。施工现场必须采取有效的安全生产、文明施工、预防火灾、保护环境等防范措施，防止安全事故的发生。

（7）基坑开挖完成后，施工单位应当及时进行地下结构工程的施工，严禁基坑长时间暴露。

## 五、基坑工程施工应按现行行业标准《建筑基坑支护技术规程》JGJ 120—2012规定执行，有关要求介绍如下

### （一）设计原则

基坑支护结构设计应选用相应的侧壁安全等级及重要性系数，见表3-1。

侧壁安全等级重要性系数　表3-1

| 安全等级 | 破坏后果 | $\gamma_0$ |
|---|---|---|
| 一级 | 支护结构破坏、土体失稳或过大变形对基坑周边环境及地下结构施工影响很严重 | 1.10 |
| 二级 | 支护结构破坏、土体失稳或过大变形对基坑周边环境及地下结构施工影响一般 | 1.00 |
| 三级 | 支护结构破坏、土体失稳或过大变形对基坑周边环境及地下结构施工影响不严重 | 0.90 |

根据承载能力极限状态和正常使用极限状态的设计要求，基坑支护应按下列规定进行计算和验算：

（1）基坑支护结构均应进行承载能力极限状态的计算，计算内容应包括：

1）根据基坑支护形式及其受力特点进行土体稳定性计算；

2）基坑支护结构的受压、受弯、受剪承载力计算；

3）当有锚杆或支撑时，应对其进行承载力计算和稳定性验算。

（2）对于安全等级为一级及对支护结构变形有限定的二级建筑基坑侧壁，尚应对基坑周边环境及支护结构变形进行验算。

（3）地下水控制计算和验算：

1）抗渗透稳定性验算；

2）基坑底突涌稳定性验算；

3）根据支护结构设计要求进行地下水位控制计算。

### （二）勘察要求

基坑周边环境勘查应包括的内容：

（1）查明影响范围内建（构）筑物的结构类型、层数、基础类型、埋深、

基础荷载大小及上部结构现状；

（2）查明基坑周边的各类地下设施，包括给水、排水、文物、电缆、煤气、通信、广播、热力等管线或管道的分布和形状；

（3）查明场地周边和邻近地区地表水汇流、排泻情况，地下水管渗漏情况以及对基坑开挖的影响程度；

（4）查明基坑四周道路的距离及通行车辆载重情况。

### （三）支护结构选型

支护结构可根据基坑周边环境、开挖深度、工程地质与水文地质、施工作业设备和施工季节等条件，选用排桩、地下连续墙、水泥土墙、逆作拱墙、土钉墙、原状土放坡或采用上述形式的组合。一般由设计单位提供。

### （四）基坑排水

针对地质条件的勘察结果正确选择地下水控制方法，设置排水系统，满足施工需要。

为确保安全生产，在基坑（槽）开挖前和开挖时必须做好排水工作，保持土体干燥。基坑（槽）的排水工作，应持续到基础工程施工完毕，并进行回填后才能停止。

当基坑底为隔水层且层底作用有承压水时，应进行坑底突涌验算，必要时可采取水平封底隔渗或钻孔减压措施保证坑底土层稳定。

（1）集水明排：排水沟和集水井可按实际情况和规定布置。

（2）降水：降水井宜在基坑外缘采用封闭式布置，井间距应大于15倍井管直径，在地下水补给方向应适当加密；当基坑面积较大、开挖较深时，也可在基坑内设置降水井。

降水井的深度应根据设计降水深度、含水层的埋藏分布和降水井的出水能力确定。设计降水深度在基坑范围内不宜小于基坑底面以下0.5m。

### （五）基坑开挖

#### 1. 一般规定

（1）当机械开挖与人工开挖配合操作时，人员不得进入挖土机械作业半径内。必须进入时，待机械作业停止后，人员方可进行坑底清理、边坡找平等作业。

（2）基坑周边严禁超堆荷载。软土基坑必须分层均衡开挖，层高不宜超过1m。

（3）基坑开挖过程中，应采取措施防止碰撞支护结构、工程桩或扰动基底原状土。

（4）基坑开挖前应做出系统开挖监控方案（重点监控：基坑、维护结构稳定性；支撑稳定性；地基变形；毗邻建筑物；地下水位变化等），监控方案应包括监测目的、监测项目、监控报警值、监测方法及精度要求、监测点布置、监测周期、工序管理和记录制度以及信息反馈系统等。

（5）发生异常情况时，应停止挖土，立即查清原因和采取安全保障措施后，方能继续挖土。

（6）坑界周围地面应设排水沟，且应避免漏水、渗水进入坑内；放坡开挖时，应对坡顶、坡面、坡脚采取降排水措施。

（7）基坑开挖至坑底标高后坑底应及时封闭并进行基础工程施工。

（8）监测点的布置应满足监控要求，从基坑边缘以外 1 ～ 2 倍开挖深度范围内的需要保护物体均应作为监控对象。

**2. 挖土时应遵守的规定**

（1）人工开挖时，两个人操作间距应保持 2 ～ 3m，并应自上而下逐层挖掘，严禁采用掏洞的挖掘操作方法。

（2）挖土时要随时注意土壁的变异情况，如发生有裂纹或部分塌落现象，要及时进行支撑或改缓放坡，并注意支撑的稳固和边坡的变化。

（3）上下坑沟应先挖好阶梯或设好木梯，不得踩踏土壁及其支撑上下。

（4）用挖土机施工时，挖土机的作业范围内，不得进行其他作业；且至少保留 0.3m 厚不挖，最后由人工修挖至设计标高。

（5）在坑边堆弃土、材料和移动施工机械，应与坑边保持一定距离；当土质良好时，要距坑边 0.8m 以外，堆放高度不能超过 1.5m。

### （六）坑槽支护

**1. 一般规定**

（1）必须严格遵守先支撑后开挖的原则。

（2）钢结构支撑构件在已承载的情况下，严禁进行焊接。

（3）施工过程中必须保证支护设施的完好。

（4）支撑拆除前应在主体结构与支护结构之间设置可靠的换撑传力构件或回填夯实。

**2. 支撑体系施工应符合的要求**

（1）支撑结构的安装与拆除顺序，应同基坑支护结构的设计计算工况相一致。必须严格遵守先支撑后开挖的原则。

（2）立柱穿过主体结构底板以及支撑结构穿越主体结构地下室外墙的部位，应采用止水构造措施。

（3）钢支撑的端头与冠梁或腰梁的连接应符合设计的要求。

（4）钢支撑预加压力的施工应符合的要求：

1）支撑安装完毕后，应及时检查各节点的连接状况，经确认符合要求后方可施加预压力，预压力的施加应在支撑的两端同步对称进行；

2）预压力应分级施加，重复进行，加至设计值时，应再次检查各连接点的情况，必要时应对节点进行加固，待额定压力稳定后锁定。

### （七）上下通道与作业环境

（1）基坑施工作业人员上下必须设置专用安全通道。

（2）人员专用通道应在施工组织设计中确定。

（3）人员作业必须有安全立足点。

（4）交叉作业或多层作业上下应设置隔离层。

# 第二节　模板工程及支撑体系

## 一、模板工程及支撑体系范围

根据《关于印发〈危险性较大的分部分项工程安全管理办法〉的通知》（建质 [2009]87 号）有关规定，模板工程及支撑体系范围为：

（1）工具式模板工程：包括滑模、爬模、飞模工程。

（2）混凝土模板支撑工程：搭设高度 8m 及以上；搭设跨度 18m 及以上，施工总荷载 15kN/m$^2$ 及以上；集中线荷载 20kN/m$^2$ 及以上。

（3）承重支撑体系：用于钢结构安装等满堂支撑体系，承受单点集中荷载 700kg 以上。

## 二、支模架施工安全

（1）支模浇筑施工混凝土应分节进行，分节高度以 3m 为宜。

（2）脚手架支搭与拆除必须由架子工进行，使用前应进行检查、验收，确认合格并形成文件。

（3）模板宜采用钢质材料，内外模应采用钢制骨架支承，并用环形钢箍和内撑固定牢固。模板、支承骨架、钢箍、内撑等模板及其支承系统的结构应据浇筑中混凝土的侧压力经计算确定。

（4）模板及其支承系统支设完成后，必须进行检查、验收，确认合格，并形成文件。使用中应进行检查，确认稳固。

（5）浇筑混凝土时，应设模板工和架子工监护模板和脚手架，确认安全，发现异常应及时处理；遇坍塌征兆必须立即停止作业，撤出人员至安全区域，并及时处理。

（6）插入式混凝土振动器应由专人使用。使用人员应经安全技术培训，考核合格。

（7）插入式混凝土振动器的电力缆线必须由电工引接与拆卸。使用前应经检测,确认不漏电。使用中应维护缆线,发现破损或漏电征兆,必须立即停止作业,由电工处理。

（8）浇筑的混凝土达到设计规定的强度后，方可拆除模板。

## 三、模板施工安全

### （一）大模板和预制构件的存放

（1）大模板和预制构件，应按施工组织设计的规定分区堆放，各区之间保持一定距离。存放场地必须平整夯实，不得存放在松土和坑洼不平的地方。

（2）各种类型大模板，应按设计制造。每块大模板应设有操作平台、上下梯道、防护栏杆以及存放小型工具和螺栓的工具箱。

（3）大模板存放，必须将地脚螺栓提上去，使自稳角成为 70° ～ 80°，下部应垫通长方木。长期存放的大模板，应用拉杆连接、绑牢。

（4）没有支撑或自稳角不足的大模板，要存放在专用的堆放架内或卧倒平放，不应靠在其他模板或构件上。

（5）外模板、内模板应放置在金属插放架内，下端垫通长方木，两侧用木楔楔紧。插放架的高度应为构件高度的 2/3 以上，上面要搭设 300mm 宽的走道和上下梯道，便于挂钩。

（6）现场搭设的插放架，立杆埋入地下应不少于 500mm，立杆中间要绑扎

剪刀撑，上下水平拉杆、支撑和方垫木必须绑扎成整体，稳定牢固。

（7）靠放架一般宜采用金属材料制作，使用前要认真检查和验收。内外模板靠放时，下端必须压在与靠放架相连的垫木上，只允许靠放同一规格型号的模板，两面靠放应平衡，吊装时严禁从中间抽吊，防止倾倒。

### （二）大模板安装和拆除

（1）安装和拆除大模板，吊车司机与安装人员应经常检查索具，密切配合，做到稳起、稳落、稳就位，防止大模板大幅度摆动，碰撞其他物体，造成倒塌事故。

（2）模板安装和拆除时，指挥、挂钩和安装人员应经常检查吊环，对筒模要预先调整好重心。起吊时应用卡环和安全吊钩，不得斜牵起吊。严禁操作人员随模板起落。

（3）大模板安装时，应先内后外对号就位。单面模板就位后，用钢筋三角支架插入板面螺栓眼上支撑牢固。双面模板就位后，用拉杆和螺栓固定。未就位固定前不得摘钩。

（4）吊装大模板时，如有防止脱钩装置，可吊运同一房间的两块，但禁止隔着墙同时吊运一面一块。

（5）有平台的大模板起吊时，平台上禁止存放任何物体。里外角模和临时摘、挂的板面与大模板必须连接牢固，防止脱开和断裂、坠落。

（6）分开浇灌纵横墙混凝土时，可在两道横墙的模板平台上搭设临时走道或其他安全措施。禁止操作人员在外墙上行走。

（7）拆模板应先拆穿墙螺栓和铁件等，并使模板面与墙面脱离，方可慢速起吊。

（8）清扫模板和刷隔离剂时，必须将模板支撑牢固，两板中间保持不少于0.6m的走道。

（9）大模板放置时，下面不得压有电线和气焊（割）管线。采用电热法养护混凝土时，必须将模板串联并与避雷网接通，防止漏电。

### （三）安装模板注意事项

（1）支撑基础要牢固。

（2）保证模板和支撑的稳固性。

（3）特殊结构建筑物的模板要按设计安装。

（4）按规程安装组合定型钢模板。

（5）支模人员要保护模板装置。

### （四）模板拆除注意事项

（1）拆模时操作人员应选位站在安全位置，有足够的操作面及避让处，不得站在正在拆除模板的支撑上操作。

（2）多人协同拆模要有统一信号和指挥。

（3）拆除模板不要硬撬、硬砸或强力振敲，禁止采取大面积同时撬落或整体拉倒模板的方法。

（4）对明显已松动的模板，拆除其支撑时要防止模板自行脱落。

（5）在拆模中如果发现混凝土有影响结构安全的质量问题时，应暂停拆除，经处理后再继续进行。

（6）拆除稳定性差的构件模板时应两面加侧向支撑顶固，以防倾倒。

（7）拆模中途间歇时，要注意将已拆活动的模板、撬杠、支撑件妥善处理，防止因人员扶空、踩空而发生坠落或被物击伤事故。

（8）拆下的模板材料应及时清理，对木模上的钉子应预处理或暂时将钉头朝下放置，以免被钉扎伤。

（9）对混凝土上的较大预留孔洞，在拆模后必须随即盖好或加拦护。

（10）拼装钢模的整模拆除时，应先锁好吊环、拴好吊索，然后才能拆除斜撑和连接两块拼装板的连杆、U 形卡及 L 形插销。

## 第三节　起重吊装及安装拆卸工程

### 一、起重吊装及安装拆卸工程范围

根据《关于印发〈危险性较大的分部分项工程安全管理办法〉的通知》（建质 [2009]87 号）有关规定，起重吊装及安装拆卸工程范围为：

（1）采用非常规起重设备、方法，且单件起吊重量在 100kN 及以上的起重吊装工程。

（2）起重量 300kN 及以上的起重设备安装工程；高度 200m 及以上内爬起重设备的拆除工程。

## 二、起重吊装及安装拆卸工程安全操作

### （一）履带式起重机

（1）起重机应在平坦坚实的地面上作业、行走和停放。在正常作业时，坡度不得大于3°，并应与沟渠、基坑保持安全距离。

（2）起重机启动前重点检查项目应符合下列要求：

1）各安全防护装置及各指示仪表齐全完好。

2）钢丝绳及连接部位符合规定。

3）燃油、润滑油、液压油、冷却水等添加充足。

4）各连接件无松动。

（3）起重机启动前应将主离合器分离，各操纵杆放在空挡位置。

（4）内燃机启动后，应检查各仪表指示值，待运转正常再接合主离合器，进行空载运转，顺序检查各工作机构及其制动器，确认正常后，方可作业。

（5）作业时，起重臂的最大仰角不得超过出厂规定。当无资料可查时，不得超过78°。

（6）起重机变幅应缓慢平稳，严禁在起重臂未停稳前变换挡位；起重机载荷达到额定起重量的90%及以上时，严禁下降起重臂。

（7）在起吊载荷达到额定起重量的90%及以上时，升降动作应慢速进行，并严禁同时进行两种及以上动作。

（8）起吊重物时应先稍离地面试吊，当确认重物已挂牢，起重机的稳定性和制动器的可靠性均良好，再继续起吊。在重物升起过程中，操作人员应把脚放在制动踏板上，密切注意起升重物，防止吊钩冒顶。当起重机停止运转而重物仍悬在空中时，即使制动踏板被固定，仍应脚踩在制动踏板上。

（9）采用双机抬吊作业时，应选用起重性能相似的起重机进行。抬吊时应统一指挥，动作应配合协调，载荷应分配合理，单机的起吊载荷不得超过允许载荷的80%。在吊装过程中，两台起重机的吊钩滑轮组应保持垂直状态。

（10）当起重机带载行走时，载荷不得超过允许起重量的70%，行走道路应坚实平整，重物应在起重机正前方向，重物离地面不得大于500mm，并应拴好拉绳，缓慢行驶。严禁长距离带载行驶。

（11）起重机行走时，转弯不应过急；当转弯半径过小时，应分次转弯；当路面凹凸不平时，不得转弯。

（12）起重机上下坡道时应无载行走，上坡时应将起重臂仰角适当放小，下坡时应将起重臂仰角适当放大。严禁下坡空挡滑行。

（13）作业后，起重臂应转至顺风方向，并降至 40° ～ 60° 之间，吊钩应提升到接近顶端的位置，并关停内燃机，将各操纵杆放在空挡位置，各制动器加保险固定，操纵室和机棚应关门加锁。

（14）起重机转移工地，应采用平板拖车运送。特殊情况需自行转移时，应卸去配重，拆去短起重臂，主动轮应在后面，机身、起重臂、吊钩等必须处于制动位置，并应加保险固定。每行驶 500 ～ 1000m 时，应对行走机构进行检查和润滑。

（15）起重机通过桥梁、水坝、排水沟等构筑物时，必须先查明允许载荷后再通过。必要时应对构筑物采取加固措施。通过铁路、地下水管、电缆等设施时，应铺设木板保护，并不得在上面转弯。

（16）用火车或平板拖车运输起重机时，所用跳板的坡度不得大于 15°；起重机装上车后，应将回转、行走、变幅等机构制动，并采用三角木楔紧履带两端，再牢固绑扎；后部配重用枕木垫实；不得使吊钩悬空摆动。

（二）汽车、轮胎式起重机

（1）起重机行驶和工作的场地应保持平坦坚实，并应与沟渠、基坑保持安全距离。

（2）起重机启动前重点检查项目应符合下列要求。

1）各安全保护装置和指示仪表齐全完好。

2）钢丝绳及连接部位符合规定。

3）燃油、润滑油、液压油及冷却水添加充足。

4）各连接件无松动。

5）轮胎气压符合规定。

（3）起重机启动前，应将各操纵杆放在空挡位置，手制动器应锁死，并应按照《建筑机械使用安全技术规程》JGJ 33—2012 的有关规定启动内燃机。启动后，应怠速运转，检查各仪表指示值，运转正常后接合液压泵，待压力达到规定值，油温超过 30℃时，方可开始作业。

（4）作业前，应全部伸出支腿，并在撑脚板下垫方木，调整机体使回转支撑面的倾斜度在无载荷时不大于 1/1000（水准泡居中）。支腿有定位销的必须插上。底盘为弹性悬挂的起重机，放支腿前应先收紧稳定器。

（5）作业中严禁扳动支腿操纵阀。调整支腿必须在无载荷时进行，并将起重臂转至正前或正后，方可再行调整。

（6）应根据所吊重物的重量和提升高度，调整起重臂长度和仰角，并应估计吊索和重物本身的高度，留出适当空间。

（7）起重臂伸缩时，应按规定程序进行，在伸臂的同时应相应下降吊钩。当限制器发出警报时，应立即停止伸臂。起重臂缩回时，仰角不宜太小。

（8）起重臂伸出后，出现前节臂杆的长度大于后节伸出长度时，必须进行调整，消除不正常情况后，方可作业。

（9）起重臂伸出后，或主副臂全部伸出后，变幅时不得小于各长度所规定的仰角。

（10）汽车式起重机起吊作业时，汽车驾驶室内不得有人，重物不得超越驾驶室上方，且不得在车的前方起吊。

（11）采用自由（重力）下降时，载荷不得超过该工况下额定起重量的20%，并应使重物有控制地下降，下降停止前应逐渐减速，不得使用紧急制动。

（12）起吊重物达到额定起重量的50%及以上时，应使用低速挡。

（13）作业中发现起重机倾斜、支腿不稳等异常现象时，应立即使重物下降，落在安全的地方，下降中严禁制动。

（14）重物在空中需要较长时间停留时，应将起升卷筒制动锁住，操作人员不得离开操纵室。

（15）起吊重物达到额定起重量的90%以上时，严禁同时进行两种及以上的操作动作。

（16）起重机带载回转时，操作应平稳，避免急剧回转或停止，换向应在停稳后进行。

（17）当轮胎式起重机带载行走时，道路必须平坦坚实，载荷必须符合规定，重物离地面不得超过500mm，并应拴好拉绳，缓慢行驶。

（18）作业后，应将起重臂全部缩回放在支架上，再收回支腿。吊钩应用专用钢丝绳挂牢；应将车架尾部两撑杆分别撑在尾部下方的支座内，并用螺母固定；应将阻止机身旋转的销式制动器插入销孔，并将取力器操纵手柄放在脱开位置，最后应锁住起重操纵室门。

（19）行驶前，应检查并确认各支腿的收存无松动，轮胎气压应符合规定。行驶时水温应在80～90℃范围内，水温未达到80℃时，不得高速行驶。

（20）行驶时应保持中速，不得紧急制动，过铁道口或起伏路面时应减速，下坡时严禁空挡滑行，倒车时应有人监护。

（21）行驶时，严禁人员在底盘走台上站立或蹲坐，并不得堆放物件。

### （三）塔式起重机

#### 1. 一般要求

（1）起重机的轨道基础应符合下列要求。

1）路基承载能力：轻型（起重量30kN以下）应为60～150kPa；中型（起重量31～150kN）应为101～200kPa；重型（起重量150kN以上）应为200kPa以上。

2）每间隔6m应设轨距拉杆一个，轨距允许偏差为公称值的1/1000，且不超过±3mm。

3）在纵横方向上，钢轨顶面的倾斜度不得大于1/1000。

4）钢轨接头间隙不得大于4mm，并应与另一侧轨道接头错开，错开距离不得小于1.5m，接头处应架在轨枕上，两轨顶高度差不得大于2mm。

5）距轨道终端1m处必须设置缓冲止挡器，其高度不应小于行走轮的半径。在距轨道终端2m处必须设置限位开关碰块。

6）鱼尾板连接螺栓应紧固，垫板应固定牢靠。

（2）起重机的混凝土基础应符合下列要求。

1）混凝土强度等级不低于C35。

2）基础表面平整度允许偏差不得大于1/1000。

3）埋设件的位置、标高和垂直度以及施工工艺符合出厂说明书要求。

（3）起重机的附着锚固应符合下列要求。

1）起重机附着的建筑物，其锚固点的受力强度应满足起重机的设计要求。附着杆系的布置方式、相互间距和附着距离等，应按出厂使用说明书规定执行。有变动时，应另行设计。

2）装设附着框架和附着杆件，应采用经纬仪测量塔身垂直度，并应采用附着杆进行调整，在最高锚固点以下垂直度允许偏差为2/1000。

3）在附着框架和附着支座布设时，附着杆倾斜角不得超过10°。

4）附着框架直接设置在塔身标准节连接处，箍紧塔身。塔架对角处在无斜撑时应加固。

5）塔身顶升接高到规定锚固间距时，应及时增设与建筑物的锚固装置。塔身高出锚固装置的自由端高度，应符合出厂规定。

6）起重机作业过程中，应经常检查锚固装置，发现松动或异常情况时，应立即停止作业，故障未排除，不得继续作业。

7）拆卸起重机时，应随着降落塔身的进程拆卸相应的锚固装置。严禁在落塔之前先拆锚固装置。

8）遇有六级及以上大风时，严禁安装或拆卸锚固装置。

9）锚固装置的安装、拆卸、检查和调整，均应有专人负责，工作时应系安全带和戴安全帽，并应遵守高处作业有关安全操作的规定。

10）轨道式起重机做附着式使用时，应提高轨道基础的承载能力和切断行走机构的电源，并应设置阻挡行走轮移动的支座。

（4）起重机内爬升时应符合下列要求。

1）内爬升作业应在白天进行。风力在五级及以上时，应停止作业。

2）内爬升时，应加强机上与机下之间的联系以及上部楼层与下部楼层之间的联系，遇有故障及异常情况，应立即停机检查，故障未排除，不得继续爬升。

3）内爬升过程中，严禁进行起重机的起升、回转、变幅等各项动作。

4）起重机爬升到指定楼层后，应立即拔出塔身底座的支撑梁或支腿，通过内爬升框架固定在楼板上，并应顶紧导向装置或用楔块塞紧。

5）内爬升塔式起重机的固定间隔不宜小于 3 个楼层。

6）对固定内爬升框架的楼层楼板，在楼板下面应增设支柱做临时加固。搁置起重机底座支撑梁的楼层下方两层楼板，也应设置支柱做临时加固。

7）每次内爬升完毕后，楼板上遗留下来的开孔，应立即采用钢筋混凝土封闭。

8）起重机完成内爬升作业后，应检查内爬升框架的固定、底座支撑梁的紧固以及楼板临时支撑的稳固等，确认可靠后，方可进行吊装作业。

（5）起重机塔身升降时，应符合下列要求。

1）升降作业过程，必须有专人指挥，专人照看电源，专人操作液压系统，专人拆装螺栓。非作业人员不得登上顶升套架的操作平台。操纵室内应只准一人操作，必须听从指挥信号。

2）升降应在白天进行，特殊情况需在夜间作业时，应有充足的照明。

3）风力在四级及以上时，不得进行升降作业。在作业中风力突然增大达到四级时，必须立即停止，并应紧固上、下塔身各连接螺栓。

4）顶升前应预先放松电缆，其长度宜大于顶升总高度，并应紧固好电缆卷筒；下降时应适时收紧电缆。

5）升降时，必须调整好顶升套架滚轮与塔身标准节的间隙，并应按规定使起重臂和平衡臂处于平衡状态，并将回转机构制动住。当回转台与塔身标准节之间的最后一处连接螺栓（销子）拆卸困难时，应将其对角方向的螺栓重新插入，再采取其他措施，不得以旋转起重臂动作来松动螺栓（销子）。

6）升降时，顶升撑脚（爬爪）就位后，应插上安全销，方可继续下一动作。

7）升降完毕后，各连接螺栓应按规定扭力紧固，液压操纵杆回到中间位置，并切断液压升降机构电源。

（6）拆装作业前检查项目应符合下列要求。

1）对所拆装起重机的各机构、各部位、结构焊缝、重要部位螺栓、销轴、卷扬机构和钢丝绳、吊钩、吊具以及电气设备、线路等进行检查，使隐患排除于拆装作业之前。

2）对自升塔式起重机顶升液压系统的液压缸和油管、顶升套架结构、导向轮、顶升撑脚（爬爪）等进行检查，及时处理存在的问题。

3）对采用旋转塔身法所用的主副地锚架、起落塔身卷扬钢丝绳以及起升机构制动系统等进行检查，确认无误后方可使用。

4）对拆装人员所使用的工具、安全带、安全帽等进行检查，不合格者立即更换。

5）检查拆装作业中配备的起重机、运输汽车等辅助机械，应状况良好，技术性能应保证拆装作业的需要。

6）拆装现场电源电压、运输道路、作业场地等应具备拆装作业条件。

**2. 安全使用要点**

（1）起重机的轨道基础或混凝土基础应验收合格后，方可使用。

（2）起重机的轨道基础两旁、混凝土基础周围应修筑边坡和排水设施，并应与基坑保持一定安全距离。

（3）起重机的金属结构、轨道及所有电气设备的金属外壳，应有可靠的接地装置，接地电阻不应大于 4Ω。

（4）采用高强度螺栓连接的结构，应使用原厂制造的连接螺栓，自制螺栓应有质量合格的试验证明，否则不得使用。连接螺栓时，应采用扭矩扳手或专用扳手，并应按装配技术要求拧紧。

（5）安装起重机时，必须将大车行走缓冲止挡器和限位开关碰块安装牢固可靠，并应将各部位的栏杆、平台、扶杆、护圈等安全防护装置装齐。

（6）起重机安装过程中，必须分阶段进行技术检验。整机安装完毕后，应进行整机技术检验和调整，各机构动作应正确、平稳、无异响，制动可靠，各安全装置灵敏有效；在无载荷情况下，塔身和基础平面的垂直度允许偏差为4/1000，经分阶段及整机检验合格后，应填写检验记录，经技术负责人审查签证后，方可交付使用。

（7）每月或连续大雨后，应及时对轨道基础进行全面检查，检查内容包括：轨距偏差，钢轨顶面的倾斜度，轨道基础的弹性沉陷，钢轨的不直度及轨道的通过性能等。对混凝土基础，应检查其是否有不均匀的沉降。

（8）应保持起重机上所有安全装置灵敏有效，如发现失灵的安全装置，应及时修复或更换。所有安全装置调整后，应加封（火漆或铅封）固定，严禁擅自调整。

（9）配电箱应设置在轨道中部，电源电路中应装设错相及断相保护装置及紧急断电开关，电缆宽筒应灵活有效，不得拖缆。

（10）起重机在无线电台、电视台或其他强电磁波发射天线附近施工时，与接触的作业人员，应戴绝缘手套和穿绝缘鞋，并应在吊钩上挂接临时放电装置。

（11）当同一施工地点有两台以上起重机时，应保持两机间任何接近部位（吊重物）距离不得小于 2m。

（12）起重机作业前，应检查轨道基础平直无沉陷，鱼尾板连接螺栓及道钉动，并应清除轨道上的障碍物，松开夹轨器并向上固定好。

（13）启动前，重点检查项目应符合下列要求：

1）金属结构和工作机构的外观情况正常。

2）各安全装置和各指示仪表齐全完好。

3）各齿轮箱、液压油箱的油位符合规定。

4）主要部位连接螺栓无松动。

5）钢丝绳磨损情况及各滑轮穿绕符合规定。

6）供电电缆无破损。

（14）送电前，各控制器手柄应在零位。当接通电源时，应采用试电笔检查金属结构部分，确认无漏电后，方可上机。

（15）作业前，应进行空载运转，试验各工作机构是否运转正常，有无噪声异响，各机构的制动器及安全防护装置是否有效，确认正常后，方可作业。

（16）起吊重物时，重物和吊具的总重量不得超过起重机相应幅度下规定的起重量。

（17）动臂式起重机的起升、回转、行走可同时进行，变幅应单独进行。每次变幅后应对变幅部位进行检查。允许带载变幅的，当载荷达到额定起重量的90%及以上时，严禁变幅。

（18）提升重物，严禁自由下降。重物就位时，可采用慢就位机构或利用制动器使之缓慢下降。

（19）提升重物做水平移动时，应高出其跨越的障碍物 0.5m 以上。

（20）对于无中央集电环及起升机构不安装在回转部分的起重机，在作业时，不得顺一个方向连续回转。

（21）装有上、下两套操纵系统的起重机，不得上、下同时使用。

（22）作业中，当停电或电压下降时，应立即将控制器扳到零位，并切断电源。如吊钩上挂有重物，应稍松稍紧反复使用制动器，使重物缓慢地下降到安全地带。

（23）作业中如遇六级及六级以上大风或阵风，应立即停止作业，锁紧夹轨器，将回转机构的制动器完全松开，起重臂应能随风转动。对轻型俯仰变幅起重机，应将起重臂落下并与塔身结构锁紧在一起。

（24）作业中，操作人员临时离开操纵室时，必须切断电源，锁紧夹轨器。

（25）起重机载人专用电梯严禁超员，其断绳保护装置必须可靠。当起重机作业时，严禁开动电梯。电梯停用时，应降至塔身底部位置，不得长时间悬在空中。

（26）作业完毕后，起重机应停放在轨道中间位置，起重臂应转到顺风方向，并松开回转制动器，小车及平衡臂应置于非工作状态，吊钩宜升到离起重臂顶端 2 ～ 3m 处。

（27）停机时，应将每个控制器拨回零位，依次断开各开关，关闭操纵室门窗；下机后，应锁紧夹轨器，使起重机与轨道固定，断开电源总开关，打开高空指示灯。

（28）检修人员上塔身、起重臂、平衡臂等高空部位检查或修理时，必须系好安全带。

（29）在寒冷季节，对停用起重机的电动机、电器柜、变速器箱、制动器等，应严密遮盖。

（30）动臂式和尚未附着的自升式塔式起重机，塔身上不得悬挂标语牌。

（31）起重机拆装前，应按照出厂有关规定，编制拆装作业方法、质量要求和安全技术措施，经企业技术负责人审批后，作为拆装作业技术方案，并向全体作业人员交底。

（32）起重机的拆装作业应在白天进行，并应有技术和安全人员在场监护。当遇大风、浓雾和雨雪等恶劣天气时，应停止作业。

（33）指挥人员应熟悉拆装作业方案，遵守拆装工艺和操作规程，使用明确的指挥信号进行指挥。所有参与拆装作业的人员，都应听从指挥，如发现指挥信号不清或有错误时，应停止作业，待联系清楚后再进行。

（34）拆装人员在进入工作现场时，应穿戴安全保护用品，高处作业时应系好安全带，熟悉并认真执行拆装工艺和操作规程，当发现异常情况或疑难问题时，应及时向技术负责人反映，不得自行其是，应防止处理不当而造成事故。

（35）在拆装作业过程中，当遇天气剧变、突然停电、机械故障等意外情况，短时间不能继续作业时，必须使已拆装的部位达到稳定状态并固定牢靠，经检查确认无隐患后，方可停止作业。

### （四）门式、桥式起重机与电动葫芦

（1）起重机路基和轨道的铺设应符合出厂规定，轨道接地电阻不应大于4Ω。

（2）使用电缆的门式起重机，应设有电缆卷筒，配电箱应设置在轨道中部。

（3）用滑线供电的起重机，应在滑线两端标有鲜明的颜色，沿线应设置防护栏杆。

（4）轨道应平直，鱼尾板连接螺栓应无松动，轨道和起重机运行范围内应无障碍物。门式起重机应松开夹轨器。

（5）门式、桥式起重机作业前的重点检查项目应符合下列要求：

1）机械结构外观正常，各连接件无松动。

2）钢丝绳外表情况良好，绳卡牢固。

3）各安全限位装置齐全完好。

（6）操作室内应垫木板或绝缘板，接通电源后应采用试电笔测试金属结构部分，确认无漏电方可上机；上、下操纵室应使用专用扶梯。

（7）作业前，应进行空载运转，在确认各机构运转正常，制动可靠，各限位开灵敏有效后，方可作业。

（8）开动前，应先发出音响信号示意，重物提升和下降操作应平稳匀速，在提大件时不得用快速，并应拴拉绳防止摆动。

（9）吊运易燃、易爆、有害等危险品时，应经安全主管部门批准，并应有相应安全措施。

（10）重物的吊运路线严禁从人上方通过，也不得从设备上面通过。空车行时，吊钩应离地面2m以上。

（11）吊起重物后应慢速行驶，行驶中不得突然变速或倒退。两台起重机同时作业时，应保持3～5m距离。严禁用一台起重机顶推另一台起重机。

（12）起重机行走时，两侧驱动轮应同步，发现偏移应停止作业，调整好后，方可继续使用。

（13）作业中，严禁任何人从一台桥式起重机跨越到另一台桥式起重机上去。

（14）操作人员由操纵室进入桥架或进行保养检修时，应有自动断电联锁装置或事先切断电源。

（15）露天作业的门式、桥式起重机，当遇六级及六级以上大风时，应停止作业，并锁紧夹轨器。

（16）门式、桥式起重机的主梁挠度超过规定值时，必须修复后，方可使用。

（17）作业后，门式起重机应停放在停机线上，用夹轨器锁紧，并将吊钩升到上部位置；桥式起重机应将小车停放在两条轨道中间，吊钩提升到上部位置；吊钩上不得悬挂重物。

（18）作业后，应将控制器拨到零位，切断电源，关闭并锁好操纵室门窗。

（19）电动葫芦使用前应检查设备的机械部分和电气部分，钢丝绳、吊钩、限位器等应完好，电气部分应无漏电，接地装置应良好。

（20）电动葫芦应设缓冲器，轨道两端应设挡板。

（21）作业开始第一次吊重物时，应在吊离地面 100mm 时停止，检查电动葫芦制动情况，确认完好后方可正式作业。露天作业时，应设防雨棚。

（22）电动葫芦严禁超载起吊。起吊时，手不得握在绳索与物体之间，吊物上升时应严防冲撞。

（23）起吊物件应捆扎牢固。电动葫芦吊重物行走时，重物离地面宜超过 1.5m 高。工作间歇不得将重物悬挂在空中。

（24）电动葫芦作业中发生异味、高温等异常情况，应立即停机检查，排除故障后方可继续使用。

（25）使用悬挂电缆电气控制开关时，绝缘应良好，滑动应自如，人的站立位置后方应有 2m 空地并应正确操作电钮。

（26）在起吊中，由于故障造成重物失控下滑时，必须采取紧急措施，向无人处下放重物。

（27）在起吊中不得急速升降。

（28）电动葫芦在额定载荷制动时，下滑位移量不应大于 80mm；否则应清除油污或更换制动环。

（29）作业完毕后，应停放在指定位置，吊钩升起，并切断电源，锁好开关箱。

# 第四节　脚手架工程

## 一、脚手架工程范围

根据《关于印发〈危险性较大的分部分项工程安全管理办法〉的通知》（建质 [2009]87 号）有关规定，脚手架工程范围为：

（1）搭设高度 50m 及以上落地式钢管脚手架工程。

（2）提升高度150m及以上附着式整体和分片提升脚手架工程。

（3）架体高度20m及以上悬挑式脚手架工程。

## 二、一般规定

### （一）材料要求

#### 1. 钢管

（1）钢管采用外径48～51mm，壁厚3～3.5mm的管材。

（2）钢管应平直光滑，无裂缝、结疤、分层、错位、硬弯、毛刺、压痕和深的划道。

（3）钢管应有产品质量合格证，钢管必须涂有防锈漆并严禁打孔。

（4）钢管两端截面应平直，切斜偏差不大于1.7mm。严禁有毛口、卷口和斜口等现象。

（5）脚手架钢管的尺寸应按表3-2采用，每根钢管的最大重量不应大于25kg。

**脚手架钢管尺寸**　　表3-2

| 截面尺寸（mm） | | 最大长度（mm） | |
|---|---|---|---|
| 外径 $\phi$ | 壁厚 $t$ | 横向水平杆 | 其他杆 |
| 48<br>51 | 3.5<br>3 | 2200 | 6500 |

#### 2. 扣件

（1）采用可锻造铸铁制作的扣件，其材质应符合现行国家标准《钢管脚手架扣件》GB 15831—2006的规定。

（2）扣件必须有产品合格证或租赁单位的质量保证证明。

（3）旧扣件使用前应进行质量检查，有裂缝、变形的严禁使用，出现滑丝的螺栓必须更换。

#### 3. 木杆（已很少使用，仅在搭设临时设施时尚有应用）

（1）木脚手架搭设一般采用剥皮杉木、落叶松或其他坚韧的硬杂木，其材质应符合现行国家标准《木结构设计规范》GB 50005—2003中有关规定。不得采用杨木、柳木、桦木、椴木、油松等材质松脆的树种。

（2）重复使用时，凡有腐朽、折裂、枯竭等杆件，应认真剔除，不宜采用。

（3）各种杆件具体尺寸要求见表3-3。

杆件尺寸要求 表3-3

| 杆件名称 | 梢径 $D$（mm） | 长度 $L$（m） |
|---|---|---|
| 立杆 | $180 \geqslant D \geqslant 70$ | $L \geqslant 6$ |
| 纵向水平杆 | 杉木：$D \geqslant 80$<br>落叶松：$D \geqslant 70$ | $L \geqslant 6$ |
| 小横杆 | 杉木：$D \geqslant 80$<br>硬木：$D \geqslant 70$ | $2.3 > L \geqslant 2.1$ |

## 4. 竹竿

（1）竹脚手架搭设，应取用4～6年生的毛竹为宜，且没有虫蛀、白麻、黑斑和枯脆现象。

（2）横向水平杆（小横杆）、顶杆等没有连通两节以上的纵向裂纹；立杆、纵向水平杆（大横杆）等没有连通四节以上的纵向裂纹。

（3）各种杆件具体尺寸要求见表3-4。

杆件尺寸要求 表3-4

| 杆件名称 | 小头有效直径 $D$ |
|---|---|
| 立杆、大横杆、斜杆 | 脚手架总高度 $H$：$H < 20$m，$D$=60mm<br>$H \geqslant 20$m，$D \geqslant 75$mm |
| 小横杆 | 脚手架总高度 $H$：$H < 20$m，$D$=75mm<br>$H \geqslant 20$m，$D \geqslant 90$mm |
| 防护栏杆 | $D \geqslant 50$mm |

## 5. 绑扎材料

绑扎材料根据脚手架类型选用，具体要求见表3-5。

绑扎材料要求 表3-5

| 脚手架类型 | 材料名称 | 材料要求 |
|---|---|---|
| 木脚手架 | 镀锌钢丝、回火钢丝 | （1）立杆连接必须选择8号镀锌钢丝或回火钢丝<br>（2）纵横向水平杆（大小横杆）接头可以选择10号镀锌钢丝或回火钢丝<br>（3）严禁绑扎钢丝重复使用，且不得有锈蚀斑痕 |
| 木脚手架 | 机制麻、棕绳 | （1）如使用期3个月以内或架体较低、施工荷载较小时，可采用直径不小于12mm的机制麻或棕绳<br>（2）凡受潮、变质发霉的绳子不得使用 |

续表

| 脚手架类型 | 材料名称 | 材料要求 |
| --- | --- | --- |
| 竹脚手架 | 镀锌铁丝 | （1）一般选用 18 号以上的规格<br>（2）如使用 18 号镀锌铁丝应双根并联进行绑扎，每个节点应缠绕 5 圈以上 |
| | 竹篾 | （1）应选用新鲜竹子劈成的片条，厚度 0.6 ～ 0.8mm、宽度 5mm 左右、长度约 2.6m<br>（2）要求无断腰、霉点、枯脆和有六节疤或受过腐蚀<br>（3）每个节点应使用 2 ～ 3 根进行绑扎，使用前应隔天用水浸泡<br>（4）使用一个月应对脚手架的绑扎节点进行检查保养 |

注：竹脚手架在城镇建设工程中已停止使用，只有在一些零星工程中尚有所应用。

### 6. 脚手板

脚手板可采用钢、木、竹材料制作，每块质量不宜大于 30kg，具体材料要求见表 3-6。

**脚手板材料要求**　　表3–6

| 类型 | | 材料要求 |
| --- | --- | --- |
| 钢脚手板 | | （1）冲压新钢脚手板，必须有产品质量合格证<br>（2）板长度为 1.5 ～ 3.6m，厚 2 ～ 3mm，肋高 5cm，宽 23 ～ 25cm<br>（3）旧板表面锈蚀斑点直径不大于 5mm，并沿横截面方向不得多于 3 处<br>（4）脚手板一端应压连接卡口，以便铺设时扣住另一块的端部，板面应冲有防滑圆孔<br>（5）不得使用裂纹和凹陷变形严重的脚手板 |
| 木脚手板 | | （1）应使用厚度不小于 50mm 的杉木或松木板<br>（2）板宽应为 200 ～ 300mm，板长一般为 3 ～ 6m，端部还应用 10 ～ 14 号钢丝绑扎，以防开裂<br>（3）不得使用腐朽、虫蛀、扭曲、破裂和有大横透节的木板 |
| 竹脚手板 | 竹笆脚手板 | （1）用平放带竹青的竹片纵横纺织而成<br>（2）板长一般 2 ～ 2.5m，宽为 0.8 ～ 1.2m<br>（3）每根竹片宽度不小于 30mm，厚度不小于 8mm，横筋一正一反，边缘处纵横筋相交点用钢丝扎紧 |
| | 竹串片脚手板 | （1）用螺栓将侧立的竹片并列连接而成<br>（2）板长一般 2 ～ 2.5m，宽为 0.25m，板厚一般不小于 50mm<br>（3）螺栓直径 8 ～ 10mm，间距 500 ～ 600mm，首只螺栓离板端 200 ～ 250mm<br>（4）有虫蛀、枯脆、松散现象的竹脚手板不得使用 |

### 7. 安全网

（1）必须使用维纶、锦纶、尼龙等材料制成。

（2）安全网宽度不得小于3m，长度不得大于6m，网眼直径不得大于10cm。

（3）严禁使用损坏或腐朽的安全网和丙纶网。

（4）密目安全网只准做立网使用。

## （二）脚手架搭设

### 1. 技术要求

（1）不管搭设哪种类型的脚手架，脚手架所用的材料和加工质量必须符合规定要求，绝对禁止使用不合格材料搭设脚手架，以防发生意外事故。

（2）一般脚手架必须按脚手架安全技术操作规程搭设，对于高度超过15m以上的高层脚手架，必须有设计、有计算、有详图、有搭设方案、有上一级技术负责人审批，有书面安全技术交底，然后才能搭设。

（3）对于危险性大而且特殊的吊、挑、挂、插口、堆料等脚手架必须编制单独的安全技术措施，经过审查和批准，才能搭设。

（4）施工队伍接受任务后，必须组织全体人员，认真领会脚手架专项安全施工组织设计和安全技术措施交底，研讨搭设方法，并派技术好、有经验的技术人员负责搭设技术指导和监护。

### 2. 搭设要求

（1）搭设时认真处理好地基，确保地基具有足够的承载力，垫木应铺设平稳，不能有悬空，避免脚手架发生整体或局部沉降。

（2）确保脚手架整体平稳牢固，并具有足够的承载力，作业人员搭设时必须按要求与结构拉结牢固。

（3）搭设时，必须按规定的间距搭设立杆、横杆、剪刀撑、栏杆等。

（4）搭设时，必须按规定设连墙杆、剪刀撑和支撑。脚手架与建筑物间的连接应牢固，脚手架的整体应稳定。

（5）搭设时，脚手架必须有供操作人员上下的阶梯、斜道。严禁施工人员攀爬脚手架。

（6）脚手架的操作面必须满铺脚手板，不得有空隙和探头板。木脚手板有腐朽、劈裂、大横透节、有活动节子的均不能使用。使用过程中严格控制荷载，确保有较大的安全储备，避免因荷载过大造成脚手架倒塌。

（7）金属脚手架应设避雷装置。遇有高压线必须保持大于5m或相应的水平距离，搭设隔离防护架。

（8）6级以上大风、大雪、大雾天气下应暂停脚手架的搭设及在脚手架上

作业。斜边板要钉防滑条，如有雨水、冰雪，要采取防滑措施。

（9）脚手架搭好后，必须进行验收，合格后方可使用。使用中，遇台风、暴雨，以及使用期较长时，应定期检查，及时整改出现的安全隐患。

（10）因故闲置一段时间或发生大风、大雨等灾害性天气后，重新使用脚手架时必须认真检查，加固后方可使用。

**3. 防护要求**

（1）搭设过程中必须严格按照脚手架专项安全施工组织设计和安全技术措施交底要求设置安全网和采取安全防护措施。

（2）脚手架搭至两步及以上时，必须在脚手架外立杆内侧设置 1.2m 高的防护栏杆。

（3）架体外侧必须用密目式安全网封闭，网体与操作层不应有大于 10mm 的缝隙；网间不应有 25mm 的缝隙。

（4）施工操作层及以下连续三步应铺设脚手板和 180mm 高的挡脚板。

（5）施工操作层以下每隔 10m 应用平网或其他措施封闭隔离。

（6）施工操作层脚手架部分与建筑物之间应用平网或竹笆等实施封闭；当脚手架里立杆与建筑物之间的距离大于 200mm 时，还应自上而下做到四步一隔离。

（7）操作层的脚手板应设护栏和挡脚板。脚手板必须满铺且固定，护栏高度 1.2m，挡脚高度 180mm，挡脚板应与立杆固定。

### （三）脚手架拆除

（1）施工人员必须听从指挥，严格按方案和操作规程进行脚手架拆除，防止脚手架大面积倒塌和物体坠落砸伤他人。

（2）脚手架拆除时要划分作业区，周围用栏杆围护或竖立警戒标志，地面设有专人指挥，并配备良好的通信设施。警戒区内严禁非专业人员入内。

（3）拆除前检查吊运机械是否安全可靠，吊运机械不允许搭设在脚手架上。

（4）拆除过程中建筑物所有窗户必须关闭锁严，不允许向外开启或向外伸挑物件。

（5）所有高处作业人员，应严格按高处作业安全规定执行，上岗后，先检查、加固松动部分，清除各层留下的材料、物件及垃圾块。清理物品应安全输送至地面，严禁高处抛掷。

（6）运至地面的材料应按指定地点，随拆随运，分类堆放，当天拆当天清，拆下的扣件或铁丝等要集中回收处理。

（7）脚手架拆除过程中不能损伤已完工的各类构筑物和已安装好的设备、装置及装饰面。

（8）在脚手架拆除过程中，不得中途换人，如必须换人时，应将拆除情况交代清楚后方可离开。

（9）拆除时要统一指挥，上下呼应，动作协调，当解开与另一人有关的结扣时，应先通知对方，以防坠落。

（10）在大片架子拆除前应将预留的斜道、上料平台等先行加固，以便拆除后能确保其完整、安全和稳定。

（11）脚手架拆除应由上而下按层按步地拆除，先拆护身栏、脚手板和横向水平杆，再依次拆剪刀撑的上部扣件和接杆。拆除全部剪刀撑、抛撑以前，必须搭设临时加固斜支撑，以防架子倾倒。

（12）拆脚手架杆件，必须由 2 ～ 3 人协同操作，拆纵向水平杆时，应由站在中间的人向下传递，严禁向下抛掷。

（13）拆除大片架子应加临时围栏。作业区内电线及其他设备有妨碍时，应事先与有关部门联系拆除、转移或加防护。

（14）脚手架拆至底部时，应先加临时固定措施后，再拆除。

（15）夜间拆除作业，应有良好照明。遇大风、雨、雪等特殊天气，不得进行拆除作业。

## 三、扣件式钢管脚手架

### （一）一般要求

（1）脚手架应由立杆（冲天）、纵向水平杆（大横杆、顺水杆）、横向水平杆（小横杆）、剪刀撑（十字盖）、抛撑（压栏子）、纵、横扫地杆和拉结点等组成，脚手架必须有足够的强度、刚度和稳定性，在允许施工荷载作用下，确保不变形、不倾斜、不摇晃。

（2）脚手架搭设前应清除障碍物、平整场地、夯实基土、作好排水，根据脚手架专项安全施工组织设计（施工方案）和安全技术措施交底的要求，基础验收合格后，放线定位。

（3）垫板宜采用长度不少于 2 跨，厚度不小于 5cm 的木板，也可采用槽钢；底座应准确放在定位位置上。

（4）扣件安装应符合下列规定：

1）扣件规格必须与钢管外径（$\phi$48 或 $\phi$51）相同。

2）螺栓拧紧力矩不应小于 40N·m，且不应大于 65N·m。

3）在主节点处固定横向水平杆、纵向水平杆、剪刀撑、横向斜撑等用的直角扣件、旋转扣件的中心点的相互距离不应大于 150mm。

4）对接扣件开口应朝上或朝内。

5）各杆件端头伸出扣件盖板边缘的长度不应小于 100mm。

（5）脚手板的铺设应符合下列规定：

1）脚手板应铺满、铺稳，离开墙面 120 ～ 150mm。

2）采用对接或搭接时均应符合《建筑施工扣件式钢管脚手架安全技术规范》JGJ 130—2011 规定；脚手板探头应用直径 3.2mm 的镀锌钢丝固定在支撑杆件上。

3）在拐角、斜道平台口处的脚手板，应与横向水平杆可靠连接，防止滑动。

4）自顶层作业层的脚手板往下计，宜每隔 12m 满铺一层脚手板。

（6）脚手架必须配合施工进度搭设，一次搭设高度不应超过相邻连墙件以上两步。

（7）每搭完一步脚手架后，应按表 3-7 的规定校正步距、纵距、横距及立杆的垂直度。

**脚手架搭设的技术要求、允许偏差与检验方法**　　**表3–7**

<table>
<tr><th>序号</th><th colspan="2">项目</th><th>技术要求</th><th>允许偏差<br>Δ（mm）</th><th>示意图</th><th>检查方法与工具</th></tr>
<tr><td rowspan="5">1</td><td rowspan="5">地基基础</td><td>表面</td><td>坚实平整</td><td rowspan="4">—</td><td rowspan="5">—</td><td rowspan="5">观察</td></tr>
<tr><td>排水</td><td>不积水</td></tr>
<tr><td>垫板</td><td>不晃动</td></tr>
<tr><td rowspan="2">底座</td><td>不滑动</td></tr>
<tr><td>不沉降</td><td>−10</td></tr>
<tr><td rowspan="2">2</td><td rowspan="2">立杆垂直度</td><td>最后验收垂直度<br>20 ～ 80m</td><td>—</td><td>±100</td><td>Δ Δ $H_{max}$</td><td rowspan="2">用经纬仪或吊线和卷尺</td></tr>
<tr><td colspan="4">下列脚手架允许水平偏差（mm）</td></tr>
</table>

续表

<table>
<tr><th>序号</th><th colspan="2">项目</th><th>技术要求</th><th>允许偏差<br>$\Delta$（mm）</th><th colspan="2">示意图</th><th>检查方法与工具</th></tr>
<tr><td rowspan="4">2</td><td rowspan="4">立杆垂直度</td><td colspan="2" rowspan="2">搭设中检查偏差的高度（m）</td><td colspan="3">总高度</td><td rowspan="4">用经纬仪或吊线和卷尺</td></tr>
<tr><td>50m</td><td>40m</td><td>20m</td></tr>
<tr><td colspan="2">$H$=2<br>$H$=10<br>$H$=20<br>$H$=30<br>$H$=40<br>$H$=50</td><td>±7<br>±20<br>±40<br>±60<br>±80<br>±100</td><td>±7<br>±25<br>±50<br>±75<br>±100</td><td>±7<br>±50<br>±100</td></tr>
<tr><td colspan="5">中间档次用插入法</td></tr>
<tr><td>3</td><td>间距</td><td>步距<br>纵距<br>横距</td><td>—</td><td>±20<br>±50<br>±20</td><td colspan="2">—</td><td>钢板尺</td></tr>
<tr><td rowspan="2">4</td><td rowspan="2">纵向水平杆高差</td><td>一根杆的两端</td><td>—</td><td>±20</td><td colspan="2">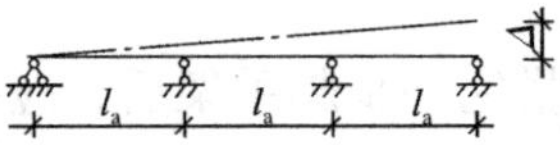</td><td rowspan="2">水平仪或水平尺</td></tr>
<tr><td>同跨内两根纵向水平杆高差</td><td>—</td><td>±10</td><td colspan="2">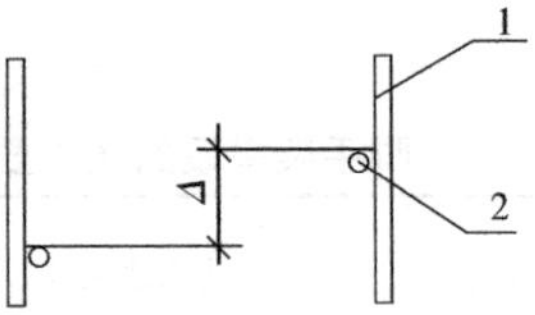</td></tr>
<tr><td>5</td><td colspan="2">双排脚手架横向水平杆外伸长度偏差</td><td>外伸500mm</td><td>−50</td><td colspan="2">—</td><td>钢板尺</td></tr>
<tr><td rowspan="3">6</td><td rowspan="3">扣件安装</td><td>主节点外各扣件中心点相互距离</td><td>$a \leqslant 150$mm</td><td>—</td><td colspan="2">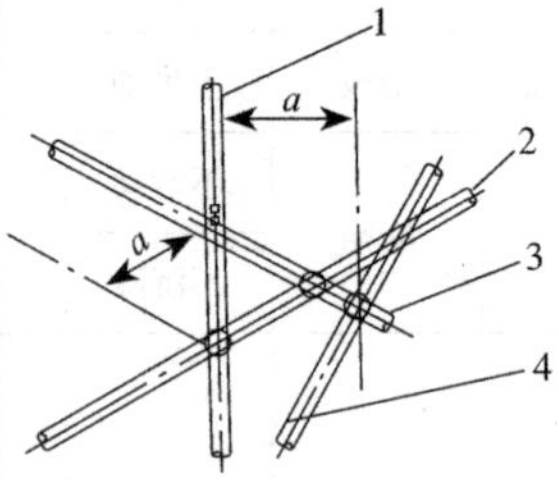</td><td>钢板尺</td></tr>
<tr><td>同步立杆上两个相隔对接扣件的高差</td><td>$a \geqslant 500$mm</td><td rowspan="2">—</td><td colspan="2" rowspan="2">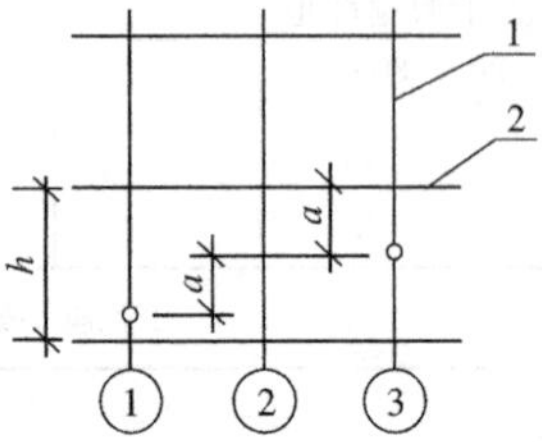</td><td rowspan="2">钢卷尺</td></tr>
<tr><td>立杆上的对接扣件至主节点的距离</td><td>$a \leqslant h/3$</td></tr>
</table>

续表

| 序号 | 项目 | | 技术要求 | 允许偏差 $\Delta$（mm） | 示意图 | 检查方法与工具 |
| --- | --- | --- | --- | --- | --- | --- |
| 6 | 扣件安装 | 纵向水平杆上的对接扣件至主节点的距离 | $a \leqslant l_a/3$ | — | | 钢卷尺 |
| | | 扣件螺栓拧紧扭力矩 | 40～65 N·m | — | — | 扭力扳手 |
| 7 | 剪刀撑斜杆与地面的倾角 | | 45°～60° | — | — | 角尺 |
| 8 | 脚手板外伸长度 | 对接 | $a$=130～150mm<br>$l \leqslant$ 300mm | — | | 卷尺 |
| | | 搭接 | $a \geqslant$ 100mm<br>$l \geqslant$ 200mm | — | | 卷尺 |

注：1—立杆；2—纵向水平杆；3—横向水平杆；4—剪刀撑。

## （二）搭设要求

### 1. 立杆搭设

（1）严禁将外径 48mm 与 51mm 的钢管混合使用。

（2）相邻立杆的对接扣件不得在同一高度内。

（3）开始搭设立杆时，应每隔 6 跨设置一根抛撑，直至连墙件安装稳定后，方可根据情况拆除。

（4）当搭至有连墙件的构造点时，在搭设完该处的立杆、纵向水平杆、横向水平杆后，应立即设置连墙件。

（5）立杆接长除顶层顶步外，其余各层各步接头必须采用对接扣件连接。

（6）立杆顶端宜高出构筑物顶部 1m。

### 2. 纵向水平杆搭设

（1）纵向水平杆宜设置在立杆内侧，其长度不宜小于 3 跨。

（2）纵向水平杆接长宜采用对接扣件连接，也可采用搭接。

（3）纵向水平杆的对接扣件应交错布置，两根相邻纵向水平杆的接头不宜设置在同步或同跨内。

（4）不同步或不同跨两个相邻接头在水平方向错开的距离不应小于500mm；各接头中心至最近主节点的距离不宜大于纵距的1/3。

（5）搭接长度不应小于1m，应等间距设置3个旋转扣件固定，端部扣件盖板边缘至搭接纵向水平杆杆端的距离不应小于100mm。

（6）当使用冲压钢脚手板、木脚手板、竹串片脚手板时，纵向水平杆应作为横向水平杆的支座，用直角扣件固定在立杆上。

（7）当使用竹笆脚手板时，纵向水平杆应采用直角扣件固定在横向水平杆上，并应等间距设置，间距不应大于400mm。

（8）在封闭型脚手架的同一步中，纵向水平杆应四周交圈，用直角扣件与内外角部立杆固定。

**3. 横向水平杆搭设**

（1）主节点处必须设置一根横向水平杆，用直角扣件扣接且严禁拆除。

（2）作业层上非主节点处的横向水平杆，宜根据支撑脚手板的需要等间距设置，最大间距不应大于纵距的1/2。

（3）当使用冲压钢脚手板、木脚手板、竹串片脚手板时，双排脚手架的横向水平杆两端均应采用直角扣件固定在纵向水平杆上；单排脚手架的横向水平杆的一端，应用直角扣件固定在纵向水平杆上，另一端应插入墙内，插入长度不应小于180mm。

（4）使用竹笆脚手板时，双排脚手架的横向水平杆两端，应用直角扣件固定在立杆上；单排脚手架的横向水平杆的一端，应用直角扣件固定在立杆上，另一端应插入墙内，插入长度也不应小于180mm。

（5）双排脚手架横向水平杆的靠墙一端至墙装饰面的距离不宜大于100mm。

（6）单排脚手架的横向水平杆不应设置在下列部位：

1）设计上不允许留脚手眼的部位。

2）过梁上与过梁两端成60°角的三角形范围内及过梁净跨度1/2的高度范围内。

3）宽度小于1m的窗间墙。

4）梁或梁垫下及其两侧各500mm的范围内。

5）砖砌体的门窗洞口两侧200mm和转角处450mm的范围内；其他砌体的

门窗洞口两侧 300mm 和转角处 600mm 的范围内。

6）独立或附墙砖柱。

**4. 纵向、横向扫地杆搭设**

（1）脚手架必须设置纵、横向扫地杆。

（2）纵向扫地杆应采用直角扣件固定在距底座上皮不大于 200mm 处的立杆上。

（3）横向扫地杆也应采用直角扣件固定在紧靠纵向扫地杆下方的立杆上。

（4）当立杆基础不在同一高度上时，必须将高处的纵向扫地杆向低处延长两跨与立杆固定，高低差不应大于 1m。

（5）靠边坡上方的立杆轴线到边坡的距离不应小于 500mm。

**5. 连墙件搭设**

（1）宜靠近主节点设置，偏离主节点的距离不应大于 300mm。

（2）应从底层第一步纵向水平杆处开始设置，当该处设置有困难时，应采用其他可靠措施固定。

（3）宜优先采用菱形布置，也可采用方形、矩形布置。

（4）一字型、开口型脚手架的两端必须设置连墙件，连墙件的垂直间距不应大于建筑物的层高，并不应大于 4m（两步）。

（5）对高度在 24m 以下的单、双排脚手架，宜采用刚性连墙件与建筑物可靠连接，也可采用拉筋和顶撑配合使用的附墙连接方式。严禁使用仅有拉筋的柔性连墙件。

（6）对高度 24m 以上的双排脚手架，必须采用刚性连墙件与建筑物可靠连接。

（7）连墙件中的连墙杆或拉筋宜呈水平设置，当不能水平设置时，与脚手架连接的一端应下斜连接，不应采用上斜连接。

（8）当脚手架下部暂不能设连墙件时可搭设抛撑。抛撑应采用通长杆件与脚手架可靠连接，与地面的倾角应在 45° ～ 60°之间；连接点中心至主节点的距离不应大于 300mm。抛撑应在连墙件搭设后方可拆除。

（9）当脚手架施工操作层高出连墙件两步时，应采取临时稳定措施，直到上一层连墙件搭设完后方可根据情况拆除。

**6. 门洞搭设**

（1）单、双排脚手架门洞宜采用上升斜杆、平行弦杆桁架结构形式，斜杆与地面的倾角 $\alpha$ 应在 45° ～ 60°之间。

（2）单排脚手架门洞外，应在平面桁架的每一节间设置 1 根斜腹杆；双排脚手架门洞处的空间桁架，除下弦平面外，应在其余 5 个平面内设置 1 根斜腹杆。

（3）斜腹杆宜采用旋转扣件固定在与之相交的横向水平杆的伸出墙上，旋转扣件中心线至主节点的距离不宜大于 150mm。

（4）当斜腹杆在 1 跨内跨越 2 个步距时，宜在相交的纵向水平杆处，增设 1 根横向水平杆，将斜腹杆固定在其伸出端上。

（5）斜腹杆宜采用通长杆件，当必须接长使用时，宜采用对接扣件连接，也可采用搭接。

（6）单排脚手架过窗洞时应增设立杆或增设 1 根纵向水平杆。

（7）门洞桁架下的两侧立杆应为双管立杆，副立杆高度应高于门洞口 1 ～ 2 步。

（8）门洞桁架中伸出上下弦杆的杆件端头，均应增设一个防滑扣件，该扣件宜紧靠主节点处的扣件。

**7. 剪刀撑与横向斜撑搭设**

（1）双排脚手架应设剪刀撑与横向斜撑，单排脚手架应设剪刀撑。

（2）每道剪刀撑跨越立杆的最多根数宜按表 3-8 的规定确定。

**剪刀撑跨越立杆的最多根数** **表3–8**

| 剪刀撑斜杆与地面的倾角 $\alpha$ | 45° | 50° | 60° |
|---|---|---|---|
| 剪刀撑跨越立杆的最多根数 $n$（根） | 7 | 6 | 5 |

（3）每道剪刀撑宽度不应小于 4 跨，且不应小于 6m，斜杆与地面的倾角宜在 45°～ 60°之间。

（4）高度在 24m 以下的单、双排脚手架，均必须在外侧立面的两端各设置一道剪刀撑，并应由底至顶连续设置。

（5）高度在 24m 以上的双排脚手架应在外侧立面整个长度和高度上连续设置剪刀撑。

（6）剪刀撑斜杆的接长宜采用搭接。

（7）剪刀撑斜杆应用旋转扣件固定在与之相交的横向水平杆的伸出端或立杆上，旋转扣件中心线至主节点的距离不宜大于 150mm。

（8）横向斜撑的设置应符合下列规定：

1）横向斜撑应在同一节间，由底至顶层呈之字形连续布置。

2）一字形、开口形双排脚手架的两端均必须设置横向斜撑。

3）高度在 24m 以下的封闭型双排脚手架可不设横向斜撑，高度在 24m 以上的封闭型脚手架，除拐角应设置横向斜撑外，中间应每隔 6 跨设置 1 道。

（9）剪刀撑、横向斜撑搭设应随立杆、纵向和横向水平杆等同步搭设。

**8. 斜道搭设**

（1）人行并兼作材料运输的斜道的形式宜按下列要求确定。

1）高度不大于 6m 的脚手架，宜采用一字形斜道。

2）高度大于 6m 的脚手架，宜采用之字形斜道。

（2）斜道宜附着外脚手架或建筑物设置。

（3）运料斜道宽度不宜小于 1.5m，坡度宜采用 1∶6；人行斜道宽度不宜小于 1m，坡度宜采用 1∶3 ～ 3∶5。

（4）拐弯处应设置平台，其宽度不应小于斜道宽度。

（5）斜道两侧及平台外围均应设置栏杆及挡脚板。栏杆高度应为 1.2m，在 0.6m 高度处再设一道横栏杆；挡脚板高度不应小于 180mm。

（6）运料斜道两侧、平台外围和端部均应按规范规定设置连墙件；每两步应加设水平斜杆；并按规范规定设置剪刀撑和横向斜撑。

（7）斜道脚手板构造应符合下列规定：

1）脚手板横铺时，应在横向水平杆下增设纵向支托杆，纵向支托杆间距不应大于 500mm。

2）脚手板顺铺时，接头宜采用搭接；下面的板头应压住上面的板头，板头的凸棱处宜采用三角木填顺。

3）人行斜道和运料斜道的脚手板上应每隔 250 ～ 300mm 设置一根防滑木条，木条厚度宜为 20 ～ 30mm。

**9. 栏杆和挡脚板搭设**

栏杆和挡脚板搭设见图 3-1。

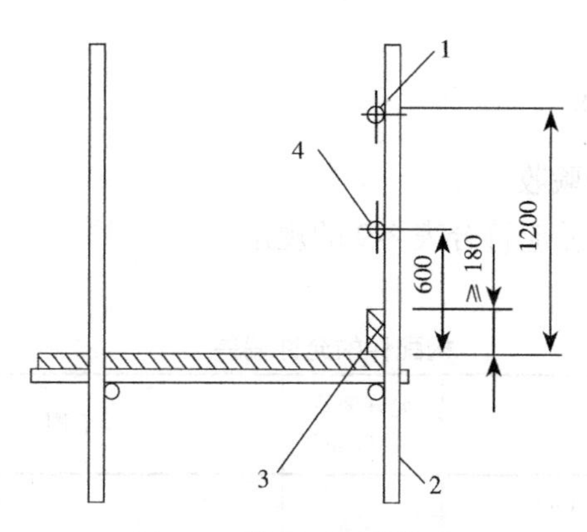


**图 3–1　栏杆与挡脚板构造**

1—上栏杆；2—外立杆；3—挡脚板；4—中栏杆

（1）栏杆和挡脚板均应搭设在外立杆的内侧。

（2）上栏杆上皮高度应为1.2m。

（3）挡脚板高度不应小于180mm。

（4）中栏杆应居中设置（高度为0.6m）。

### （三）拆除要求

（1）拆除脚手架前应全面检查脚手架的扣件连接、连墙件、支撑体系等是否符合构造要求。

（2）应根据检查结果补充完善施工组织设计中的拆除顺序和措施，经主管部门批准后方可实施拆除。

（3）拆除脚手架前应由单位工程负责人进行拆除安全技术交底。

（4）拆除脚手架前应清除脚手架上杂物及地面障碍物。

（5）拆除作业必须由上而下逐层进行，严禁上下同时作业。

（6）连墙件必须随脚手架逐层拆除，严禁先将连墙件整层或数层拆除后再拆脚手架；分段拆除高差不应大于两步，如高差大于两步，应增设连墙件加固。

（7）当脚手架拆至下部最后1根长立杆的高度（约6.5m）时，应先在适当位置搭设临时抛撑加固后，再拆除连墙件。

（8）当脚手架采取分段、分立面拆除时，对不拆除的脚手架两端，应先设置连墙件和横向斜撑加固。

（9）拆除的各构配件严禁抛掷至地面。

（10）运至地面的构配件应按规定及时检查、整修与保养，并按品种、规格随时码堆存放。

### （四）检查与验收

#### 1. 构配件检查与验收

构配件的允许偏差应符合表3-9的规定。

构配件的允许偏差　　表3–9

| 序号 | 项目 | 允许偏差 Δ（mm） | 示意图 | 检查工具 |
| --- | --- | --- | --- | --- |
| 1 | 焊接钢管尺寸（mm）<br>外径　48<br>壁厚　3.5<br>外径　51<br>壁厚　3.0 | <br>−0.5<br>−0.5<br>−0.5<br>−0.45 | | 游标卡尺 |

续表

| 序号 | 项目 | | 允许偏差 $\Delta$（mm） | 示意图 | 检查工具 |
|---|---|---|---|---|---|
| 2 | 钢管两端面切斜偏差 | | 1.70 | | 塞尺、拐角尺 |
| 3 | 钢管外表面锈蚀深度 | | ≤ 0.50 | | 游标卡尺 |
| 4 | 钢管弯曲 | a. 各种杆件钢管的端部弯曲<br>$l \leqslant 1.5\text{m}$ | ≤ 5 | | 钢板尺 |
| | | b. 立杆钢管弯曲<br>$3\text{m} < l \leqslant 4\text{m}$<br>$4\text{m} < l \leqslant 6.5\text{m}$ | ≤ 12<br>≤ 20 | | |
| | | c. 水平杆、斜杆的钢管弯曲<br>$l \leqslant 6.5\text{m}$ | ≤ 30 | | |
| 5 | 冲压钢脚手板 | a. 板面挠曲<br>$l \leqslant 4\text{m}$<br>$l > 4\text{m}$ | ≤ 12<br>≤ 16 | | 钢板尺 |
| | | b. 板面扭曲（任一角翘起） | ≤ 5 | | |

**2. 脚手架检查与验收**

（1）脚手架及其地基基础应在下列阶段进行检查与验收：

1）基础完工后及脚手架搭设前。

2）作业层上施加荷载前。

3）每搭设完 10 ～ 13m 高度后。

4）达到设计高度后。

5）遇有六级大风与大雨后；寒冷地区开冻后。

6）停用超过 1 个月。

（2）进行脚手架检查、验收时应根据下列技术文件：

1）《建筑施工扣件式钢管脚手架安全技术规范》JGJ 130—2011 相关规定。

2）施工组织设计及变更文件。

3）技术交底文件。

（3）脚手架使用中，应定期检查下列项目：

1）杆件的设置和连接，连墙件、支撑、门洞桁架等的构造是否符合要求。

2）地基是否积水，底座是否松动，立杆是否悬空。

3）扣件螺栓是否松动。

4）高度在 24m 以上的脚手架，其立杆的沉降与垂直度的偏差是否符合表 3-7 中序号 1、2 的规定。

5）安全防护措施是否符合要求。

6）是否超载。

（4）脚手架搭设的技术要求、允许偏差与检验方法，应符合表 3-7 的规定。

（5）安装后的扣件螺栓拧紧扭力矩应采用扭力扳手检查，抽样方法应按随机分布原则进行。抽样检查数目与质量判定标准，应按表 3-10 的规定确定。不合格的必须重新拧紧，直至合格为止。

**扣件拧紧抽样检查数目及质量判定标准　　表3–10**

| 序号 | 检查项目 | 安装扣件数量（个） | 抽检数量（个） | 允许的不合格数 |
|---|---|---|---|---|
| 1 | 连接立杆与纵（横）向水平杆或剪刀撑的扣件；接长立杆、纵向水平杆或剪刀撑的扣件 | 51 ～ 90 | 8 | 0 |
| | | 91 ～ 150 | 5 | 1 |
| | | 151 ～ 280 | 13 | 1 |
| | | 281 ～ 500 | 20 | 2 |
| | | 501 ～ 1200 | 32 | 3 |
| | | 1201 ～ 3200 | 50 | 5 |
| 2 | 连接横向水平杆与纵向水平杆的扣件（非主节点处） | 51 ～ 90 | 5 | 1 |
| | | 91 ～ 150 | 8 | 2 |
| | | 151 ～ 280 | 13 | 3 |
| | | 281 ～ 500 | 20 | 5 |
| | | 501 ～ 1200 | 32 | 7 |
| | | 1201 ～ 3200 | 50 | 10 |

### （五）安全管理

（1）脚手架搭设人员必须是按现行国家标准《特种作业人员安全技术培训考

核管理规定》考核合格的专业架子工。上岗人员应定期体检,合格者方可持证上岗。

（2）搭设脚手架人员必须戴安全帽、系安全带、穿防滑鞋。

（3）脚手架的构配件质量与搭设质量，应按规定进行检查验收，合格后方准使用。

（4）作业层上的施工荷载应符合设计要求，不得超载。不得将模板支架、缆风绳、泵送混凝土和砂浆的输送管等固定在脚手架上；严禁悬挂起重设备。

（5）当有六级及六级以上大风和雾、雨、雪天气时应停止脚手架搭设与拆除作业。雨、雪后上架作业应有防滑措施，并应扫除积雪。

（6）脚手架的安全检查与维护，应定期进行。安全网应按有关规定搭设或拆除。

（7）在脚手架使用期间，严禁拆除下列杆件：

1）主节点处的纵、横向水平杆，纵、横向扫地杆。

2）连墙件。

3）加固杆件，如剪刀撑。

（8）不得在脚手架基础及其邻近处进行挖掘作业，否则应采取安全措施，并报主管部门批准。

（9）临街搭设脚手架时，外侧应有防止坠物伤人的防护措施。

（10）在脚手架上进行电、气焊作业时，必须有防火措施和专人看守。

（11）工地临时用电线路的架设及脚手架接地、避雷措施等，应按现行行业标准《施工现场临时用电安全技术规范》JGJ 46—2005 的有关规定执行。

（12）搭拆脚手架时，地面应设围栏和警戒标志，并派专人看守，严禁非操作人员入内。

## 四、门式钢管脚手架

### （一）搭设要求

#### 1. 门架及配件搭设

（1）门架跨距应符合现行行业标准《建筑施工门式钢管脚手架安全技术规范》JGJ 128—2010 的规定，并与交叉支撑规格配合。

（2）门架立杆离墙面净距不宜大于 150mm；大于 150mm 时应采取内挑架板或其他离口防护的安全措施。

（3）门架的内外两侧均应设置交叉支撑，并应用门架立杆上的锁臂、搭钩保护。

（4）上、下榀门架的组装必须设置连接棒及锁臂，连接棒直径应小于立杆内径的 1 ～ 2mm。

（5）在脚手架的操作层上应连续满铺与门架配套的挂扣式脚手板，并扣紧挡板，防止脚手板脱落和松动。

（6）水平架设置应符合下列规定：

1）在脚手架的顶层门架上部、连墙件设置层、防护棚设置处必须设置。

2）当脚手架搭设高度 $H \leqslant 45m$ 时，沿脚手架高度，水平架应至少两步一设；当脚手架搭设高度 $H > 45m$ 时，水平架应每步一设；不论脚手架多高，均应在脚手架的转角处、端部及间断处的一个跨距范围内每步一设。

3）水平架在其设置层面内连续设置。

4）当因施工需要，临时局部拆除脚手架内侧交叉支撑时，应在拆除交叉支撑的门架上方及下方设置水平架。

5）水平架可由挂扣式脚手板或门架两侧设置的水平加固杆代替。

（7）底步门架的立杆下端应设置固定底座或可调底座。

（8）不配套的门架与配件不得混合使用于同一脚手架。

（9）门架安装应自一端向另一端延伸，并逐层改变搭设方向，不得相对进行。搭完一步架后，应按要求检查并调整其水平度与垂直度。

（10）交叉支撑、水平架或脚手板应紧随门架的安装及时设置。

（11）连接门架与配件的锁臂、搭钩必须处于锁住状态。

（12）水平架或脚手板应在同一步内连续设置，脚手板应满铺。

（13）底层钢梯的底部应加设钢管并用扣件扣紧在门架的立杆上，钢梯的两侧均应设置扶手，每段梯可跨越两步或三步门架再行转折。

（14）栏板（杆）、挡脚板应设置在脚手架操作层外侧、门架立杆的内侧。

**2. 加固件搭设**

（1）剪刀撑设置应符合下列规定：

1）脚手架高度超过 20m 时，应在脚手架外侧连续设置。

2）剪刀撑斜杆与地面的倾角宜为 45° ～ 60°，剪刀撑宽度宜为 4 ～ 8m。

3）剪刀撑应采用扣件与门架立杆扣紧。

4）剪刀撑斜杆若采用搭接接长，搭接长度不宜小于 600mm，搭接处应采用两个扣件扣紧。

（2）水平加固杆设置应符合以下规定：

1）当脚手架高度超过 20m 时，应在脚手架外侧每隔 4 步设置一道，并宜在有连墙件的水平层设置。

2）设置纵向水平加固杆应连续，并形成水平闭合圈。

3）在脚手架的底步门架下端应加封口杆，门架的内、外两侧应设通长扫地杆。

4）水平加固杆应采用扣件与门架立杆扣牢。

（3）加固杆、剪刀撑必须与脚手架同步搭设。

（4）水平加固杆应设于门架立杆内侧，剪刀撑应设于门架立杆外侧并连牢。

**3. 连墙件搭设**

（1）脚手架必须采用连墙件与建筑物做到可靠连接。

（2）在脚手架的转角处、不闭合（一字形、槽形）脚手架的两端应增设连墙件，其竖向间距不应大于 4.0m。

（3）在脚手架外侧因设置防护棚或安全网而承受偏心荷载的部位，应增设连墙件，其水平间距不应大于 4.0m。

（4）连墙件应能承受拉力与压力，其承载力标准值不应小于 10kN；连墙件与门架、建筑物的连接也应具有相应的连接强度。

（5）连墙件的搭设必须随脚手架搭设同步进行，严禁滞后设置或搭设完毕后补做。

（6）当脚手架操作层高出相邻连墙件以上两步时，应采用确保脚手架稳定的临时拉结措施，直到连墙件搭设完毕后方可拆除。

（7）连墙件宜垂直于墙面，不得向上倾斜，连墙件埋入墙身的部分必须锚固可靠。

（8）连墙件应连于上、下两榀门架的接头附近。

**4. 通道洞口**

（1）通道洞口高不宜大于 2 个门架，宽不宜大于 1 个门架跨距。

（2）当洞口宽度为一个跨距时，应在脚手架洞口上方的内外侧设置水平加固杆，在洞口两个上角加斜撑杆。

（3）当洞口宽为两个及两个以上跨距时，应在洞口上方设置经专门设计和制作的托架，并加强洞口两侧的门架立杆。

**5. 扣件连接**

（1）扣件规格应与所连钢管外径相匹配。

（2）扣件螺栓拧紧扭力矩宜为 50 ～ 60N·m，并不得小于 40N·m。

（3）各杆件端头伸出扣件盖板边缘长度不应小于 100mm。

脚手架搭设的垂直度与水平度允许偏差应符合表 3-11 的要求。

脚手架搭设水平度与垂直度允许偏差　表3-11

| 项目 | | 允许偏差（mm） |
| --- | --- | --- |
| 垂直度 | 每步架 | $h$ / 1000 及 ±20 |
| | 脚手架整体 | $H$ / 600 及 ±50 |
| 水平度 | 一跨距内水平架两端高差 | ±$l$ / 600 及 ±30 |
| | 脚手架整体 | ±$L$ / 600 及 ±50 |

注：$h$—步距；$H$—脚手架高度；$l$—跨距；$L$—脚手架长度。

（二）拆除要求

（1）脚手架经单位工程负责人检查验证并确认不再需要时，方可拆除。

（2）拆除脚手架前，应清除脚手架上的材料、工具和杂物。

（3）拆除脚手架时，应设置警戒区和警戒标志，并由专职人员负责警戒。

（4）脚手架的拆除应在统一指挥下，按后装先拆、先装后拆的顺序及下列安全作业的要求进行：

1）脚手架的拆除应从一端走向另一端、自上而下逐层地进行。

2）同一层的构配件和加固件应按先上后下、先外后里的顺序进行，最后拆除连墙件。

3）在拆除过程中，脚手架的自由悬臂高度不得超过两步，当必须超过两步时，应加设临时拉结。

4）连墙杆、通长水平杆和剪刀撑等，必须在脚手架拆卸到相关的门架时方可拆除。

5）工人必须站在临时设置的脚手板上进行拆卸作业，并按规定使用安全防护用品。

6）拆除工作中，严禁使用榔头等硬物击打、撬挖，拆下的连接棒应放入袋内，锁臂应先传递至地面并放室内堆存。

7）拆卸连接部件时，应先将锁座上的锁板与卡钩上的锁片旋转至开启位置，然后开始拆除，不得硬拉，严禁敲击。

8）拆下的门架、钢管与配件，应成捆用机械吊运或由井架传送至地面，防止碰撞，严禁抛掷。

（5）施工期间不得拆除下列杆件：

1）交叉支撑，水平架。

2）连墙件。

3）加固杆件，如剪刀撑、水平加固杆、扫地杆、封口杆等。

4）栏杆。

（6）作业需要时，临时拆除交叉支撑或连墙件应经主管部门批准，并应符合下列规定：

1）交叉支撑只能在门架一侧局部拆除，临时拆除后，在拆除交叉支撑的门架上、下层面应满铺水平架或脚手板。

2）作业完成后，应立即恢复拆除的交叉支撑；拆除时间较长时，还应加设扶手或安全网。

3）只能拆除个别连墙件，在拆除前、后应采取安全措施，并应在作业完成后立即恢复；不得在竖向或水平向同时拆除两个及两个以上连墙件。

（7）对脚手架应设专人负责进行经常检查和保修工作。对高层脚手架应定期作门架立杆基础沉降检查，发现问题应立即采取措施。

（8）拆下的门架及配件应清除杆件及螺纹上的沾污物，并按规定分类检验和维修，按品种、规格分类整理存放，妥善保管。

## 五、凳式与支柱式脚手架

（1）脚手架的凳和立柱宜采用钢质材料，其构造应重心低。

（2）现场自制凳和立柱时，应根据施工荷载对其进行设计，并对原材料和加工工序进行质量检查验收，确认合格，并形成文件。

（3）搭设脚手架时，凳和立柱应水平、竖直、稳固。

（4）两排以上架子相邻设置时，应将其连接牢固。

（5）凳式脚手架应符合下列规定：

1）凳宜用直径 50mm 钢管或直径 20mm 以上钢筋焊制。

2）凳的间距不宜大于 1.5m；高度不宜大于 1.5m。

3）高度大于 1.0m 时，应在两个凳间设置斜撑。

（6）支柱式脚手架应符合下列规定：

1）立柱宜用直径 50mm 钢管。

2）升降式架宜用直径 45mm 钢管作插管，销钉直径不得小于 10mm。

3）立柱间距不宜大于 1.5m，平台高度不宜大于 2.5m。

4）平台高度达 2.0m（含）以上时，必须在立管间设斜撑，并加抛撑。

## 六、悬挑式脚手架

（1）悬挑式脚手架的高度不得超过20m。

（2）脚手架结构应根据搭设高度进行施工设计，经计算确定。

（3）采用斜架做支撑结构时，斜立杆的构造应符合下列规定：

1）斜立杆必须与构筑物连接牢固，其底部必须支撑在足够强度的构筑物结构部位上，并有可靠的固定措施。

2）斜立杆与墙面的夹角不得大于30°，挑出墙外宽度不得大于1.2m。

3）斜立杆间距不得大于1.5m，底部应设扫地杆，底部以上应设纵向水平杆和相应的横向水平杆，其间距不得大于1.5m。

（4）采用型钢做支撑结构时，其节点必须采用焊接或螺栓连接，严禁采用扣件或碗扣连接。

（5）支撑结构以上的脚手架应符合落地式脚手架的规定。脚手架立杆纵距不得大于1.5m，底部必须与支撑结构连接牢固。

## 七、吊篮式脚手架

（1）吊篮式脚手架结构必须进行施工设计，经计算确定。

（2）吊篮应符合下列规定：

1）吊篮节点应采用焊接或螺栓连接，不得使用扣件（或碗扣）连接。

2）吊篮宽度宜为80cm，长度不得大于8m。

3）吊篮底板必须严密。采用木板时，其厚度不得小于5cm；采用钢板时，应有防滑构造。

4）吊篮靠构筑物一侧必须设一道防护栏杆，其高度不得小于80cm，其余侧面必须设二道防护栏杆，其上杆高度不得小于1.2m，下杆高度应居中设置。栏杆内侧底部必须设高度不小于18cm的挡脚板，其上部采用密目安全网等封严，并固定牢固。

（3）悬挂结构应符合下列规定：

1）悬挂结构与构筑物必须锚固。

2）悬臂长度应使悬挂吊篮的钢丝绳与地面呈垂直状态。

3）悬挂结构与吊篮必须连接牢固。

4）悬挂结构各悬臂梁（架）必须用杆件连成整体。

（4）提升机构应符合下列规定：

1）提升机构的设计应采用容许应力法计算，其安全系数不得小于 2；提升钢丝绳应采用钢芯钢丝绳，其安全系数不得小于 10。

2）单跨吊篮的升降可采用手扳葫芦，多跨时必须采用电动葫芦，且应设同步升降控制装置。

（5）吊篮式脚手架安全装置应符合下列规定：

1）吊篮必须装设安全锁，并设与提升钢丝绳相同型号的保险绳，每根保险绳应设安全锁。

2）使用手扳葫芦时，应装设防止吊篮发生自动下滑的闭锁装置，升降时应同步，保持平衡。

3）使用电动葫芦时，必须设行程限位器。

（6）吊篮的负荷量（包括人体重）不准超过 1176N/m$^2$（120kg/m$^2$），人员和材料要对称分布，保证吊篮两端负载平衡。

（7）严禁在吊篮的防护以外和护头棚上作业，任何人不准擅自拆改吊篮。

（8）吊篮框内侧距建筑物以 10cm 为宜，不准将两个或几个吊篮并联在一起同时升降。

（9）以手扳葫芦为吊具的吊篮，钢丝绳穿好后，必须将保险扳把拆掉，系牢保险绳，并将吊篮与建筑物拉牢。

（10）吊篮长度一般不得超过 8m，吊篮宽度以 0.8 ～ 1m 为宜。单层吊篮高度以 2m、双层吊篮高度以 3.8m 为宜。

（11）用钢管组装的吊篮，立杆间距不准大于 2m，大小面均须打戗。采用焊接边框的吊篮，立杆间距不准超过 2.5m，长度超过 3m 的大面要打戗。

（12）单层吊篮至少设 3 道横杆，双层吊篮至少设 5 道横杆。双层吊篮要设爬梯，留出活动盖板，以便人员上下。

（13）承重受力的预埋吊环，应用直径不小于 16mm 的圆钢。吊环埋入混凝土内的长度应大于 36cm，并与墙体主筋焊接牢固。预埋吊环距支点的距离不得小于 3m。

（14）安装挑梁探出建筑物一端稍高于另一端，挑梁之间用钢管连接牢固，挑梁应用不小于 14 号工字钢强度的材料。

（15）挑梁挑出的长度与吊篮的吊点必须保持垂直。阳台部位的挑梁的挑出部分的顶端要加斜撑抱桩，斜撑下要加垫板，并且将受力的阳台板和以上的两层阳台板设立柱加固。

（16）吊篮升降使用的手扳葫芦应用 3t 以上的专用配套的钢丝绳。捯链应用 2t 以上承重的钢丝绳，直径应不小于 12.5mm。

（17）钢丝绳不得接头使用，与挑梁连接处要有防剪措施，至少用3个卡子进行卡接。

（18）吊篮长度在8m以下、3m以上的要设3个吊点；长度在3m以下的可设两个吊点，但篮内人员必须挂好安全带。

（19）吊篮搭设构造必须遵照专项安全施工组织设计（施工方案）规定，组装或拆除时，应3人配合操作，严格按搭设程序作业，任何人不允许改变方案。

（20）吊篮的脚手板必须铺平、铺严，并与横向水平杆固定牢，横向水平杆的间距可根据脚手板厚度而定，一般以0.5～1m为宜。吊篮作业层外排和两端小面均应设两道护身栏，并挂密目安全网封严，索死下角，里侧应设护身栏。

（21）吊篮式脚手架安装后，应以2倍额定荷载作用于吊篮上，对脚手架进行强度和稳定性检验，确认合格，并形成文件。

（22）提升机构及其安全装置应进行空载、额定荷载、偏载和超载的运行试验，确认合格并形成文件。

（23）现场自制吊篮式脚手架时，在制作过程中质量管理人员必须对其进行工序检查验收，确认合格，并形成文件。

（24）安装、使用、移动、拆卸脚手架时，其下方必须划定作业区，并设安全标志，专人值守，严禁人员进入作业区。脚手架安装后，必须设防护设施和安全标志，严禁碰撞，严禁松动锚固构造。

（25）不得将两个或几个吊篮连在一起同时升降，两个吊篮接头处应与窗口、阳台作业面错开。

（26）吊篮使用期间，应经常检查吊篮防护、保险、挑梁、手扳葫芦、捯链和吊索等，发现隐患，立即解决。

（27）吊篮组装、升降、拆除、维修必须由专业架子工进行。

# 第五节　拆除、爆破工程

## 一、拆除、爆破工程范围

根据《关于印发〈危险性较大的分部分项工程安全管理办法〉的通知》（建质[2009]87号）有关规定，拆除、爆破工程范围为：

（1）采用爆破拆除的工程。

（2）码头、桥梁、高架、烟囱、水塔或拆除中容易引起有毒有害气（液）体或粉尘扩散、易燃易爆事故发生的特殊建（构）筑物的拆除工程。

（3）可能影响行人、交通、电力设施、通信设施或其他建（构）筑物安全的拆除工程。

（4）文物保护建筑、优秀历史建筑或历史文化风貌区控制范围的拆除工程。

## 二、建筑拆除工程安全措施

按《建筑拆除工程安全技术规范》JGJ 147—2004 执行。

# 第六节　其他

## 一、其他的范围

根据《关于印发〈危险性较大的分部分项工程安全管理办法〉的通知》（建质 [2009]87 号）有关规定，其他的范围为：

（1）施工高度 50m 及以上的建筑幕墙安装工程。

（2）跨度大于 36m 及以上的钢结构安装工程；跨度大于 60m 及以上的网架和索膜结构安装工程。

（3）开挖深度超过 16m 的人工挖孔桩工程。

（4）地下暗挖工程、顶管工程、水下作业工程。

（5）采用新技术、新工艺、新材料、新设备及尚无相关技术标准的危险性较大的分部分项工程。

## 二、玻璃幕墙安装安全技术要求

（1）进入现场必须遵守安全生产纪律。

（2）幕墙安装人员应经专门安全技术培训，考核合格后方能上岗操作。施工前要详细进行安全技术交底。

（3）安装构件前应检查钢结构安全性是否达到要求，钢结构连接件与主体埋件焊接是否牢靠，不松动。

（4）幕墙安装时操作人员应在脚手架上进行，作业前必须检查脚手架是否牢靠，脚手板有否空洞或探头等，确认安全可靠后方可作业。高处作业时，应按照相关的“高处作业”安全技术交底进行操作。高空作业必须系好安全带。

（5）安装时使用的机械及电动螺丝刀、手电钻、冲击电钻、曲线锯等手持式电动工具，应按照相应的安全规程操作。

（6）玻璃搬运应遵守下列要求：

1）搬运玻璃前应先检查玻璃是否有裂纹，特别要注意暗裂，确认完好后方可搬运。

2）搬运玻璃必须戴手套或用布、纸垫住玻璃边部分与手及身体裸露部分分隔，如数量较大应装箱搬运，玻璃片直立于箱内，箱底和四周要用稻草或其他软性物品垫稳。两人以上共同搬抬较重玻璃时，要互相配合，呼应一致。

3）对于隐框幕墙，若玻璃与铝框是在车间粘结的，要待结构胶固化后才能搬运。

4）若幕墙玻璃尺寸过大，则要用专门的吊装机具搬运。

5）风力在5级以上难以控制玻璃时，应停止搬运和安装玻璃。

（7）安装玻璃前，应将玻璃擦拭干净，以免发生漏气，进入现场必须遵守安全操作规程和安全生产十大纪律。

（8）严格按照《玻璃幕墙工程技术规范》JGJ 102—2003和施工组织设计方案及安全技术措施施工。

（9）吸盘机必须有产品合格证和产品使用证明书，使用前必须检查电源电线、电动机绝缘应良好无漏电，重复接地和接保护零线牢靠，触电保护器动作灵敏，液压系统连接牢固无漏油，压力正常，并进行吸附力和吸持时间试验，符合要求，方可使用。

（10）遇有大雨、大雾或5级阵风及其以上，必须立即停止作业。

（11）使用“天那水”清洁幕墙时，室内要通风良好，戴好口罩，严禁吸烟，周围不准有火种。沾有“天那水”的棉纱、布应收集在金属容器内，并及时处理。

## 三、钢结构安装安全技术要求

### （一）高处作业安全

（1）施工负责人应对工程的高处作业安全技术负责，并建立相应的责任制。

施工前，应逐级进行安全技术教育及交底，落实所有安全技术措施和人身防护用品，未经落实时不得进行施工。

（2）高处作业中的设施、设备，必须在施工前进行检查，确认其完好，方能投入使用。

（3）攀登和悬空作业人员，必须经过专业技术培训及考试合格，持证上岗，并必须定期进行体格检查。

（4）施工中对高处作业的安全技术设施，发现有缺陷和隐患时，必须及时解决；危及人身安全时，必须停止作业。

（5）施工作业场所有坠落可能的物件，应一律先进行撤除或加以固定。

① 高处作业中所有的物料，均应堆放平稳，不妨碍通行和装卸。

② 随手用工具应放在工具袋内。

③ 作业中的走道内余料应及时清理干净，不得任意乱掷或向下丢弃。

④ 传递物件禁止抛掷。

（6）雨天进行高处作业时，必须采取可靠的防滑措施。凡有积水均应及时清理。

（7）钢结构吊装前，应进行安全防护设施的逐项检查和验收，验收合格后，方可进行高处作业。

### （二）攀高作业安全

（1）柱、梁和行车梁等构件吊装所需的直爬梯在结构构造上，必须牢固可靠。

（2）梯脚底部应垫实，不得垫高使用，梯子上端应有固定措施。

（3）钢柱安装登高时，应使用钢挂梯或设置在钢柱上的爬梯。

（4）登高安装钢梁时，应视钢梁高度，在两端设置挂梯或搭设钢管脚手架。梁面上需行走时，其一侧的临时护栏横杆可采用钢索，当改用扶手绳时，绳的自由下垂度不应大于 $L/20$，并应控制在 100mm 以内。

### （三）悬空作业安全

（1）悬空作业处应有牢固的立足点，并应有安全设施。

（2）钢结构的吊装，构件应尽可能在地面组装，并搭设进行临时固定、电焊、高强度螺栓连接等工序的高空安全设施，随构件同时上吊就位。

（3）悬空作业人员，必须系好安全带。

### （四）防止高空坠落和物体落下伤人

（1）为防止高处坠落，操作人员在进行高处作业时，必须正确使用安全带。安全带一般高挂低用，即将安全带绳端挂在高的地方，而人在较低处操作。

（2）在高处安装构件时，要经常使用撬杆校正构件的位置，因此必须防止因撬杆滑脱而引起的高空坠落。

（3）在雨天，构件上因潮湿容易使操作人员滑倒，应采取清扫后再安装。高空作业人员必须佩戴安全帽、安全带、穿防滑鞋方可操作。

（4）高空操作人员使用的工具及安装用的零部件，应放入随身佩带的工具袋内，不可随便向下丢掷。

（5）在高空用气焊切割或电焊焊接时，应采取隔离措施防止割下的金属或火花落下伤人。

（6）地面操作人员必须戴好安全帽，尽量避免在高空作业的正下方停留或通过，也不得在起重机的吊杆和正在吊装的构件下停留或通过。

（7）构件安装后，必须检查连接质量，无误后，才能摘钩或拆除临时固定工具，以防止掉下伤人。

（8）设置吊装禁区，禁止与吊装作业的无关人员入内。

### （五）防止触电

（1）电焊机的手把线质量必须符合要求，如果有破损情况，必须及时用胶布严密包扎。电焊机的外壳应该接地。

（2）起重机严禁在架空输电线路下面工作。在通过架空输电线路时，应将起重臂落下，并确保与架空输电线的安全距离。

（3）电气设备不得超铭牌运行。

（4）使用手操式电动工具应戴绝缘手套或站立在绝缘物上。

（5）严禁带电作业。

### （六）防止氧乙炔瓶爆炸

（1）氧乙炔瓶放置安全距离应大于10m。

（2）氧气瓶不应该放在太阳光下暴晒，更不可接近火源，要求与火源距离不小于10m。

（3）氧气遇油也会引起爆炸，因此不能用油手接触氧气瓶，还要防止起重机或机械油落到氧气瓶上。

## 四、网架结构和膜结构简介

### （一）网架结构

由多根杆件按照某种规律的几何图形通过节点连接起来的空间结构称之为网格结构，其中双层或多层平板形网格结构称为网架结构或网架。它通常是采用钢管或型钢材料制作而成。

**1. 网架结构的形式**

（1）平面桁架系组成的网架结构。主要有：两向正交正放网架、两向斜交斜放网架、两向正交斜放网架、三向网架等形式。

（2）四角锥体组成的网架结构。主要有：正放四角锥网架、斜放四角锥网架、正放抽空四角锥网架、棋盘形四角锥网架、星型四角锥网架、单向折线型网架等形式。

（3）三角锥组成的网架结构。主要有：三角锥网架、抽空三角锥网架（分Ⅰ型和Ⅱ型）、蜂窝形三角锥网架等形式。

（4）六角锥体组成的网架结构。主要形式有：正六角锥网架。

**2. 网架结构的主要特点**

空间工作，传力途径简捷；重量轻、刚度大、抗震性能好；施工安装简便；网架杆件和节点便于定型化、商品化，可在工厂中成批生产，有利于提高生产效率；网架的平面布置灵活，屋盖平整，有利于吊顶、安装管道和设备；网架的建筑造型轻巧、美观、大方，便于建筑处理和装饰。

### （二）膜结构

薄膜结构也称为织物结构，是20世纪中叶发展起来的一种新型大跨度空间结构形式。它以性能优良的柔软织物为材料，由膜内空气压力支承膜面，或利用柔性钢索或刚性支承结构使膜产生一定的预张力，从而形成具有一定刚度，能够覆盖大空间的结构体系。

**1. 膜结构的主要形式**

主要有空气支承膜结构；张拉式膜结构；骨架支承膜结构等形式。

**2. 膜结构主要特点**

自重轻、跨度大；建筑造型自由丰富；施工方便；具有良好的经济性和较高的安全性；透光性和自结性好；耐久性较差。

## 五、人工挖孔桩施工安全技术要点

（1）多孔同时开挖施工时，应采取间隔开挖的方法。相邻的桩不能同时挖孔，必须待相邻桩孔浇灌完混凝土之后才能开挖，以保证土壁稳定。

（2）桩孔下挖过程中，必须按照挖一节土（每挖深 50 ～ 80cm），做一节护壁或安放一次工具式钢筋防护笼。桩孔垂直度和直径尺寸应每挖一节检查一次，发现偏差及时纠正，以免误差积累过大，造成倾斜或塌方。

（3）挖孔桩孔口，应设水平活动安全盖板，当吊桶提升到离地面高 1.8m 左右（超过人高）时推活动盖板关闭孔口，手推车推至盖板上，卸土后再开盖板下吊桶吊土，以防土块和工具掉入孔内伤人。最上一节混凝土护壁在井口处高出地面 25cm（厚度与护壁相同），以防地面水流入井孔内或脚踢杂物入孔内。孔井口边 1m 范围内不得有任何杂物，堆土应在孔井口边 1.5m 以外。

（4）桩底扩孔应间隔削土，留一部分土作支撑，待浇筑混凝土前再挖，此时宜加钢支架支护，浇筑混凝土前再拆除。

（5）挖孔桩施工一般不得在孔内放炮破石，若遇特殊情况，非在孔内放炮不可时，需制定专项安全技术措施，并报请主管部门审批，经批准后方可实施。

（6）挖孔、成桩必须严格按图施工，若发现问题需要变更，应及时与设计负责人联系，孔桩护壁后在无可靠的安全技术措施条件下，严禁破石修孔。挖孔、扩孔完成后，应及时组织验收并浇筑混凝土，特别是孔壁为砂土、松散填土、软土等不良土壤时不得隔夜浇筑混凝土，以免塌孔。护壁混凝土拆模，须经现场技术负责人批准。

（7）正在开挖的井孔，每天上班前应随时注意检查卷扬机、支腿、钢丝绳、挂钩（保险钩）、提桶、超高限位装置等，应对井壁、混凝土护壁的状况进行检查，发现问题及时采取措施。

（8）挖孔人员上下孔井，必须使用安全爬梯；井下需要工具，应该用提升设备递送，禁止向井内抛掷。井孔上、下应有可靠的通话联络，如对讲机等。

（9）挖孔桩作业人员下班休息时，必须盖好孔口，或用高于 80cm 的护身栏将井口封闭围挡。

（10）夜间一般禁止挖孔作业，如遇特殊情况需夜间挖孔作业时，须经现场负责人同意，并有安全员在场。

（11）井下操作人员连续工作时间，不宜超过 4h，应及时轮换。

（12）现场施工人员必须佩戴安全帽、安全带，安全带接绳由孔上人员负责随作业而加长，井下有人操作时，井上配合作业人员必须坚守岗位，不得擅离职守。

（13）孔底如需抽水时，必须在全部井下作业人员上地面后进行。

（14）井孔内一律采用12V安全电压和防水带罩灯照明，井上现场可用24V低压照明。现场用电均须安装漏电保护装置。

（15）挖井至4m以下时，人员下井之前，应用气体检测仪对井内空气进行抽样检测并做好记录，发现有害气体含量超过允许值，应用鼓风机向孔底通风（必要时送氧气），排除危险因素后方能下井作业。在医院或其他有毒物质存放区施工，应先检查有毒物质对人体的伤害程度，再确定是否采用人工挖孔的施工方法。

# 第四章

# 市政施工机械设备安全管理

# 第一节　土石方施工机械

## 一、单斗挖掘机

（1）单斗挖掘机的作业和行走场地应平整坚实，对松软地面应垫以枕木或垫板，沼泽地区应先做路基处理，或更换湿地专用履带板。

（2）轮胎式挖掘机使用前应支好支腿并保持水平位置，支腿应置于作业面的方向，转向驱动桥应置于作业面的后方。采用液压悬挂装置的挖掘机，应锁住两个悬挂液压缸。履带式挖掘机的驱动轮应置于作业面的后方。

（3）平整作业场地时，不得用铲斗进行横扫或用铲斗对地面进行夯实。

（4）挖掘岩石时，应先进行爆破。挖掘冻土时，应采用破冰锤或爆破法使冻土层破碎。

（5）挖掘机正铲作业时，除松散土壤外，其最大开挖高度和深度，不应超过机械本身性能规定。在拉铲或反铲作业时，履带距工作面边缘距离应大于1.0m，轮胎距工作面边缘距离应大于1.5m。

（6）作业前重点检查项目应符合下列要求。

1）照明、信号及报警装置等齐全有效。

2）燃油、润滑油、液压油符合规定。

3）各铰接部分连接可靠。

4）液压系统无泄漏现象。

5）轮胎气压符合规定。

（7）启动前，应将主离合器分离，各操纵杆放在空挡位置，并应按照《建筑机械使用安全技术规程》JGJ 33—2012的规定启动内燃机。

（8）启动后，接合动力输出，应先使液压系统从低速到高速空载循环10～20min，无吸空等不正常噪声，工作有效，并检查各仪表指示值，待运转正常再接合主离合器，进行空载运转，顺序操纵各工作机构并测试各制动器，确认正常后，方可作业。

（9）作业时，挖掘机应保持水平位置，将行走机构制动住，并将履带或轮胎楔紧。

（10）遇较大的坚硬石块或障碍物时，应清除后方可开挖，不得用铲斗破碎石块、冻土，或用单边斗齿硬啃。

（11）挖掘悬崖时，应采取防护措施。作业面不得留有松土及松动的大块石，当发现有塌方危险时，应立即处理或将挖掘机撤至安全地带。

（12）作业时，应待机身停稳后再挖土，当铲斗未离开工作面时，不得作回转、行走等动作。回转制动时，应使用回转制动器，不得用转向离合器反转制动。

（13）作业时，各操纵过程应平稳，不宜紧急制动。铲斗升降不得过猛，下降时，不得撞碰车架或履带。

（14）斗臂在抬高及回转时，不得碰到洞壁、沟槽侧面或其他物体。

（15）向运土车辆装车时，宜降低挖铲斗，减小卸落高度，不得偏装或砸坏车厢。在汽车未停稳或铲斗需越过驾驶室而司机未离开前不得装车。

（16）作业中，当液压缸伸缩将达到极限位时，应动作平稳，不得冲撞极限块。

（17）作业中，当需制动时，应将变速阀置于低速位置。

（18）作业中发现挖掘力突然变化时，应停机检查，严禁在未查明原因前擅自调整分配阀压力。

（19）作业中不得打开压力表开关，且不得将工况选择阀的操纵手柄放在高速档位置。

（20）反铲作业时，斗臂应停稳后再挖土。挖土时，斗柄伸出不宜过长，提斗不得过猛。

（21）作业中，履带式挖掘机作短距离行走时，主动轮应在后面，斗臂应在正前方与履带平行，制动住回转机构、铲斗应离地面 1m。上、下坡道不得超过机械本身允许最大坡度，下坡应慢速行驶。不得在坡道上变速和空挡滑行。

（22）轮胎式挖掘机行驶前，应收回支腿并固定好，监控仪表和报警信号灯应处于正常显示状态，气压表压力应符合规定，工作装置应处于行驶方向的正前方，铲斗应离地面 1m。长距离行驶时，应采用固定销将回转平台锁定，并将回转制动板踩下后锁定。

（23）当在坡道上行走且内燃机熄火时，应立即制动并楔住履带或轮胎，待重新发动后，方可继续行走。

（24）作业后，挖掘机不得停放在高边坡附近和填方区，应停放在坚实、平坦、安全的地带，将铲斗收回平放在地面上，所有操纵杆置于中位，关闭操纵室和机棚。

（25）履带式挖掘机转移工地应采用平板拖车装运。短距离自行转移时，应低速缓行，每行走 500 ～ 1000m 应对行走机构进行检查和润滑。

（26）保养或检修挖掘机时，除检查内燃机运行状态外，必须将内燃机熄火，并将液压系统卸荷，铲斗落地。

（27）利用铲斗将底盘顶起进行检修时，应使用垫木将抬起的轮胎垫稳，并用木楔将落地轮胎固定牢，然后将液压系统卸荷，否则严禁进入底盘下工作。

## 二、挖掘装载机

（1）挖掘作业前应先将装载斗翻转，使斗口朝地，并使前轮稍离开地面，踏下并锁住制动踏板，然后伸出支腿，使后轮离地并保持水平位置。

（2）作业时，操纵手柄应平稳，不得急剧移动；动臂下降时不得中途制动。挖掘时不得使用高速档。

（3）回转应平稳，不得撞击并用于砸实沟槽的侧面。

（4）动臂后端的缓冲块应保持完好；如有损坏，修复后方可使用。

（5）移位时，应将挖掘装置处于中间运输状态，收起支腿，提起提升臂后方可进行。

（6）装载作业前，应将挖掘装置的回转机构置于中间位置，并用拉板固定。

（7）在装载过程中，应使用低速档。

（8）铲斗提升臂在举升时，不应使用阀的浮动位置。

（9）在前四阀工作时，后四阀不得同时进行工作。

（10）在行驶或作业中，除驾驶室外，挖掘装载机任何地方均严禁乘坐或站立人员。

（11）行驶中，不应高速和急转弯。下坡时不得空挡滑行。

（12）行驶时，支腿应完全收回，挖掘装置应固定牢靠，装载装置宜放低，铲斗和斗柄液压活塞杆应保持完全伸张位置。

（13）当停放时间超过 1h 时，应支起支腿，使后轮离地；停放时间超过 1d 时，应使后轮离地，并应在后悬架下面用垫块支撑。

## 三、推土机

（1）推土机在坚硬土壤或多石土壤地带作业时，应先进行爆破或用松土器翻松。在沼泽地带作业时，应更换湿地专用履带板。

（2）推土机行驶通过的或在其上作业的桥、涵、堤、坝等，应具备相应的承载能力。

（3）不得用推土机推石灰、烟灰等粉尘物料和用作碾碎石块的作业。

（4）牵引其他机械设备时，应有专人负责指挥。钢丝绳的连接应牢固可靠。在坡道或长距离牵引时，应采用牵引杆连接。

（5）作业前重点检查项目应符合下列要求。

1）各部件无松动、连接良好。

2）燃油、润滑油、液压油等符合规定。

3）各系统管路无裂纹或泄漏。

4）各操纵杆和制动踏板的行程、履带的松紧度或轮胎气压均符合要求。

（6）启动前，应将主离合器分离，各操纵杆放在空挡位置，严禁拖、顶启动。

（7）启动后应检查各仪表指示值，液压系统应工作有效；当运转正常、水温达到55℃、机油温度达到45℃时，方可全载荷作业。

（8）推土机行驶前，严禁有人站在履带或刀片的支架上，机械四周应无障碍物，确认安全后，方可开动。

（9）采用主离合器传动的推土机接合应平稳，起步不得过猛，不得使离合器处于半接合状态下运转；液力传动的推土机，应先解除变速杆的锁紧状态，踏下减速器踏板，变速杆在一定档位，然后缓慢释放减速踏板。

（10）在块石路面行驶时，应将履带张紧。当需要原地旋转或急转弯时，应采用低速挡进行。当行走机构夹入块石时，应采用正、反向往复行驶使块石排除。

（11）在浅水地带行驶或作业时，应查明水深，冷却风扇叶不得接触水面。下水前和出水后，均应对行走装置加注润滑脂。

（12）推土机上、下坡或超过障碍物时应采用低速挡。上坡不得换挡，下坡不得空挡滑行。横向行驶的坡度不得超过10°。当需要在陡坡上推土时，应先进行填挖，使机身保持平衡，方可作业。

（13）在上坡途中，当内燃机突然熄灭，应立即放下铲刀，并锁住制动踏板。在分离主离合器后，方可重新启动内燃机。

（14）下坡时，当推土机下行速度大于内燃机传动速度时，转向动作的操纵应与平地行走时操纵的方向相反，此时不得使用制动器。

（15）填沟作业驶近边坡时，铲刀不得越出边缘。后退时，应先换挡，方可提升铲刀进行倒车。

（16）在深沟、基坑或陡坡地区作业时，应有专人指挥，其垂直边坡高度不应大于2m。

（17）在堆土或松土作业中不得超载，不得做有损于铲刀、推土架、松土器等装置的动作，各项操作应缓慢平稳。无液力变矩器装置的推土机，在作业中有超载趋势时，应稍微提升刀片或变换低速挡。

（18）推树时，树干不得倒向推土机及高空架设物。推屋墙或围墙时，其高度不宜超过2.5m。严禁推带有钢筋或与地基基础连接的混凝土桩等建筑物。

（19）两台以上推土机在同一地区作业时，前后距离应大于8.0m；左右距离应大于1.5m。在狭窄道路上行驶时，未得前机同意，后机不得超越。

（20）推土机顶推铲运机作助铲时，应符合下列要求。

1）进入助铲位置进行顶推中，应与铲运机保持同一直线行驶。

2）铲刀的提升高度应适当，不得触及铲斗的轮胎。

3）助铲时应均匀用力，不得猛推猛撞，应防止将铲斗后轮胎顶离地面或使铲斗吃土过深。

4）铲斗满载提升时，应减少推力，待铲斗提离地面后即减速脱离接触。

5）后退时，应先看清后方情况，当需绕过正后方驶来的铲运机倒向助铲位置时，宜从来车的左侧绕行。

（21）推土机转移行驶时，铲刀距地面宜为400mm，不得用高速挡行驶和进行急转弯。不得长距离倒退行驶。

（22）作业完毕后，应将推土机开到平坦安全的地方，落下铲刀；有松土器的，应将松土器爪落下。在坡道上停机时，应将变速杆挂低速挡，接合主离合器，锁住制动踏板，并将履带或轮胎固定住。

（23）停机时，应先降低内燃机转速，变速杆放在空挡，锁紧液力传动的变速杆，分开主离合器，踏下制动踏板并锁紧，待水温降到75℃以下，油温降到90℃以下时，方可熄火。

（24）推土机长途转移工地时，应采用平板拖车装运。短途行走转移时，距离不宜超过10km，在行走过程中并应经常检查和润滑行走装置。

（25）在推土机下面检修时，内燃机必须熄火，铲刀应放下或垫稳，监护人员不能离岗。

## 四、铲运机

### （一）拖式铲运机

（1）铲运机行驶道路应平整结实，路面比机身应宽出2m。

（2）作业前，应检查钢丝绳、轮胎气压、铲土斗及卸土板回缩弹簧、拖把方向接头、撑架以及各部滑轮等；液压式铲运机铲斗与拖拉机连接的插座与牵

引连接块应锁定，各液压管路连接应可靠，确认正常后，方可启动。

（3）开动前，应使铲斗离开地面，机械周围应无障碍物，确认安全后，方可开动。

（4）作业中，严禁任何人上下机械，传递物件，以及在铲斗内、拖把或机架上坐立。

（5）多台铲运机联合作业时，各机之间前后距离不得小于 10m( 铲土时不得小于 5m)，左右距离不得小于 2m。行驶中，应遵守下坡让上坡、空载让重载、支线让干线的原则。

（6）在狭窄地段运行时，未经前机同意，后机不得超越。两机交会或超越平行时应减速，两机间距不得小于 0.5m。

（7）铲运机上、下坡道时，应低速行驶，不得中途换挡，下坡时不得空挡滑行，行驶的横向坡度不得超过 6 度，坡宽应大于机身 2m 以上。

（8）在新填筑的土堤上作业时，离堤坡边缘不得小于 1m。需要在斜坡横向作业时，应先将斜坡挖填，使机身保持平衡。

（9）在坡道上不得进行检修作业。在陡坡上严禁转弯、倒车或停车。在坡上熄火时，应将铲斗落地、制动牢靠后再行启动。下陡坡时，应将铲斗触地行驶，帮助制动。

（10）铲土时，铲土与机身应保持直线行驶。助铲时应有助铲装置，应正确掌握斗门开启的大小，不得切土过深。两机动作应协调配合，做到平稳接触，等速助铲。

（11）在下陡坡铲土时，铲斗装满后，在铲斗后轮未到达缓坡地段前，不得将铲斗提离地面，应防铲斗快速下滑冲击主机。

（12）在凹凸不平地段行驶转弯时，应放低铲斗，不得将铲斗提升到最高位置。

（13）拖拉陷车时，应有专人指挥，前后操作人员应协调，确认安全后，方可起步。

（14）作业后，应将铲运机停放在平坦地面，并应将铲斗落在地面上。液压操纵的铲运机应将液压缸缩回，将操纵杆放在中间位置，进行清洁、润滑后，锁好门窗。

（15）非作业行驶时，铲斗必须用锁紧链条挂牢在运输行驶位置上，机上任何部位均不得载人或装载易燃、易爆物品。

（16）修理斗门或在铲斗下检修作业时，必须将铲斗提起后用销子或锁紧链条固定，再用垫木将斗身顶住，并用木楔楔住轮胎。必要时，派人员实行监护。

（二）自行式铲运机

（1）自行式铲运机的行驶道路应平整坚实，单行道宽度不应小于5.5m。

（2）多台铲运机联合作业时，前后距离不得小于20m（铲土时不得小于10m），左右距离不得小于2m。

（3）作业前，应检查铲运机的转向和制动系统，并确认灵敏可靠。

（4）铲土时，或在利用推土机助铲时，应随时微调转向盘，铲运机应始终保持直线前进。不得在转弯情况下铲土。

（5）下坡时，不得空挡滑行，应踩下制动踏板辅以内燃机制动，必要时可放下铲斗，以降低下滑速度。

（6）转弯时，应采用较大回转半径低速转向，操纵转向盘不得过猛；当重载行驶或在弯道上、下坡时，应缓慢转向。

（7）不得在大于15°的横坡上行驶，也不得在横坡上铲土。

（8）沿沟边或填方边坡作业时，轮胎离路肩不得小于0.8m，并应放低铲斗，降速缓行。

（9）在坡道上不得进行检修作业。遇在坡道上熄火时，应立即制动，下降铲斗，把变速杆放在空挡位置，然后方可启动内燃机。

（10）穿越泥泞或软地面时，铲运机应直线行驶，当一侧轮胎打滑时，可踏下差速器锁止踏板。当离开不良地面时，应停止使用差速器锁止踏板。不得在差速器锁止时转弯。

（11）夜间作业时，前后照明应齐全完好，前大灯应能照至30m；当对方来车时，应在100m以外将大灯光改为小灯光，并低速靠边行驶。

## 五、振动压路机

（1）作业时，压路机应先起步后才能起振，内燃机应先置于中速，然后再调至高速。

（2）变速与换向时应先停机，变速时应降低内燃机转速。

（3）严禁压路机在坚实的地面上进行振动。

（4）碾压松软路基时，应先在不振动情况下碾压1～2遍，然后再振动碾压。

（5）碾压时，振动频率应保持一致。对可调振频的振动压路机，应先调好振动频率后再作业，不得在没有起振情况下调整振动频率。

（6）换向离合器、起振离合器和制动器的调整，应在主离合器脱开后进行。

（7）上、下坡时，不得使用快速挡。在急转弯时，包括铰接式振动压路机在小转弯绕圈碾压时，严禁使用快速挡。

（8）压路机在高速行驶时不得接合振动。

（9）停机时应先停振，然后将换向机构置于中间位置，变速器置于空挡，最后拉起手制动操纵杆，内燃机怠速运转数分钟后熄火。

## 六、平地机

（1）起步前，检视机械周围应无障碍物及行人，先鸣声示意后，用低速挡起步，应测试并确认制动器灵敏有效。

（2）刮刀的回转与铲土角的调整以及向机外侧斜，都必须在停机时进行；但刮刀左右端的升降动作，可在机械行驶中随时调整。

（3）平地机在转弯或调头时，应使用低速挡；在正常行驶时，应采用前轮转向，当场地特别狭小时，方可使用前、后轮同时转向。

（4）行驶时，应将刮刀和齿耙升到最高位置，并将刮刀斜放，刮刀两端不得超出后轮外侧。每小时行驶速度不得超过 20km。下坡时，不得空挡滑行。

（5）使用平地机清除积雪时，应在轮胎上安装防滑链，并应逐段探明路面的深坑、沟槽情况。

（6）作业后，应停放在平坦、安全的地方，将刮刀落在地面上，拉上手制动器。

## 七、轮胎式装载机

（1）装载机不得在倾斜度超过出厂规定的场地上作业。作业区内不得有障碍物及无关人员。

（2）装载机工作距离不宜过大，超过合理运距时，应由自卸汽车配合装运作业。自卸汽车的车厢容积应与铲斗容量相匹配。

（3）起步前，应先鸣笛示意，宜将铲斗提升离地 0.5m。行驶过程中应测试制动器的可靠性，并避开路障或高压线等。除规定的操作人员外，不得搭乘其他人员，严禁铲斗载人。

（4）在公路上行驶时，必须由持有操作证的人员操作，并应遵守交通规则，下坡不得空挡滑行和超速行驶。

（5）高速行驶时应采用前两轮驱动；低速铲装时，应采用四轮驱动；行驶中，应避免突然转向。铲斗装载后升起行驶时，不得急转弯或紧急制动。

（6）不得将铲斗提升到最高位置运输物料。运载物料时，宜保持铲臂下铰点离地面 0.5m，并保持平稳行驶。

（7）铲装或挖掘应避免铲斗偏载，不得在收斗或半收斗而未举臂时前进。铲斗装满后，应举臂到距地面约 0.5m 时，再后退、转向、卸料。

（8）在向自卸汽车装料时，铲斗不得在汽车驾驶室上方越过。当汽车驾驶室顶无防护板，装料时驾驶室内不得有人。

（9）在边坡、壕沟、凹坑卸料时，轮胎离边缘距离应大于 1.5m，铲斗不宜过于伸出。

（10）作业后，装载机应停放在安全场地，铲斗平放在地面上，操纵杆置于中位，并制动锁定。

（11）装载机转向架未锁闭时，严禁站在前后车架之间。

## 八、蛙式夯实机

（1）蛙式夯实机应适用于夯实灰土和素土的地基、地坪及场地平整，不得夯在坚硬或软硬不一的地面和冻土及混有砖石碎块的杂土上。

（2）作业前重点检查项目应符合下列要求。

1）除接零或接地外，应设置漏电保护器，电缆线接头绝缘良好。

2）传动皮带松紧度合适，皮带轮与偏心块安装牢固。

3）转动部分有防护装置，并进行试运转，确认正常后，方可作业。

（3）作业时，夯实机扶手上的按钮开关和电动机的接线均应绝缘良好。当发现有漏电现象时，应立即切断电源，进行检修。

（4）夯实机作业时，应一人扶夯，一人传递电缆线，且必须戴绝缘手套和穿绝缘鞋。递线人员应跟随在夯机后或两侧调顺电缆线，电缆线不得扭结或缠绕，且不得张拉过紧，应保持有 3 ～ 4m 的余量。

（5）作业时，应防止电缆线被夯击。移动时，应将电缆线移至夯机后方，不得隔机抢扔电缆线，当转向倒线困难时，应停机调整。

（6）作业时，手握扶手应保持机身平衡，不得用力向后压，并应随时调整行进方向。转弯时不得用力过猛，不得急转弯。

（7）夯实填高土方时，应在边缘以内 100 ～ 150mm 夯实 2 ～ 3 遍后，再夯实边缘。

（8）在较大基坑作业时，不得在斜坡上夯行，应避免造成夯头后折。

（9）夯实房心土时，夯板应避开房心内地下构筑物、钢筋混凝土基桩、机座及地下管道等。

（10）在建筑物内部作业时，夯板或偏心块不得打在墙壁上。

（11）多机作业时，其平列间距不得小于 5m，前后间距不得小于 10m。

（12）夯机前进方向和夯机四周 1m 范围内，不得站立非操作人员。

（13）夯机连续作业时间不应过长，当电动机超过额定温升时，应停机降温。

（14）夯机发生故障时，应先切断电源，然后排除故障。

（15）作业后，应切断电源，卷好电缆线，清除夯机上的泥土，并妥善保管。

## 九、振动冲击夯

（1）振动冲击夯应适用于黏性土、砂及砾石等散状物料的压实，不得在水泥路面和其他坚硬地面作业。

（2）作业前重点检查项目应符合下列要求。

1）各部件连接良好，无松动。

2）内燃冲击夯有足够的润滑油，油门控制器转动灵活。电动冲击夯有可靠的接零或接地，电缆线表面绝缘良好。

（3）内燃冲击夯启动后，内燃机应怠速运转 3 ～ 5min，然后逐渐加大油门，待夯机跳动稳定后，方可作业。

（4）电动冲击夯在接通电源启动后，应检查电动机旋转方向，有错误时应倒换相线。

（5）作业时应正确掌握夯机，不得倾斜，手把不宜握得过紧，能控制夯机前进速度即可。

（6）正常作业时，不得使劲往下压手把，影响夯机跳起高度。在较松的填料上作业或上坡时，可将手把稍向下压，并应能增加夯机前进速度。

（7）在需要增加密实度的地方，可通过手把控制夯机在原地反复夯实。

（8）根据作业要求，内燃冲击夯应通过调整油门的大小，在一定范围内改变夯机振动频率。

（9）内燃冲击夯不宜在高速下连续作业。在内燃机高速运转时不得突然停车。

（10）电动冲击夯应装有漏电保护装置，操作人员必须戴绝缘手套，穿绝缘鞋。作业时，电缆线不应拉得过紧，应经常检查线头安装，不得松动以免引起漏电。严禁冒雨作业。

（11）作业中，当冲击夯有异常的响声时，应立即停机检查。

（12）当短距离转移时，应先将冲击夯手把稍向上抬起，将运输轮装入冲击夯的挂钩内，再压下手把，使重心后倾，方可推动手把转移冲击夯。

（13）作业后，应清除夯板上的泥沙和附着物，保持夯机清洁，并妥善保管。

# 第二节　混凝土与砂浆制拌机械

## 一、混凝土搅拌输送车

（1）混凝土搅拌输送车的燃油、润滑油、液压油、制动液、冷却水等应添加充足，质量应符合要求。

（2）应保持车辆卫生清洁。出车前应对行驶、制动、灯光、旋转、搅拌系统进行检查，符合要求后方可工作。

（3）搅拌输送车装料前，应先将搅拌筒反转，使筒内的积水和杂物排尽。

（4）装料时，应将操纵杆放在“装料”位置，并调节搅拌筒转速，使进料顺利。

（5）运输前，排料槽应锁止在“行驶”位置，不得自由摆动。

（6）搅拌装置连续运转时间不宜超过 8 小时。

（7）用于搅拌混凝土时，应在搅拌筒内先加入总需水量 2/3 的水，然后再加入骨料和水泥，按出厂说明书规定的转速和时间进行搅拌。

## 二、混凝土泵车

（1）混凝土泵车应停放在平坦、坚实、周围无障碍的地面上，不得停放在斜坡上。就位后支腿应全部伸出并用垫木支稳，使机身保持水平和稳定。当用布料杆送料时，机身倾斜度不得大于 3 度。在基坑边作业，其与槽坑的安全距离，应根据土质、槽深、支护和泵车载荷等确定，且不得小于 1.5m。

（2）布料杆转动范围内不得有人和障碍物。

（3）作业前必须检查泵车的轮胎气压、照明、信号、液压系统和输送管路及其接头的状况，确认合格。启动后应空载试运转，确认一切正常，方可作业。

（4）作业中发现车体倾斜或其他异常现象时，应立即停止作业，收回布料杆，排除险情，确认安全后，方可恢复作业。

（5）泵车卸料时，宜由两人以上牵引布料杆。

（6）布料杆所用的配管和软管，应按生产企业产品说明书的规定选用，接装的软管应拴系防脱安全带。

（7）伸展布料杆应按生产企业产品说明书规定的顺序进行。布料杆升离支架后方可回转。严禁布料杆起吊或拖拉物件。

（8）当布料杆处于全伸状态时，不得移动车身。作业中需移动车身时，应将上段布料杆折叠固定，移动速度不得超过 10km/h。

（9）不得在地面上拖拉布料杆前端软管。严禁延长布料配管和布料杆。

（10）作业时不得取下料斗格栅网等防护装置，并应及时清除不合格的骨料和杂物。

（11）作业时应随时监视各种仪表、指示灯，发现异常应及时停机、调整和处理。

（12）泵车应连续作业，当因供料中断被迫暂停时，停机时间不得超过 30min。暂停时间内应每隔 5 ～ 10min（冬季 3 ～ 5min）作 2 ～ 3 个冲程反泵—正泵运动，再一次投料泵送前应先将料搅拌。当停泵时间超限时，应排空管道。

（13）管路堵塞时，应采用反向运转方法。需拆管时，必须先停机、疏散周围人员，卸压后，方可拆卸。拆卸时严禁管口对人。

（14）作业后，必须将料斗和管道内的混凝土全部输出，并对料斗、管道进行清洗。用压缩空气冲洗管道时，管道出口端前方 10m 内不得有人。

（15）作业后，不得用压缩空气冲洗布料杆配管，布料杆的折叠收缩应按规定顺序进行。各操纵装置均应复位，液压系统应卸载，并收回支腿，停放在安全地方。

（16）大雨、大雪、大雾、沙尘暴和风力六级（含）以上等恶劣天气时，不得露天使用布料杆输送混凝土。

## 三、混凝土泵

（1）混凝土泵在工作前，操作人员因对各机械部件的完好性进行检查；对电路、油路和其他控制系统进行检查，确认正常后方可进行作业。

（2）泵送管道的敷设应符合下列要求：

1）水平泵送管道宜直线敷设。

2）垂直泵送管道不得直接装接在泵的输出口上，应在垂直管前端加装长度不小于 20m 的水平管，并在水平管近泵处加装逆止阀。

3）敷设向下倾斜的管道时，应在输出口上加装一段水平管，其长度不应小于倾斜管高低差的 5 倍。当倾斜度较大时，应在坡度上端装设排气活阀。

4）泵送管道应有支撑固定，在管道和固定物之间应设置木垫作缓冲，不得直接与钢筋或模板相连，管道与管道间应连接牢靠；管道接头和卡箍应扣牢密封，不得漏浆；不得将已磨损管道装在后端高压区。

5）泵送管道敷设后，应进行耐压试验。

（3）砂石粒径、水泥强度等级及配合比应按出厂规定，满足泵机可泵性的要求。

（4）作业前应检查并确认泵机各部螺栓紧固，防护装置齐全可靠，各部位操纵开关、调整手柄、手轮、控制杆、旋塞等均在正确位置，液压系统正常无泄漏，液压油符合规定，搅拌斗内无杂物，上方的保护格网完好无损并盖严。

（5）输送管道的管壁厚度应与泵送压力匹配，近泵处应选用优质管子。管道接头、密封圈及弯头等应完好无损。高温烈日下应采用湿麻袋或湿草袋遮盖管路，并应及时浇水降温，寒冷季节应采取保温措施。

（6）应配备清洗管、清洗用品、接球器及有关装置。开泵前，无关人员应离开管道周围。

（7）启动后，应空载运转，观察各仪表的指示值，检查泵和搅拌装置的运转情况，确认一切正常后，方可作业。泵送前应向料斗加入10L清水和0.3$m^3$的水泥砂浆润滑泵及管道。

（8）泵送作业中，料斗中的混凝土平面应保持在搅拌轴轴线以上。料斗格网上不得堆满混凝土，应控制供料流量，及时清除超粒径的骨料及异物，不得随意移动格网。

（9）当进入料斗的混凝土有离析现象时应停泵，待搅拌均匀后再泵送。当骨料分离严重，料斗内灰浆明显不足时，应剔除部分骨料，另加砂浆重新搅拌。

（10）泵送混凝土应连续作业，当因供料中断被迫暂停时，停机时间不得超过30min。暂停时间内应每隔5～10min（冬季3～5min）做2～3个冲程反泵—正泵运动，再次投料泵送前应先将料搅拌。当停泵时间超限时，应排空管道。

（11）垂直向上泵送中断后再次泵送时，应先进行反向推送，将分配阀内混凝土吸回料斗，经搅拌后再正向泵送。

（12）泵机运转时，严禁将手或铁锹伸入料斗或用手抓握分配阀。当需在料斗或分配阀上工作时，应先关闭电动机和消除蓄能器压力。

（13）不得随意调整液压系统压力。当油温超过70℃时，应停止泵送，但仍应使搅拌叶片和风机运转，待降温后再继续运行。

（14）水箱内应贮满清水，当水质混浊并有较多砂粒时，应及时检查处理。

（15）泵送时，不得开启任何输送管道和液压管道，不得调整、修理正在运转的部件。

（16）作业中，应对泵送设备和管路进行观察，发现隐患应及时处理。对磨损超过规定的管子、卡箍、密封圈等应及时更换。

（17）应防止管道堵塞。泵送混凝土应搅拌均匀，控制好坍落度；在泵送过程中，不得中途停泵。

（18）当出现输送管堵塞时，应进行反泵运转，使混凝土返回料斗；当反泵几次仍不能消除堵塞，应在泵机卸载情况下，拆管排除堵塞。

（19）作业后，应将料斗内和管道内的混凝土全部输出，然后对泵机、料斗、管道等进行冲洗。当用压缩空气冲洗管道时，进气阀不应立即开大，只有当混凝土顺利排出时，方可将进气阀开至最大。在管道出口端前方10m内严禁站人，并应用金属网篮等收集冲出的清洗球和砂石粒。对凝固的混凝土，应采用刮刀清除。

（20）作业后，应将两侧活塞转到清洗室位置，并涂上润滑油。各部位操纵开关、调整手柄、手轮、控制杆、旋塞等均应复位。液压系统应卸载。

## 四、混凝土喷射机

（1）作业前，应检查安全阀、密封件、压力表和喷水环等，并经试运行，确认合格。

（2）作业时，操作人员应按规定佩戴防护用品，禁止裸露身体作业。

（3）管道安装应正确，接头应紧固、密封。管道通过道路应加以保护，严禁机械、车辆碾压。

（4）施工中，应经常检查出料弯头、输料管及其接头，发现有磨薄、击穿、松脱现象必须立即停机处理。

（5）喷射机应保持内部干燥、清洁，干料配合比和加水程序应符合喷射机的性能要求，不得使用结块水泥和未经筛选的砂石。

（6）喷射手和机械操作工应有联系信号，送风、加料、停料、停风发生堵塞时，应及时联系，密切配合。

（7）作业中暂停时间超过1h，必须将仓内和输料管内的干混合料全部喷出。

（8）喷嘴前方严禁站人，工作停歇时，喷嘴不得对向人和设备。

（9）转移工作面，必须是在关机后，供风、供水系统方可随之移动。输料软管不得随地拖拉和折弯。

（10）发生堵塞时，应先停止加料，敲击堵塞部位，使混合料松散，然后用压缩空气吹通。操作时应将输料管顺直、紧按喷头，严禁甩动管道，以免伤人。当管道中有压力时，不得拆卸管道接头。

（11）停机时，应先停止加料，再停机、停风。

（12）作业后必须将仓内和输料管内的干混合料全部喷出，卸下喷嘴清理干净，并将喷射机外黏附的混凝土清除干净。

## 五、混凝土切割机

（1）启动后，应空载运转，并确认锯片运转方向正确，升降机构灵活，运转中无异音。

（2）操作人员应双手按紧工件均匀进送，推进切割机时，不得用力过猛。操作时不得戴手套。

（3）切割厚度应根据机械生产企业铭牌规定进行，不得超厚切割。

（4）加工构件送至与锯片相距30cm处或切割小块料时，应使用专用工具，不得直接用手推进。构件断开时，应采取承托措施，严禁直接落下。

（5）作业中，锯片损坏需换片时必须关机、断电后，方可进行；初切割构件发生冲击、跳动和异常音响时，必须立即关机、断电检查，排除故障后，方可继续作业。

（6）机械运转中，严禁检查、维护、清理各部件。锯台上和构件锯缝中的碎屑块应使用专用工具及时清除，不得用手直接拣拾或抹拭。

（7）作业后，应清洗机身，擦干锯片，排放水箱余水，收回电缆线，并存放在干燥、通风处。

## 六、灰浆泵

### （一）柱塞式、隔膜式灰浆泵

（1）灰浆泵应安装平稳。输送管路的布置宜短直、少弯头；全部输送管道接头应紧密连接，不得渗漏；垂直管道应固定牢固；管道上不得加压或悬挂重物。

（2）作业前应检查并确认球阀完好，泵内无干硬灰浆等物，各连接件紧固牢靠，安全阀已调整到预定的安全压力。

（3）泵送前，应先用水进行泵送试验，检查并确认各部位无渗漏。当有渗漏时，应先排除。

（4）被输送的灰浆应搅拌均匀，不得有干砂和硬块；不得混入石子或其他杂物；灰浆稠度应为 80 ～ 120mm。

（5）泵送时，应先开机后加料；应先用泵压送适量石灰膏润滑输送管道，然后再加入稀灰浆，最后调整到所需稠度。

（6）泵送过程应随时观察压力表的泵送压力，当泵送压力超过预调的 1.5MPa 时，应反向泵送，使管道内部分灰浆返回料斗，再缓慢泵送；当无效时，应停机卸压检查，不得强行泵送。

（7）泵送过程不宜停机。当短时间内不需泵送时，可打开回浆阀使灰浆在泵体内循环运行。当停泵时间较长时，应每隔 3 ～ 5min 泵送一次，泵送时间宜为 0.5min，应防灰浆凝固。

（8）故障停机时，应打开泄浆阀使压力下降，然后排除故障。灰浆泵压力未达到零时，不得拆卸空气室、安全阀和管道。

（9）作业后，应采用石灰膏或浓石灰水把输送管道里的灰浆全部泵出，再用清水将泵和输送管道清洗干净。

### （二）挤压式灰浆泵

（1）使用前，应先接好输送管道，往料斗加注清水，启动灰浆泵后，当输送胶管出水时，应折起胶管，待升到额定压力时停泵，观察各部位应无渗漏现象。

（2）作业前，应先用水、再用白灰膏润滑输送管道后，方可加入灰浆，开始泵送。

（3）料斗加满灰浆后，应停止振动，待灰浆从料斗泵送完时，再加新灰浆振动筛料。

（4）泵送过程应注意观察压力表。当压力迅速上升，有堵管现象时，应反转泵送 2 ～ 3 转，使灰浆返回料斗，经搅拌后再泵送。当多次正反泵仍不能畅通时，应停机检查，排除堵塞。

（5）工作间歇时，应先停止送灰，后停止送气，并应防气嘴被灰堵塞。

（6）作业后，应对泵机和管路系统全部清洗干净。

## 七、皮带运输机

（1）皮带输送机应安设在坚固的基础上。移动式皮带输送机使用前，应将移动轮对称楔紧。

（2）多台机平行作业时，机间应留出宽 1m 以上的通道。

（3）作业时应先空载运转正常后，方可均匀装料，不得先装料后启动。

（4）多台机串联使用时，应从卸料一端开始顺序启动，待全部运转正常后，方可装料。

（5）加料时应对准输送带中心，高度适中，保持均匀。

（6）作业中应随时观察机械运转情况，发现输送带松弛或走偏时，应停机调整。输送带打滑时，严禁用手拉动。

（7）作业时,严禁任何人从输送带下面穿过或从上面跨越,严禁清理或检修。

（8）停机时，应先停止装料，待输送带上物料卸尽后，方可停机。数台输送机串联作业停机时应从上料端开始按顺序停机。

（9）作业中遇停电或出现故障时，必须立即切断电源，将输送带上的物料清除，待来电或排除故障后，方可启动。

（10）作业后应切断电源，闭锁闸箱，遮盖电动机。

## 第三节　起重机械

### 一、履带式起重机

（1）起重机应在平坦坚实的地面上作业、行走和停放。在正常作业时，坡度不得大于 3 度，并应与沟渠、基坑保持安全距离。

（2）起重机启动前重点检查项目应符合下列要求：

1）各安全防护装置及各指示仪表齐全完好。

2）钢丝绳及连接部位符合规定。

3）燃油、润滑油、液压油、冷却水等添加充足。

4）各连接件无松动。

（3）起重机启动前应将主离合器分离，各操纵杆放在空挡位置。

（4）内燃机启动后，应检查各仪表指示值，待运转正常再接合主离合器，进行空载运转，顺序检查各工作机构及其制动器，确认正常后，方可作业。

（5）作业时，起重臂的最大仰角不得超过出厂规定。当无资料可查时，不得超过 78°。

（6）起重机变幅应缓慢平稳，严禁在起重臂未停稳前变换挡位；起重机载荷达到额定起重量的 90% 及以上时，严禁下降起重臂。

（7）在起吊载荷达到额定起重量的90%及以上时，升降动作应慢速进行，并严禁同时进行两种及以上动作。

（8）起吊重物时应先稍离地面试吊，当确认重物已挂牢，起重机的稳定性和制动器的可靠性均良好，再继续起吊。在重物升起过程中，操作人员应把脚放在制动踏板上，密切注意起升重物，防止吊钩冒顶。当起重机停止运转而重物仍悬在空中时，即使制动踏板被固定，仍应脚踩在制动踏板上。

（9）采用双机抬吊作业时，应选用起重性能相似的起重机进行。抬吊时应统一指挥，动作应配合协调，载荷应分配合理，单机的起吊载荷不得超过允许载荷的80%。在吊装过程中，两台起重机的吊钩滑轮组应保持垂直状态。

（10）当起重机带载行走时，载荷不得超过允许起重量的70%，行走道路应坚实平整，重物应在起重机正前方向，重物离地面不得大于500mm，并应拴好拉绳，缓慢行驶。严禁长距离带载行驶。

（11）起重机行走时，转弯不应过急；当转弯半径过小时，应分次转弯；当路面凹凸不平时，不得转弯。

（12）起重机上下坡道时应无载行走，上坡时应将起重臂仰角适当放小，下坡时应将起重臂仰角适当放大。严禁下坡空挡滑行。

（13）作业后，起重臂应转至顺风方向，并降至40°～60°之间，吊钩应提升到接近顶端的位置，并关停内燃机，将各操纵杆放在空挡位置，各制动器加保险固定，操纵室和机棚应关门加锁。

（14）起重机转移工地，应采用平板拖车运送。特殊情况需自行转移时，应卸去配重，拆去短起重臂，主动轮应在后面，机身、起重臂、吊钩等必须处于制动位置，并应加保险固定。每行驶500～1000m时，应对行走机构进行检查和润滑。

（15）起重机通过桥梁、水坝、排水沟等构筑物时，必须先查明允许载荷后再通过。必要时应对构筑物采取加固措施。通过铁路、地下水管、电缆等设施时，应铺设木板保护，并不得在上面转弯。

（16）用火车或平板拖车运输起重机时，所用跳板的坡度不得大于15°；起重机装上车后，应将回转、行走、变幅等机构制动，并采用三角木楔紧履带两端，再牢固绑扎；后部配重用枕木垫实；不得使吊钩悬空摆动。

## 二、汽车、轮胎式起重机

（1）起重机行驶和工作的场地应保持平坦坚实，并应与沟渠、基坑保持安全距离。

（2）起重机启动前重点检查项目应符合下列要求。

1）各安全保护装置和指示仪表齐全完好。

2）钢丝绳及连接部位符合规定。

3）燃油、润滑油、液压油及冷却水添加充足。

4）各连接件无松动。

5）轮胎气压符合规定。

（3）起重机启动前，应将各操纵杆放在空挡位置，手制动器应锁死，并应按照《建筑机械使用安全技术规程》JGJ 33—2012 第 3.2 节的有关规定启动内燃机。启动后，应怠速运转，检查各仪表指示值，运转正常后接合液压泵，待压力达到规定值，油温超过 30℃时，方可开始作业。

（4）作业前，应全部伸出支腿，并在撑脚板下垫方木，调整机体使回转支撑面的倾斜度在无载荷时不大于 1/1000（水准泡居中）。支腿有定位销的必须插上。底盘为弹性悬挂的起重机，放支腿前应先收紧稳定器。

（5）作业中严禁扳动支腿操纵阀。调整支腿必须在无载荷时进行，并将起重臂转至正前或正后，方可再行调整。

（6）应根据所吊重物的重量和提升高度，调整起重臂长度和仰角，并应估计吊索和重物本身的高度，留出适当空间。

（7）起重臂伸缩时，应按规定程序进行，在伸臂的同时应相应下降吊钩。当限制器发出警报时，应立即停止伸臂。起重臂缩回时，仰角不宜太小。

（8）起重臂伸出后，出现前节臂杆的长度大于后节伸出长度时，必须进行调整，消除不正常情况后，方可作业。

（9）起重臂伸出后，或主副臂全部伸出后，变幅时不得小于各长度所规定的仰角。

（10）汽车式起重机起吊作业时，汽车驾驶室内不得有人，重物不得超越驾驶室上方，且不得在车的前方起吊。

（11）采用自由（重力）下降时，载荷不得超过该工况下额定起重量的 20%，并应使重物有控制地下降，下降停止前应逐渐减速，不得使用紧急制动。

（12）起吊重物达到额定起重量的 50% 及以上时，应使用低速挡。

（13）作业中发现起重机倾斜、支腿不稳等异常现象时，应立即使重物下降，落在安全的地方，下降中严禁制动。

（14）重物在空中需要较长时间停留时，应将起升卷筒制动锁住，操作人员不得离开操纵室。

（15）起吊重物达到额定起重量的 90% 以上时，严禁同时进行两种及以上的操作动作。

（16）起重机带载回转时，操作应平稳，避免急剧回转或停止，换向应在停稳后进行。

（17）当轮胎式起重机带载行走时，道路必须平坦坚实，载荷必须符合规定，重物离地面不得超过 500mm，并应拴好拉绳，缓慢行驶。

（18）作业后，应将起重臂全部缩回放在支架上，再收回支腿。吊钩应用专用钢丝绳挂牢；应将车架尾部两撑杆分别撑在尾部下方的支座内，并用螺母固定；应将阻止机身旋转的销式制动器插入销孔，并将取力器操纵手柄放在脱开位置，最后应锁住起重操纵室门。

（19）行驶前，应检查并确认各支腿的收存无松动，轮胎气压应符合规定。行驶时水温应在 80 ～ 90℃范围内，水温未达到 80℃时，不得高速行驶。

（20）行驶时应保持中速，不得紧急制动，过铁道口或起伏路面时应减速，下坡时严禁空挡滑行，倒车时应有人监护。

（21）行驶时，严禁人员在底盘走台上站立或蹲坐，并不得堆放物件。

## 三、门式、桥式起重机与电动葫芦

（1）起重机路基和轨道的铺设应符合出厂规定，轨道接地电阻不应大于 4Ω，两端应设有制动装置。

（2）使用电缆的门式起重机，应设有电缆卷筒，配电箱应设置在轨道中部。

（3）用滑线供电的起重机，应在滑线两端标有鲜明的颜色，沿线应设置防护栏杆。

（4）轨道应平直，鱼尾板连接螺栓应无松动，轨道和起重机运行范围内应无障碍物。门式起重机应松开夹轨器。

（5）门式、桥式起重机作业前的重点检查项目应符合下列要求。

1）机械结构外观正常，各连接件无松动。

2）钢丝绳外表情况良好，绳卡牢固。

3）各安全限位装置齐全完好。

（6）操作室内应垫木板或绝缘板，接通电源后应采用试电笔测试金属结构部分，确认无漏电方可上机；上、下操纵室应使用专用扶梯。

（7）作业前，应进行空载运转，在确认各机构运转正常，制动可靠，各限位开关灵敏有效后，方可作业。

（8）开动前，应先发出音响信号示意，重物提升和下降操作应平稳匀速，在提大件时不得用快速，并应拴拉绳防止摆动。

（9）吊运易燃、易爆、有害等危险品时，应经安全主管部门批准，并应有相应安全措施。

（10）重物的吊运路线严禁从人上方通过，也不得从设备上面通过。空车行时，吊钩应离地面 2m 以上。

（11）吊起重物后应慢速行驶，行驶中不得突然变速或倒退。两台起重机同时作业时，应保持 3 ~ 5m 距离。严禁用一台起重机顶推另一台起重机。

（12）起重机行走时，两侧驱动轮应同步，发现偏移应停止作业，调整好后，方可继续使用。

（13）作业中，严禁任何人从一台桥式起重机跨越到另一台桥式起重机上去。

（14）操作人员由操纵室进入桥架或进行保养检修时，应有自动断电联锁装置或事先切断电源。

（15）露天作业的门式、桥式起重机，当遇六级及六级以上大风时，应停止作业，并锁紧夹轨器。

（16）门式、桥式起重机的主梁挠度超过规定值时，必须修复后，方可使用。

（17）作业后，门式起重机应停放在停机线上，用夹轨器锁紧，并将吊钩升到上部位置；桥式起重机应将小车停放在两条轨道中间，吊钩提升到上部位置；吊钩上不得悬挂重物。

（18）作业后，应将控制器拨到零位，切断电源，关闭并锁好操纵室门窗。

（19）电动葫芦使用前应检查设备的机械部分和电气部分，钢丝绳、吊钩、限位器等应完好，电气部分应无漏电，接地装置应良好。

（20）电动葫芦应设缓冲器，轨道两端应设挡板。

（21）作业开始第一次吊重物时，应在吊离地面 100mm 时停止，检查电动葫芦制动情况，确认完好后方可正式作业。露天作业时，应设防雨棚。

（22）电动葫芦严禁超载起吊。起吊时，手不得握在绳索与物体之间，吊物上升时应严防冲撞。

（23）起吊物件应捆扎牢固。电动葫芦吊重物行走时，重物离地面宜超过 1.5m 高。工作间歇不得将重物悬挂在空中。

（24）电动葫芦作业中发生异味、高温等异常情况，应立即停机检查，排除故障后方可继续使用。

（25）使用悬挂电缆电气控制开关时，绝缘应良好，滑动应自如，人的站立位置后方应有 2m 空地并应正确操作电钮。

（26）在起吊中，由于故障造成重物失控下滑时，必须采取紧急措施，向无人处下放重物。

（27）在起吊中不得急速升降。

（28）电动葫芦在额定载荷制动时，下滑位移量不应大于 80mm；否则应清除油污或更换制动环。

（29）作业完毕后，应停放在指定位置，吊钩升起，并切断电源，锁好开关箱。

## 四、卷扬机

（1）安装时，基座应平稳牢固、周围排水畅通、地锚设置可靠，并应搭设工作棚。操作人员的位置应能看清指挥人员和拖动或起吊的物件。

（2）作业前，应检查卷扬机与地面是否固定，弹性联轴器不得松动，并应检查安全装置、防护设施、电气线路、接零或接地线、制动装置和钢丝绳等，全部合格后方可使用。

（3）使用皮带或开式齿轮传动的部分，均应设防护罩，导向滑轮不得用开口拉板式滑轮。

（4）以动力正反转的卷扬机，卷筒旋转方向应与操纵开关上指示的方向一致。

（5）从卷筒中心线到第一个导向滑轮的距离，带槽卷筒应大于卷筒宽度的 15 倍；无槽卷筒应大于卷筒宽度的 20 倍。当钢丝绳在卷筒中间位置时，滑轮的位置应与卷筒轴线垂直，其垂直度允许偏差为 6°。

（6）钢丝绳应与卷筒及吊笼连接牢固，不得与机架或地面摩擦，通过道路时，应设过路保护装置。

（7）在卷扬机制动操作杆的行程范围内，不得有障碍物或阻卡现象。

（8）卷筒上的钢丝绳应排列整齐，当重叠或斜绕时，应停机重新排列，严禁在转动中用手拉脚踩钢丝绳。

（9）作业中，任何人不得跨越正在作业的卷扬钢丝绳。物件提升后，操作人员不得离开卷扬机，物件或吊笼下面严禁人员停留或通过。休息时应将物件或吊笼降至地面。

（10）作业中如发现异响、制动不灵、制动带或轴承等温度剧烈上升等异常情况时，应立即停机检查，排除故障后方可使用。

（11）作业中停电时，应切断电源，将提升物件或吊笼降至地面。

（12）作业完毕，应将提升吊笼或物件降至地面，并应切断电源，锁好开关箱。

## 第四节　成桩机械

### 一、基本要求

（1）打桩机类型应根据桩的类型、桩长、桩径、地质条件、施工工艺等综合考虑选择。打桩作业前，应由施工技术人员向机组人员进行安全技术交底。

（2）打桩机作业区内应无高压线路。作业区应有明显标志或围栏，非工作人员不得进入。桩锤在施打过程中，操作人员必须在距离桩锤中心 5m 以外监视。

（3）机组人员作登高检查或维修时，必须系安全带；工具和其他物件应放在工具包内，高空人员不得向下随意抛物。

（4）严禁吊桩、吊锤、回转或行走等动作同时进行。打桩机在吊有桩和锤的情况下，操作人员不得离开岗位。

（5）作业中，当停机时间较长时，应将桩锤落下垫好。检修时不得悬吊桩锤。

（6）遇有雷雨、大雾和六级及以上大风等恶劣气候时，应停止一切作业。当风力超过七级或有风暴警报时，应将打桩机顺风向停置，并应增加缆风绳，或将桩立柱放倒地面上。立柱长度在 27m 及以上时，应提前放倒。

（7）作业后，应将打桩机停放在坚实平整的地面上，将桩锤落下垫实，并切断动力电源。

### 二、柴油打桩锤

（1）柴油打桩锤应使用规定配合比的燃油。作业前，应将燃油箱注满，并将出油阀门打开。

（2）作业前，应打开放气螺塞，排出油路中的空气，并应检查和试验燃油泵，从清扫孔中观察喷油情况；发现不正常时，应予调整。

（3）作业前，应使用起落架将上活塞提起稍高于上汽缸，打开贮油室油塞，按规定加满润滑油。对自动润滑的桩锤，应采用专用油泵向润滑油管路注入润滑油，并应排除管路中的空气。

（4）对新启用的桩锤，应预先沿上活塞一周浇入 0.5L 润滑油，并用油枪对下活塞加注一定量的润滑油。

（5）应检查所有紧固螺栓，并应重点检查导向板的固定螺栓，不得在松动及缺件情况下作业。

（6）应检查并确认起落架各工作机构安全可靠，启动钩与上活塞接触线在 5 ～ 10mm 之间。

（7）提起桩锤脱出砧座后，其下滑长度不宜超过 200mm。超过时应调整桩帽绳扣。

（8）检查导向板磨损间隙，当间隙超过 7mm 时，应予更换。检查缓冲胶垫，当砧座和橡胶垫的接触面小于原面积 2/3 时，或下汽缸法兰与砧座间隙小于 7mm 时，均应更换橡胶垫。

（9）打桩过程中，应有专人负责拉好曲臂上的控制绳；在意外情况下，可使用控制绳紧急停锤。

（10）作业中，应重点观察上活塞的润滑油是否从油孔中泄出。当下汽缸为自动加油泵润滑时，应经常打开油管头，检查有无油喷出；当无自动加油泵时，应每隔 15min 向下活塞润滑点注入润滑油。当一根桩打进时间超过 15min 时，则应在打完后立即加注润滑油。

（11）作业中，当桩锤冲击能量达到最大能量时，其最后 10 锤的贯入值不得小于 5mm。

（12）作业中，当水套的水由于蒸发而低于下汽缸吸排气口时，应及时补充，严禁无水作业。

（13）停机后，应将桩锤放到最低位置，盖上汽缸盖和吸排气孔塞子，关闭燃料阀，将操作杆置于停机位置，起落架升至高于桩锤 1m 处，锁住安全限位装置。

（14）长期停用的桩锤，应从桩机上卸下，放掉冷却水、燃油及润滑油，将燃烧室及上、下活塞打击面清洗干净，并应做好防腐措施，盖上保护套，入库保存。

## 三、振动桩锤

（1）作业场地至电源变压器或供电主干线的距离应在 200m 以内。

（2）液压箱、电气箱应置于安全平坦的地方。电气箱和电动机必须安装保护接地设施。

（3）长期停放重新使用前，应测定电动机的绝缘值，且不得小于 0.5MΩ，并应对电缆芯线进行导通试验。电缆外包橡胶层应完好无损。

（4）应检查并确认电气箱内各部件完好，接触无松动，接触器触点无烧毛现象。

（5）作业前，应检查振动桩锤减振器与连接螺栓的紧固性，不得在螺栓松动或缺件的状态下启动。

（6）悬挂振动桩锤的起重机，其吊钩上必须有防松脱的保护装置。振动桩锤悬挂钢架的耳环上应加装保险钢丝绳。

（7）启动振动桩锤应监视启动电流和电压，一次启动时间不应超过 10s。当启动困难时，应查明原因，排除故障后，方可继续启动。启动后，应待电流降到正常值时，方可转到运转位置。

（8）振动桩锤启动运转后，应待振幅达到规定值时，方可作业。当振幅正常后仍不能拔桩时，应改用功率较大的振动桩锤。

（9）拔钢板桩时，应按沉入顺序的相反方向起拔，夹持器在夹持板桩时，应靠近相邻一根，对工字桩应夹紧腹板的中央。如钢板桩和工字桩的头部有钻孔时，应将钻孔焊平或将钻孔以上割掉，也可在钻孔处焊加强板，应严防拔断钢板桩。

（10）夹桩时，不得在夹持器和桩的头部之间留有空隙，并应待压力表显示压力达到额定值后，方可指挥起重机起拔。

（11）拔桩时，当桩身埋入部分被拔起 1.0 ～ 1.5m 时，应停止振动，拴好吊桩用钢丝绳，再起振拔桩。当桩尖在地下只有 1 ～ 2m 时，应停止振动，由起重机直接拔桩。待桩完全拔出后，在吊桩钢丝绳未吊紧前，不得松开夹持器。

（12）沉桩前，应以桩的前端定位，调整导轨与桩的垂直度，不应使倾斜度超过 2 度。

（13）沉桩时，吊桩的钢丝绳应紧跟桩下沉速度而放松。在桩入土 3m 之前，可利用桩机回转或导杆前后移动，校正桩的垂直度；在桩入土超过 3m 时，不得再进行校正。

（14）沉桩过程中，当电流表指数急剧上升时，应降低沉桩速度，使电动机不超载；但当桩沉入太慢时，可在振动桩锤上加一定量的配重。

（15）作业中，当遇液压软管破损、液压操纵箱失灵或停电（包括熔丝烧断）时，应立即停机，将换向开关放在“中间”位置，并应采取安全措施，不得让桩从夹持器中脱落。

（16）作业中，应保持振动桩锤减振装置各摩擦部位具有良好的润滑。

（17）作业后，应将振动桩锤沿导杆放至低处，并采用木块垫实，带桩管的振动桩锤可将桩管插入地下一半，除切断操纵箱上的总开关外，尚应切断配电盘上的开关，并应采用防雨布将操纵箱遮盖好。

## 四、履带式打桩机（三支点式）

（1）打桩机的安装场地应平坦坚实，当地基承载力达不到规定的压应力时，应在履带下铺设路基箱或 30mm 厚的钢板，其间距不得大于 300mm。

（2）打桩机的安装、拆卸应按照出厂说明书规定程序进行。用伸缩式履带的打桩机，应将履带扩张后安装。履带扩张应在无配重情况下进行，上部回转平台应转到与履带成 90° 的位置。

（3）立柱竖立前，应向顶梁各润滑点加注润滑油，再进行卷扬筒制动试验。试验时，应先将立柱拉起 300 ～ 400mm 后制动住，然后放下，同时应检查并确认前后液压缸千斤顶牢固可靠。

（4）立柱的前端应垫高，不得在水平以下位置扳起立柱。当立柱扳起时，应同步放松缆风绳。当立柱接近垂直位置时，应减慢竖立速度。扳到 75°～ 83° 时，应停止卷扬，并收紧缆风绳，再装上后支撑，用后支撑液压缸使立柱竖直。

（5）安装后支撑时，应有专人将液压缸向主机外侧拉住，不得撞击机身。

（6）立柱底座安装完毕后，应对水平微调液压缸进行试验，确认无问题时，应再将活塞杆缩进，并准备安装立柱。

（7）立柱安装时，履带驱动轮应置于后部，履带前倾覆点应采用铁楔块填实，并应制动住行走机构和回转机构，用销轴将水平伸缩臂定位。在安装垂直液压缸时，应在下面铺木垫板将液压缸顶实，并使主机保持平衡。

（8）安装立柱时，应按规定扭矩将连接螺栓拧紧，立柱支座下方应垫千斤顶并顶实。安装后的立柱，其下方搁置点不应少于 3 个。立柱的前端和两侧应系缆风绳。

（9）安装桩锤时，桩锤底部冲击块与桩帽之间应有下述厚度的缓冲垫木。对金属桩，垫木厚度应为 100 ～ 150mm；对混凝土桩，垫木厚度应为 200 ～ 250mm。作业中应观察垫木的损坏情况，损坏严重时应予更换。

（10）拆卸应按与安装时相反程序进行。放倒立柱时，应使用制动器使立柱缓缓放下，并用缆风绳控制，不得不加控制地快速下降。

（11）正前方吊桩时，对混凝土预制桩，立柱中心与桩的水平距离不得大于 4m；对钢管桩，水平距离不得大于 7m。严禁偏心吊桩或强行拉桩等。

（12）使用双向立柱时，应待立柱转向到位，并用锁销将立柱与基杆锁住后，方可起吊。

（13）施打斜桩时，应先将桩锤提升到预定位置，并将桩吊起，套入桩帽，桩尖插入桩位后再后仰立柱，并用后支撑杆顶紧，立柱后仰时打桩机不得回转及行走。

（14）打桩机带锤行走时，应将桩锤放至最低位。行走时，驱动轮应在尾部位置，并应有专人指挥。

（15）在斜坡上行走时，应将打桩机重心置于斜坡的上方，斜坡的坡度不得大于5°，在斜坡上不得回转。

（16）作业后，应将桩锤放在已打入地下的桩头或地面垫板上，将操纵杆置于停机位置，起落架升至比桩锤高1m的位置，锁住安全限位装置，并应使全部制动生效。

## 五、静力压桩机

（1）安装时，应控制好两个纵向行走机构的安装间距，使底盘平台能正确对位。

（2）安装配重前，应对各紧固件进行检查，在紧固件未拧紧前不得进行配重安装。

（3）安装完毕后，应对整机进行试运转，对吊桩用的起重机，应进行满载试吊。

（4）作业前应检查并确认各传动机构、齿轮箱、防护罩等良好，各部件连接牢固；确认起重机起升、变幅机构正常，吊具、钢丝绳、制动器等良好；确认电缆表面无损伤，保护接地电阻符合规定，电压正常，旋转方向正确。

（5）压桩作业时，应有统一指挥，压桩人员和吊桩人员应密切联系，相互配合。

（6）当压桩机的电动机尚未正常运行前，不得进行压桩。

（7）起重机吊桩进入夹持机构进行接桩或插桩作业时，应确认在压桩开始前吊钩已安全脱离桩体。

（8）接桩时，上一节应提升350～400mm，此时，不得松开夹持板。

（9）压桩时，应按桩机技术性能表作业，不得超载运行。操作时动作不应过猛，避免冲击。

（10）压桩时，非工作人员应离机10m以外。起重机的起重臂下，严禁站人。

（11）压桩过程中，应保持桩的垂直度，如遇地下障碍物使桩产生倾斜时，不得采用压桩机行走的方法强行纠正，应先将桩拔起，待地下障碍物清除后，重新插桩。

（12）压桩机行走时，长、短船与水平坡度不得超过5°。纵向行走时，不得单向操作一个手柄，应二个手柄一起动作。

（13）压桩机在顶升过程中，船形轨道不应压在已入土的单一桩顶上。

（14）作业完毕，应将短船运行至中间位置，停放在平整地面上，其余液压缸应全部回程缩进，起重机吊钩应升至最上部，并应使各部制动生效，最后应将外露活塞杆擦干净。

（15）作业后，应将控制器放在“零位”，并依次切断各部电源，锁闭门窗，冬季应放尽各部积水。

# 第五节　钢筋加工机械

## 一、钢筋除锈机

（1）检查钢丝刷的固定螺栓有无松动，传动部分润滑和封闭式防护罩及排尘设备等完好情况。

（2）操作人员必须束紧袖口，戴防尘口罩、手套和防护眼镜。

（3）严禁将弯钩成型的钢筋上机除锈。弯度过大的钢筋宜在基本调直后除锈。

（4）操作时应将钢筋放平，手握紧，侧身送料，严禁在除锈机正面站人。整根长钢筋除锈应由两人配合操作，互相呼应。

## 二、钢筋调直机

（1）调直机安装必须平稳，料架、料槽应安装平直，并应对准导向筒、调直筒和下切刀孔的中心线。电机必须设可靠接零保护。

（2）用手转动飞轮，检查传动机构和工作装置，调整间隙，紧固螺栓，确认正常后，启动空运转，并应检查是否轴承无异响、齿轮啮合良好，待运转正常后，方可作业。

（3）按调直钢筋的直径，选用适当的调直块及传动速度。调直短于2m或直径大于9mm的钢筋应低速进行。经调试合格，方可送料。

（4）在调直块未固定、防护罩未盖好前不得送料。作业中严禁打开各部防护罩及调整间隙。

（5）当钢筋送入后，手与曳轮必须保持一定距离，不得接近。

（6）送料前应将不直的料头切去。导向筒前应装 1 根 1m 长的钢管，钢筋必须先穿过钢管再送人调直前端的导孔内。当钢筋穿入后，手与压辊必须保持一定距离。

（7）作业后，应松开调直筒的调直块并回到原来位置，同时预压弹簧必须回位。

（8）机械上不准搁置工具、物件，避免振动落入机体。

（9）圆盘钢筋放入放圈架上要平稳，乱丝或钢筋脱架时，必须停机处理。

（10）已调直的钢筋，必须按规格、根数分成小捆，散乱钢筋应随时清理堆放整齐。

## 三、钢筋切断机

（1）接送料的工作台面应和切刀下部保持水平，工作台的长度可根据加工材料长度确定。

（2）启动前，必须检查并确定安装正确、刀片无裂纹、刀架螺栓紧固、防护罩牢靠。然后用手转动皮带轮，检查齿轮啮合间隙，调整切刀间隙。

（3）启动后，应先空运转，检查各传动部分及轴承运转正常后，方可作业。

（4）机械未达到正常转速时不得切料。钢筋切断应在调直后进行，切料时必须使用切刀的中、下部位，紧握钢筋对准刃口迅速送入。

（5）不得剪切直径及强度超过机械铭牌规定的钢筋和烧红的钢筋。一次切断多根钢筋时，总截面面积应在规定范围内。

（6）剪切低合金钢时，应换高硬度切刀，剪切直径应符合机械铭牌规定。

（7）切断短料时，手和切刀之间的距离应保持 150mm 以上，如手握端小于 400mm 时，应用套管或夹具将钢筋短头压住或夹牢。

（8）机械运转中，严禁用手直接清除切刀附近的断头和杂物。钢筋摆动周围和切刀附近，非操作人员不得停留。

（9）发现机械运转不正常，有异响或切刀歪斜等情况，应立即停机检修。

（10）作业后，应切断电源，用钢刷清除切刀间的杂物，进行整机清洁保养。

## 四、钢筋弯曲机

（1）工作台和弯曲机台面要保持水平，并在作业前准备好各种芯轴及工具。

（2）按加工钢筋的直径和弯曲半径的要求装好芯轴、成型轴、挡铁轴或可变挡架，芯轴直径应为钢筋直径的 2.5 倍。

（3）检查芯轴、挡铁轴、转盘应无损坏和裂纹，防护罩紧固可靠，经空运转确认正常后，方可作业。

（4）操作时要熟悉倒顺开关控制工作盘旋转的方向，钢筋放置要和挡架、工作盘旋转方向相配合，不得放反。

（5）作业时，将钢筋需弯的一头插在转盘固定销的间隙内，另一端紧靠机身固定销子，并用手压紧，检查机身固定销子确实安放在挡住钢筋的一侧，方可开动。

（6）作业中，严禁更换轴芯、成型轴、销子和变换角度以及调速等作业，严禁在运转时加油和清扫。

（7）弯曲钢筋时，严禁超过本机规定的钢筋直径、根数及机械转速。

（8）弯曲高强度或低合金钢筋时，应按机械铭牌规定换算最大允许直径并调换相应的芯轴。

（9）严禁在弯曲钢筋的作业半径内和机身不设固定销子的一侧站人。弯曲好的半成品应堆放整齐，弯钩不得朝上。

（10）改变工作盘旋转方向时必须在停机后进行，即从正转→停→反转，不得直接从正转→反转或从反转→正转。

## 五、钢筋冷拉机

（1）根据冷拉钢筋的直径，合理选用卷扬机，卷扬钢丝绳应经封闭式导向滑轮并和被拉钢筋水平方向成直角。卷扬机的位置必须使操作人员能见到全部冷拉场地，卷扬机距离冷拉中线不少于 5m。

（2）冷拉场地应在两端地锚外侧设置警戒区，装设防护栏杆及警告标志，严禁无关人员在此停留。操作人员在作业时必须离开钢筋至少 2m 以外。

（3）用配重控制的设备必须与滑轮匹配，并有指示起落的记号，没有指示记号时应有专人指挥。配重框提起时高度应限制在离地面 300mm 以内，配重架四周应有栏杆及警告标志。

（4）作业前，应检查冷拉夹具，夹齿必须完好，滑轮、拖拉小车应润滑灵活，拉钩、地锚及防护装置均应齐全牢固。确认良好后，方可作业。

（5）卷扬机操作人员必须看到指挥人员发出信号，并待所有人员离开危险区后方可作业；冷拉应缓慢、均匀地进行，随时注意停车信号，见到有人进入危险区时，应立即停拉，并稍稍放松卷扬钢丝绳。

（6）用延伸率控制的装置，必须装设明显的限位标志，并应有专人负责指挥。

（7）夜间工作照明设施，应装设在张拉危险区外；如需要装设在场地上空时，其高度应超过 5m。灯泡应加防护罩，导线不得用裸线。

（8）每班冷拉完毕，必须将钢筋整理平直，不得相互乱压和单头挑出，未拉盘筋的引头应盘住，机具拉力部分均应放松。

（9）导向滑轮不得使用开口滑轮。维修或停机，必须切断电源，锁好箱门。

（10）作业后，应放松卷扬钢丝绳，落下配重，切断电源，锁好开关箱。

## 六、预应力钢筋拉伸设备

（1）采用钢模配套张拉，两端要有地锚，还必须配有卡具、锚具，钢筋两端须镦头，场地两端外侧应有防护栏杆和警告标志。

（2）检查卡具、锚具及被拉钢筋两端镦头，如有裂纹或破损，应及时修复或更换。

（3）卡具刻槽应较所拉钢筋的直径大 0.7 ～ 1mm，并保证有足够强度使锚具不致变形。

（4）应空载运转，校正千斤顶和压力表的指示吨位，定出表上的数字，对比张拉钢筋吨位及延伸长度，检查油路应无泄漏，确认正常后，方可作业。

（5）作业中，操作要平稳、均匀，张拉时两端不得站人。拉伸机在有压力情况下严禁拆卸液压系统上的任何零件。

（6）在测量钢筋的伸长和拧紧螺帽时，应先停止拉伸，操作人员必须站在侧面操作。

（7）用电热张拉法带电操作时，应穿绝缘胶鞋和戴绝缘手套。

（8）张拉时，不准用手摸或脚踩钢筋或钢丝。

（9）作业后，切断电源，锁好开关箱。千斤顶全部卸载并将拉伸设备放在指定地点进行保养。

# 第六节　木加工机械

## 一、圆盘锯

（1）圆盘锯必须装设分料器，开料锯与料锯不得混用。锯片上方必须安装保险挡板和滴水装置，在锯片后面，离齿10～15mm处，必须安装弧形楔刀。锯片的安装，应保持与轴同心。

（2）锯片必须锯齿尖锐，不得连续缺齿2个，裂纹长度不得超过20mm，裂纹末端应冲出止裂孔。

（3）被锯木料厚度，以锯片能露出木料10～20mm为限，夹持锯片的法兰盘的直径应为锯片直径的1/4。

（4）启动后，待转速正常后方可进行锯料。送料时不得将木料左右晃动或高抬，遇木节要缓缓送料。锯料长度应不小于500mm。接近端头时，应用推棍送料。

（5）如锯线走偏，应逐渐纠正，不得猛扳，以免损坏锯片。

（6）操作人员不得站在面对锯片旋转离心力的方向操作，手不得跨越锯片。

（7）必须紧贴靠尺送料，不得用力过猛，遇硬节疤应慢推。必须待出料超过锯片15cm方可上手接料，不得用手硬拉。

（8）短窄料应用推棍，接料使用刨钩。严禁锯小于50cm长的短料。

（9）木料走偏时，应立即切断电源，停机调正后再锯，不得猛力推进或拉出。

（10）锯片运转时间过长应用水冷却，直径60cm以上的锯片工作时应喷水冷却。

（11）必须随时清除锯台面上的遗料，保持锯台整洁。清除遗料时，严禁直接用手清除。清除锯末及调整部件，必须先拉闸断电，待机械停止运转后方可进行。

（12）严禁使用木棒或木块制动锯片的方法停机。

## 二、带锯机

（1）作业前，检查锯条，如锯条齿侧的裂纹长度超过10mm，锯条接头处裂纹长度超过10mm，以及连续缺齿2个和接头超过3个的锯条均不得使用。裂纹在以上规定内必须在裂纹终端冲一止裂孔。锯条松紧度调整适当后，先空载运转，如声音正常、无串条现象时，方可作业。

（2）作业中，操作人员应站在带锯机的两侧，跑车开动后，行程范围内的轨道周围不准站人，严禁在运行中上、下跑车。

（3）原木进锯前，应调好尺寸，进锯后不得调整。进锯速度应均匀，不能过猛。

（4）在木材的尾端越过锯条 0.5m 后，方可进行倒车。倒车速度不宜过快，要注意木槎、节疤碰卡锯条。

（5）平台式带锯作业时，送接料要配合一致。送料、接料时不得将手送进台面。锯短料时，应用推棍送料。回送木料时，要离开锯条 50mm 以上，并须注意木槎、节疤碰卡锯条。

（6）装设吸尘罩的带锯机，当木屑堵塞吸尘管口时，严禁在运转中用木棒在锯轮背侧清理管口。

（7）锯机张紧装置的压砣（重锤），应根据锯条的宽度与厚度调节挡位或增减副砣，不得用增加重锤重量的办法克服锯条口松或串条等现象。

## 三、平面刨（手压刨）

（1）作业前，检查安全防护装置必须齐全有效。

（2）刨料时，手应按在料的上面，手指必须离开刨口 50mm 以上。严禁用手在木料后端送料跨越刨口进行刨削。

（3）刨料时应保持身体平衡，双手操作。刨大面时，手应按在木料上面；刨小面时，手指应不低于料高的一半，并不得小于 3cm。

（4）每次刨削量不得超过 1.5mm。进料速度应均匀，严禁在刨刀上方回料。

（5）被刨木料的厚度小于 30mm，长度小于 400mm 时，应用压板或压棍推进。厚度在 15mm、长度在 250mm 以下的木料，不得在平刨上加工。

（6）被刨木料如有破裂或硬节等缺陷时，必须处理后再施刨。刨旧料前，必须将料上的钉子、杂物清除干净，遇木槎、节疤要缓慢送料。严禁将手按在节疤上送料。

（7）同一台平刨机的刀片和刀片螺丝的厚度、重量必须一致，刀架与刀必须匹配，刀架夹板必须平整贴紧，合金刀片焊缝的高度不得超刀头，刀片紧固螺丝应嵌入刀片槽内，槽端离刀背不得小于 10mm。紧固螺丝时，用力应均匀一致，不得过松或过紧。

（8）机械运转时，不得将手伸进安全挡板里侧去移动挡板或拆除安全挡板

进行刨削。严禁戴手套操作。

（9）2人操作时，进料速度应配合一致。当木料前端越过刀口30cm后，下手操作人员方可接料。木料刨至尾端时，上手操作人员应注意早松手，下手操作人员不得猛拉。

（10）换刀片前必须拉闸断电、并挂“有人操作，严禁合闸”的警示牌。

## 四、压刨床（单面和多面）

（1）压刨床必须用单向开关，不得安装倒顺开关，三、四面刨应按顺序开动。

（2）作业时，严禁一次刨削两块不同材质、规格的木料，被刨木料的厚度不得超过50mm。操作者应站在机床的一侧，接、送料时不戴手套，送料时必须先进大头。

（3）刨刀与刨床台面的水平间隙应在10～30mm之间，刨刀螺丝必须重量相等，紧固时用力应均匀一致，不得过紧或过松，严禁使用带开口槽的刨刀。

（4）每次进刀量应为2～5mm，如遇硬木或节疤，应减小进刀量，降低送料速度。

（5）进料必须平直，发现木料走偏或卡住，应停机降低台面，调正木料。送料时手指必须与滚筒保持20cm以上距离。接料时，必须待料出台面后方可上手。

（6）刨料长度小于前后压滚中心距的木料，禁止在压刨机上加工。

（7）木料厚度差2mm的不得同时进料。刨削吃刀量不得超过3mm。

（8）刨料长度不得短于前后压滚的中心距离。厚度小于10mm的薄板必须垫托板。

（9）压刨必须装有回弹灵敏的逆止爪装置，进料齿辊及托料光辊应调整水平和上下距离一致，齿辊应低于工件表面1～2mm，光辊应高出台面0.3～0.8mm，工作台面不得歪斜和高低不平。

（10）清理台面杂物时必须停机（停稳）、断电，用木棒进行清理。

# 第七节　焊接机具

## 一、电弧焊

（1）焊接设备上的电机、电器、空压机等应按有关规定执行，并有完整的防护外壳，二次接线柱处应有保护罩。

（2）现场使用的电焊机应设有可防雨、防潮、防晒的机棚，并备有消防用品。

（3）焊接时，焊接和配合人员必须采取防止触电、高空坠落和火灾等事故的安全措施。

（4）严禁在运行中的压力管道，装有易燃、易爆物品的容器和受力构件上进行焊接和切割。

（5）焊接铜、铝、锌、锡、铅等有色金属时，必须在通风良好的地方进行，焊接人员应戴防毒面具或呼吸滤清器。

（6）在容器内施焊时，必须采取以下措施：容器上必须有进、出风口并设置通风设备；容器内的照明电压不得超过12V；焊接时必须有人在场监护，严禁在已喷涂过油漆或塑料的容器内焊接。

（7）焊接预热焊件时，应设挡板隔离焊件发生的辐射热。

（8）高空焊接或切割时，必须系好安全带，焊件周围和下方应采取防火措施并有专人监护。

（9）电焊线通过道路时，必须架高或穿入防护管内埋设在地下，如通过轨道时，必须从轨道下面穿过。

（10）接地线及手把线都不得搭在易燃、易爆和带有热源的物品上，接地线不得接在管道、机床设备和建筑物金属构架或轨道上，接地电阻不大于4Ω。

（11）雨天不得露天电焊。在潮湿地带作业时，操作人员应站在铺有绝缘物品的地方，穿好绝缘鞋。

（12）长期停用的电焊机，使用时，须检查其绝缘电阻不得低于0.5Ω，接线部分不得有腐蚀和受潮现象。

（13）焊钳应与手把线连接牢固，不得用胳膊夹持焊钳。清除焊渣时，面部应避开焊缝。

（14）在载荷运行中，焊接人员应经常检查电焊机的温升，如超过A级60℃、B级80℃时，必须停止运转并降温。

（15）施焊现场的10m范围内，不得堆放氧气瓶、乙炔发生器、木材等易燃物。

（16）作业后，清理场地、灭绝火种、切断电源、锁好电闸箱、消除焊料余热后再离开。

## 二、交流电焊机

（1）应注意初、次级线，不可接错，输入电压必须符合电焊机的铭牌规定。严禁接触初级线路的带电部分。

（2）次级抽头连接铜板必须压紧，其他部件应无松动或损坏。

（3）移动电焊机时，应切断电源。

（4）多台焊机接线时三相负载应平衡，初级线上必须有开关及熔断保护器。

（5）电焊机应绝缘良好。焊接变压器的一次线圈绕组与二次线圈绕组之间、绕组与外壳之间的绝缘电阻不得小于1MΩ。

（6）电焊机的工作负荷应依照设计规定，不得超载运行。

## 三、直流电焊机

### （一）旋转式电焊机

（1）接线柱应有垫圈。合闸前详细检查接线螺帽，不得用拖拉电缆的方法移动焊机。

（2）新机使用前，应将换向器上的污物擦干净，使换向器与电刷接触良好。

（3）启动时，检查转子的旋转方向应符合焊机标志的箭头方向。

（4）启动后，应检查电刷和换向器，如有大量火花时，应停机查原因，经排除后方可使用。

（5）数台焊机在同一场地作业时，应逐台启动，并使三相载荷平衡。

### （二）硅整流电焊机

（1）电焊机应在原厂使用说明书要求的条件下工作。

（2）检查减速箱油槽中的润滑油，不足时应添加。

（3）软管式送丝机构的软管槽孔应保持清洁，定期吹洗。

（4）使用硅整流电焊机时，必须开启风扇，运转中应无异响，电压表指示值应正常。

（5）应经常清洁硅整流器及各部件，清洁工作必须在停机断电后进行。

## 四、对焊机

（1）对焊机应安置在室内，并有可靠的接地（保护接零）。如多台对焊机并列安装时间距不得少于3m，并应分别接在不同相位的电网上，分别有各自的刀形开关。

（2）作业前，检查对焊机的压力机构应灵活，夹具应牢固，气、液压系统无泄漏，确认可靠后，方可施焊。

（3）焊接前，应根据所焊钢筋截面，调整二次电压，不得焊接超过对焊机规定直径的钢筋。

（4）断路器的接触点、电极应定期光磨，二次电路全部连接螺栓应定期紧固，冷却水温度不得超过40℃，排水量应根据温度调节。

（5）焊接较长钢筋时，应设置托架。在现场焊接竖向钢筋时，焊接后应确保焊接牢固后再松开卡具，进行下道工序。

（6）闪光区应设挡板，焊接时无关人员不得入内。配合搬运钢筋的操作人员，在焊接时要注意防止火花烫伤。

## 五、点焊机

（1）作业前，必须清除两电极的油污。通电后，机体外壳应无漏电。

（2）启动前，首先应接通控制线路的转向开关和调整好极数，接通水源、气源，再接电源。

（3）电极触头应保持光洁，如有漏电时，应立即更换。

（4）作业时，气路、水冷却系统应畅通。气体必须保持干燥。排水温度不得超过40℃，排水量可根据气温调节。

（5）严禁在引燃电路中加大熔断器。当负载过小使引燃管内电弧不能发生时，不得闭合控制箱的引燃电路。

（6）控制箱如长期停用，每月应通电加热30min。如更换闸流管也应预热30min，工作时控制箱的预热时间不得少于5min。

## 六、乙炔气焊

（1）乙炔瓶、氧气瓶及软管、阀、表均应齐全有效，紧固牢靠，不得松动、

破损和漏气。氧气瓶及其附件、胶管、工具上均不得沾染油污。软管接头不得用铜质材料制作。

（2）乙炔瓶、氧气瓶和焊具间的距离不得小于 10m，否则应采取隔离措施。同一地点有两个以上乙炔瓶时，其间距不得小于 10m。

（3）新橡胶软管必须经压力试验。未经压力试验的或代用品及变质、老化、脆裂、漏气及沾上油脂的胶管均不得使用。

（4）不得将橡胶软管放在高温管道和电线上，或将重物或热的物件压在软管上，更不得将软管与电焊用的导线敷设在一起。软管经过车行道时应加护套或盖板。

（5）氧气瓶应与其他易燃气瓶、油脂和其他易燃、易爆物品分别存放，也不得同车运输。氧气瓶应有防震圈和安全帽，应平放不得倒置，不得在强烈日光下曝晒，严禁用行车或吊车吊运氧气瓶。

（6）开启氧气瓶阀门时，应用专用工具，动作要缓慢，不得面对减压器，但应观察压力表指针是否灵敏正常。氧气瓶中的氧气不得全部用尽，至少应留 49kPa 的剩余压力。

（7）严禁使用未安装减压器的氧气瓶进行作业。

（8）安装减压器时，应先检查氧气瓶阀门接头不得有油脂，并略开氧气瓶阀门吹除污垢，然后安装减压器。人身或面部不得正对氧气瓶阀门出气口，关闭氧气瓶阀门时，须先松开减压器的活门螺丝（不可紧闭）。

（9）点燃焊（割）具时，应先开乙炔阀点火，然后开氧气阀调整火焰。关闭时应先关闭乙炔阀，再关闭氧气阀。

（10）在作业中，如发现氧气瓶阀门失灵或损坏不能关闭时，应让瓶内氧气自动放尽后，再行拆卸修理。

（11）乙炔软管、氧气软管不得错装。使用中，当氧气软管着火时，不得折弯软管断气，要迅速关闭氧气阀门，停止供氧。乙炔软管着火时，可用弯折前面一段软管实施断气的办法来将火熄灭。

（12）冬期在露天施工，如软管和回火防止器冻结时，可用热水、蒸汽或在暖气设备下化冻。严禁用火焰烘烤。

（13）不得将橡胶软管背在背上操作。焊枪内若带有乙炔、氧气时不得放在金属管、槽、缸、箱内。氢氧并用时，应先开乙炔气，再开氢气，最后开氧气，再点燃。熄灭时，应先关氧气，再关氢气，最后关乙炔气。

（14）作业后，应卸下减压器，拧上气瓶安全帽，将软管卷起捆好，挂在室内干燥处，并将乙炔发生器卸压，放水后取出电石篮。剩余电石和电石渣，应分别放在指定的地方。

## 第八节 排水机具

### 一、离心水泵

（1）水泵放置地点应坚实，安装应牢固、平稳，并应有防雨设施。多级水泵的高压软管接头应牢固可靠，放置宜平直，转弯处应固定牢靠。数台水泵并列安装时，其扬程宜相同，每台之间应有 0.8 ～ 1.0m 的距离；串联安装时，应有相同的流量。

（2）冬季运转时，应做好管路、泵房的防冻、保温工作。

（3）启动前检查项目应符合下列要求：

1）电动机与水泵的连接同心，联轴节的螺栓紧固，联轴节的转动部分有防护装置，泵的周围无障碍物。

2）管路支架牢固，密封可靠，泵体、泵轴、填料和压盖严密，吸水管底阀无堵塞或漏水。

3）排气阀畅通，进、出水管接头严密不漏，泵轴与泵体之间不漏水。

（4）启动时应加足引水，并将出水阀关闭；当水泵达到额定转速时，旋开真空表和压力表的阀门，待指针位置正常后，方可逐步打开出水阀。

（5）运转中发现下列情况，应立即停机检修：

1）漏水、漏气、填料部分发热。

2）底阀滤网堵塞，运转声音异常。

3）电动机温升过高，电流突然增大。

4）机械零件松动或其他故障。

（6）升降吸水管时，应在有护栏的平台上操作。

（7）运转时，严禁人员从机上跨越。

（8）水泵停止作业时，应先关闭压力表，再关闭出水阀，然后切断电源。冬季使用时，应将各部放水阀打开，放净水泵和水管中积水。

## 二、潜水泵

（1）潜水泵宜先装在坚固的篮筐里再放入水中，也可在水中将泵的四周设立坚固的防护围网。泵应直立于水中，水深不得小于0.5m，不得在含泥砂的水中使用。

（2）潜水泵放入水中或提出水面时，应先切断电源。严禁拉拽电缆或出水管。

（3）潜水泵应装设保护接零或漏电保护装置，工作时泵周围30m以内水面，不得有人、畜进入。

（4）接通电源后，应先试运转，并应检查并确认旋转方向正确，在水外运转时间不得超过5min。

（5）应经常观察水位变化，叶轮中心至水平距离应在0.5～3.0m之间，泵体不得陷入污泥或露出水面。电缆不得与井壁、池壁相擦。

（6）新泵或新换密封圈，在使用50h后，应旋开放水封口塞，检查水、油的泄漏量。当泄漏量超过5mL时，应进行0.2MPa的气压试验，查出原因，予以排除，以后应每月检查一次；当泄漏量不超过25mL时，可继续使用。检查后应换上规定的润滑油。

（7）当气温降到0℃以下时，停止运转后，应从水中提出潜水泵擦干后存放室内。

## 三、深井泵

（1）深井泵应使用在含砂量低于0.01%的清水源，泵房内设预润水箱，容满足一次启动所需的预润水量。

（2）新装或经过大修的深井泵，应调整泵壳与叶轮的间隙，叶轮在运转中与壳体摩擦。

（3）深井泵在运转前应将清水通入轴与轴承的壳体内进行预润。

（4）深井泵不得在无水情况下空转。水泵的一、二级叶轮应浸入水位1m以下。运转中应经常观察井中水位的变化情况。

（5）运转中，当发现基础周围有较大振动时，应检查水泵的轴承或电动机填料处磨损情况；当磨损过多而漏水时，应更换新件。

（6）已吸、排过含有泥砂的深井泵，在停泵前，应用清水冲洗干净。

（7）停泵前，应先关闭出水阀，切断电源，锁好开关箱。冬季停用时，应放净泵中积水。

### 四、泥浆泵

（1）泥浆泵应安装在稳固的基础架或地基上，不得松动。

（2）启动前，吸水管、底阀及泵体内应注满引水，压力表缓冲器上端应注满油。

（3）启动前应使活塞往复两次，无阻梗时方可空载启动。启动后，应待运转正常，再逐步增加载荷。

（4）运转中，应经常测试泥浆含砂量。泥浆含砂量不得超过10%。

（5）有多挡速度的泥浆泵，在每班运转中应将几挡速度分别运转，运转时间均不得少于30min。

（6）运转中不得变速；当需要变速时，应停泵进行换挡。

（7）运转中，当出现异响或水量、压力不正常，或有明显高温时，应停泵检查。

（8）在正常情况下，应在空载时停泵。停泵时间较长时，应全部打开放水孔，并松开缸盖，提起底阀放水杆，放尽泵体及管道中的全部泥砂。

（9）长期停用时，应清洗各部分泥砂、油垢，将曲轴箱内润滑油放尽，并应采取防锈、防腐措施。

## 第九节　运输车辆

### 一、基本要求

（1）启动前应进行重点检查。灯光、喇叭、指示仪表等应齐全完整；燃油、润滑油、冷却水等应添加充足；各连接件不得松动；轮胎气压应符合要求，确认无误后，方可启动。燃油箱应加锁。

（2）行驶中，应随时观察仪表的指示情况，当发现机油压力低于规定值，水温过高或有异响、异味等异常情况时，应立即停车检查，排除故障后，方可继续运行。

（3）严禁超速行驶。应根据车速与前车保持适当的安全距离，选择较好路面行进，应避让石块、铁钉或其他尖锐铁器；遇有凹坑、明沟或穿越铁路时，应提前减速，缓慢通过。

（4）车辆涉水过河时，应先探明水深、流速和水底情况，水深不得超过排水管或曲轴皮带盘，并应低速直线行驶，不得在中途停车或换挡。涉水后，应缓行一段路程并轻踏制动器，使浸水的制动片上水分蒸发掉。

（5）停放时，应将内燃机熄火，拉紧手制动器，关锁车门。内燃机运转中驾驶员不得离开车辆，在离开前应熄火并锁住车门。

（6）在坡道上停放时，下坡停放应挂上倒挡，上坡停放应挂上一挡，并应使用三角木楔等塞紧轮胎。

（7）平头型驾驶室需前倾时，应清除驾驶室内物件，关紧车门，方可前倾并锁定。复位后，应确认驾驶室已锁定，方可启动。

## 二、载重汽车

（1）启动前应检查信号和指示装置、制动系统、轮胎气压等，确认正常。

（2）行驶中遇有上坡、下坡、凹坑、明沟或通过铁路道口时，应提前减速，缓慢通过，不得中途换挡，不得靠近路边、沟旁行驶，严禁下坡空挡滑行。

（3）在泥泞、冰雪道路上行驶应降低车速，必要时应采取防滑措施。

（4）通过危险地区、河道和狭窄道路、便桥、通道时，应先停车检查，确认可以通过后，由有经验的人员指挥通过。

（5）装卸车时应听从现场指挥人员的指令。

（6）停放时必须熄火、制动，并锁闭车门。下坡停放应挂倒挡，上坡停放应挂一挡，并将车轮挡掩牢固。

（7）车辆临近竖井、工作坑时，轮胎与竖井（坑）边距离应由坑深、土质和支护情况确定，且不得小于1.5m，并设牢固挡掩。

（8）运载物品应捆绑稳固牢靠，运载轮式机具等时，应采取防止滚动的措施。

（9）运载松散材料或砌块的高度不得超过车厢顶部，并采取遮盖措施。

（10）不得人货混装。因工作需要搭人时，人不得在货物之间或货物与前车厢板间隙内；严禁攀爬或坐卧在货物上面。

（11）运载易燃、有毒、强腐蚀等危险品时，应办理好危险品准运手续。其装载、包装、遮盖必须符合有关的安全规定，并应备有性能良好、有效期内的灭火器。途中停放应避开火源、火种、居民区、建筑群等，炎热季节应选择阴凉处停放。装卸时严禁火种。除必要的行车和监护人员外，不得搭乘其他人员。严禁混装备用燃油。

（12）装运易爆物资或器材时，车厢底面应垫有减轻货物振动的软垫层，装载重量不得超过额定载重量的70%；装运炸药时，层数不得超过两层。

（13）装运氧气瓶时，车厢板的油污应清除干净，严禁混装油料或盛油容器。

## 三、自卸汽车

（1）配合挖装机械装料时，自卸汽车就位后应拉紧手制动器，在铲斗需越过驾驶室时，驾驶室内严禁有人。

（2）卸料前，车厢上方应无电线或障碍物，四周应无人员来往。卸料时，应将车停稳，不得边卸边行驶。举升车厢时，应控制内燃机中速运转，当车厢升到顶点时，应降低内燃机转速，减少车厢振动。

（3）卸料时应将车停稳，确认四周无人员来往，不得边卸料边行驶，严禁在斜坡侧向倾卸。

（4）卸料后应及时使车厢复位，方可起步，不得在车厢倾斜状态下行驶。

（5）运载松散材料应采取遮盖措施。运载混凝土等粘结性物料后应将车厢内外清洗干净。

（6）车厢举升后需进行检修、润滑等作业时，应将车厢支撑牢靠后，方可进入车厢下面工作。

## 四、平板拖车

（1）运输超限物件时，必须向交通管理部门办理通行手续，在规定时间内按规定路线行驶。超限部分白天应插红旗，夜晚应挂红灯。超高物体应有专人照管，并应配电工随带工具保护途中输电线路，保证运行安全。

（2）装卸车时，应停放在平坦坚实的路面上，机车、拖车均应制动，并将拖车轮胎撰紧。

（3）装卸机械搭设的跳板应坚实，与地面夹角：在装卸履带式起重机、挖掘机、压路机时，不得大于15°；装卸履带式推土机、拖拉机时，不得大于25°。雨、雪、霜冻天气应采取防滑措施。

（4）装卸能自行上下拖车的机械，应由机长或熟练的驾驶人员操作，并由熟悉机械性能的人统一指挥。上下车动作应平稳，不得在跳板上调整方向。

（5）机械装车后应制动所有制动器，锁定各保险装置，履带或车轮应楔紧，并打摽牢固。

（6）装运推土机时，当铲刀超过拖车宽度时，应拆除铲刀。

（7）雨、雪、霜冻天气装卸车时，应采取防滑措施。

（8）使用随车卷扬机装卸物件时，应有专人指挥，拖车应制动住，并将车轮楔紧。

## 五、机动翻斗车

（1）行驶前必须将料斗锁牢，严禁在行驶中掉斗。

（2）行驶时应从一挡起步，不得用离合器处于半结合状态来控制车速。

（3）翻斗车排成纵队行驶时，前后车之间应保持 8m 的间距，在雨水或冰雪的路面上，应加大间距。

（4）转弯时应提前减速。接近坑（槽）边时应减速，不得剧烈冲撞挡掩。

（5）在坑沟边缘卸料时，应设置安全挡块；车辆接近坑边时，应减速行驶，不得剧烈冲撞挡块。

（6）制动时，应逐渐踩下制动踏板，避免紧急制动。

（7）停车时，应选择适合地点，不得在坡道上停车。冬季应采取防止车轮与地面冻结的措施。

（8）严禁料斗内载人。

（9）重车下坡必须倒车行驶。

（10）料斗不得在卸料工况下行驶或进行平地作业。

（11）内燃机运转中或料斗内载荷时，严禁在车底下进行任何作业。

（12）作业后应对车辆进行清洗，清除泥土和混凝土等粘结物。

（13）操作人员离机时，应将内燃机熄火，并挂挡、拉紧手制动器。

## 六、轮胎式拖拉机

（1）拖拉机使用的拖斗必须装有制动装置，拖挂结构应有防脱落的保险装置。

（2）拖拉机在行驶时，人员不得上下车。拖拉机和拖斗之间严禁有人。使用钢丝绳牵引物件时，必须待人员远离危险区域后，方可起步。

（3）作业时严禁从机械外向驾驶员传递物品。驾驶室内严禁超员。

（4）严禁拖拉机在陡坡上横向行驶、转弯、倒车或停车。通行道路的纵坡不得大于 20°，横坡不得大于 6°。

（5）在斜坡横向卸土时，严禁倒退。坡度较大，车身偏斜过大时，不得卸土。

（6）无驾驶室的拖拉机司机座两侧不得乘人。牵引无人操作的机械时，严禁牵引机械的机架上有人。

（7）操作人员离机时，必须将内燃机熄火、制动、关机。

# 第五章

## 临时用电安全管理

# 第一节　临时用电的施工组织设计及管理制度

## 一、临时用电的施工组织设计

### （一）施工组织设计的要求

（1）按照《施工现场临时用电安全技术规范》JGJ 46—2005 的规定，临时用电设备在 5 台及 5 台以上或设备总容量在 50kW 及 50kW 以上的，应编制临时用电施工组织设计；临时用电设备在 5 台以下和设备总容量在 50kW 以下的，应制定安全用电技术措施及电气防火措施。

（2）施工现场临时用电施工组织设计的主要内容有：

1）现场勘测。

2）确定电源进线、变电所或配电室、配电装置、用电设备位置及线路走向。

3）进行负荷计算。

4）选择变压器。

5）设计配电系统：

① 设计配电线路，选择合适的导线或电缆。

② 设计配电装置，选择合适的电器。

③ 设计接地装置。

④ 绘制临时用电工程图样，主要包括用电工程总平面图、配电装置布置图、配电系统接线图、接地装置设计图。

6）设计防雷装置。

7）确定防护措施。

8）制定安全用电措施和电气防火措施。

（3）临时用电工程图样应单独绘制，临时用电工程应按图施工。

（4）临时用电施工组织设计在编制及变更时，必须履行“编制、审核、批准”程序，由电气工程技术人员组织编制，经相关部门审核及具有法人资格企业的技术负责人批准后实施。变更用电组织设计时应补充有关图样资料。

（5）临时用电工程必须经编制、审核、批准部门和使用单位共同验收，合

格后方可投入使用。

（6）临时用电施工组织设计审批手续包括以下几点：

1）施工现场临时用电施工组织设计必须由施工单位的电气工程技术人员编制，由技术负责人审核，封面上要注明工程名称、施工单位、编制人并加盖单位公章。

2）施工单位所编制的施工组织设计必须符合《施工现场临时用电安全技术规范》JGJ 46—2005 中的有关规定。

3）临时用电施工组织设计必须在开工前 15 天内报上级主管部门审核、批准后方可进行临时用电施工。施工时要严格执行审核后的施工组织设计，按图施工。当需要变更临时用电施工组织设计时，应补充有关图样资料，同样需要上报主管部门批准，批准后对照修改前、后的临时用电施工组织设计进行施工。

## （二）临时用电施工组织设计的主要内容及编写

### 1. 施工现场勘测

进行现场勘测，是为了编制临时用电施工组织设计而进行的第一个步骤的调查研究工作。施工现场勘测可以与施工组织设计的现场勘测工作同时进行或直接借用其勘测的资料。

现场勘测工作包括调查、测绘施工现场的地形、地貌、地质结构，正式工程的位置与电源位置，地上与地下管线和沟道的位置，以及周围环境、用电设备等。通过现场勘测可确定电源进线、变电所、配电室、总配电箱、分配电箱、固定开关箱、物料和器具的堆放位置，以及办公、加工与生活设施，消防器材的位置和线路走向等。

现场勘测时最主要的就是既要符合供电的基本要求，又要注意到临时性的特点。

结合施工组织设计中所确定的用电设备、机械的布置情况和照明供电等总容量，合理调整用电设备的现场平面及立面的配电线路；调查施工地区的气象情况，土层的电阻率大小和土质是否具有腐蚀性等。

### 2. 负荷计算

通过现场用电设备的总用电负荷计算，对低压用户来说，可以依照总用电负荷来选择总开关、主干线的规格。通过对分路电流的计算，可以确定分路导线的型号、规格和分配电箱设置的个数。总之，负荷计算要和变配电室，总、分配电箱及配电线路、接地装置的设计结合起来进行计算。

负荷计算时要注意以下几点：

（1）各用电设备能同时运行。

（2）各用电设备能同时满载运行。

（3）性质不同的用电设备，其运行特征也各不相同。

（4）各用电设备运行时都伴随着功率损耗。

（5）用电设备的供电线路在输送功率时伴随有线路功率损耗。

### 3. 变电所设计

变电所设计主要是选择和确定变电器的位置、变压器容量、相关配电室的位置与配电装置布置、防护措施、接地措施、进线与出线的方式，以及与自备电源（发电机组）的联系方法等。

变电所的选址应考虑以下问题：

（1）接近用电负荷中心。

（2）不被不同施工现场触及。

（3）进、出线方便。

（4）运输方便。

（5）其他（如多尘、地势低洼、振动、易燃易爆、高温等场所不宜设置）。

### 4. 配电线路设计

配电线路设计主要是选择和确定线路走向、配线种类（绝缘线或电缆）、敷设方式（架空或埋地）、线路排列、导线或电缆的规格，以及周围防护措施等。

进行线路走向设计时，应根据现场设备的布置，施工现场车辆、人员的流动，物料的堆放，以及地下情况来确定线路的走向与敷设方法。一般线路设计应尽量考虑架设在道路的一侧，不妨碍现场道路通畅和其他施工机械的运行、安装、拆除与运输，同时又要考虑与建（构）筑物、起重机械、构架保持一定的安全距离和防护措施。采用地下埋设电缆的方式时应考虑地下情况，同时做好过路及进入地下和从地下引出等处的安全防护措施。

配电线路必须按照三级配电两级保护进行设计，同时因为是临时布线，设计时应考虑架设迅速和便于拆除，线路走向应尽量短捷。

### 5. 配电装置设计

配电装置设计主要是选择和确定配电装置（配电柜、总配电箱、分配电箱、开关箱）的结构、电器配置、电器规格、电气接线方式和电气保护措施等。

确定变配电室的位置时应考虑变压器与其他电气设备的安装、拆卸的搬运通道问题，进线与出线应方便无障碍。变配电室应尽量远离施工现场的振

动源，周围无易爆、易燃物，无腐蚀性气体；不应设在低洼区和可能积水的位置。

总配电箱、分配电箱在设置时要靠近电源，分配电箱应设置在用电设备或负荷相对集中的地方。分配电箱与开关箱的距离不应超过 30m，开关箱应装设在用电设备附近便于操作处，与所操作使用的用电设备的水平距离不宜大于 3m。总分配电箱的设置位置应考虑有两人同时操作的空间和通道，周围不得堆放任何妨碍操作、维修及易燃、易爆的物体，不得有杂草和灌木丛。

**6. 接地设计**

接地设计主要是选择和确定接地类别、接地位置，以及根据对接地电阻值的要求选择自然接地体或设计人工接地体（计算确定接地体的结构、材料、制作工艺和敷设要求等）。

**7. 防雷设计**

防雷设计主要是依据施工现场的地理位置和其邻近设施防雷装置的设置情况，确定施工现场防直击雷装置的设置位置（包括避雷针、防雷引下线、防雷接地位置的确定）。在设有专用变电所的施工现场内，除应设置避雷针防直击雷外，还应设置避雷器，以防感应雷电波侵入变电所内。

**8. 安全用电与电气防火措施**

安全用电措施包括施工现场各类作业人员相关的安全用电知识教育和培训，可靠的外电线路防护，完备的接地接零保护系统和漏电保护系统，配电装置合理的电器配置、装设和操作，以及定期检查、维修，配电线路的规范化敷设等。

电气防火措施包括针对电气火灾的电气防火教育，依据负荷性质、种类大小合理选择导线和开关等电器，电气设备与易燃、易爆物品的安全隔离，以及配备消防器材、建立防火制度和防火队伍等，具体措施如下：

（1）进行施工组织设计时，根据电气设备的用电量正确选择导线截面，从理论上杜绝线路过负荷使用;保护装置要认真选择,当线路上出现长期过负荷时,能在规定时间内动作以保护线路。

（2）导线架空敷设时，其安全间距必须满足规范要求，当配电线路采用熔断器做短路保护时，熔断额定电流一定要小于电缆线或穿管绝缘导线允许流量的 2.5 倍，或明敷绝缘导线允许流量的 1.5 倍。

（3）用电人员应正确执行安全操作规程，避免作业不当造成火灾。

（4）电气操作人员应认真执行规范要求，正确连接导线，接线柱应压牢、压实。各种开关、触点压接牢固，铜铝连接时有过渡端子，多股导线用端子或挂锡后再与设备安装，以防电阻加大引起火灾。

（5）配电室的耐火等级大于三级，室内装置砂箱和绝缘灭火器；严格执行变压器的运行检修制度，每年按季进行不少于四次的停电清扫和检查。现场中的电动机严禁超负荷使用，电动机周围无易燃物，发现问题及时解决，保证设备正常运行。

（6）施工现场内严禁使用电炉。使用碘钨灯时，灯与易燃物的间距应大于300mm。室内不准使用功率超过100W的灯泡，严禁使用床头灯。

（7）使用电焊机时应严格执行用火证制度，并有专人监护；施焊点周围不存在易燃物体，并备齐防火设备。电焊机应存放在通风良好的地方，防止机器温度过高引起火灾。

（8）现场内的高大设备（塔式起重机、电梯等）和有可能产生静电的电气设备应做好防雷接地和防静电接地，以免雷电及触电火花引起火灾。

（9）存放易燃气体、易燃物的仓库内的照明装置应采用防爆型设备，导线敷设、灯具安装、导线与设备连接均符合临时用电规范要求。

（10）配电箱、开关箱内严禁存放杂物及易燃物体，并派专人负责定期清扫。

（11）消防泵的电源由总箱中引出专用回路供电，此回路不设漏电保护器，并设两个电源供电，供电线路设在末端切换。

（12）现场建立防火检查制度，强化电气防火领导体制，建立电气防火义务消防队。

（13）现场一旦发生电气火灾时，按以下方法扑救：

1）迅速切断电源，以免灾情扩大；切断电源人员应戴绝缘手套，使用带绝缘柄的工具。当火灾现场距开关较远需剪断电线时，相线和零线应分开错位剪断，以防在钳口处造成短路，并防止电源线掉在地上造成短路使人员触电。

2）当电源线因其他原因不能及时切断时，一方面应派人去供电端切断电源；另一方面灭火时，人体的各部位应与带电体保持安全距离，同时穿戴好绝缘用品。

3）扑灭电气火灾应使用绝缘性能好的灭火器（干粉、二氧化碳、1211灭火器）或干燥的黄沙，严禁使用导电灭火器进行扑救。

**9. 施工用电工程设计施工图**

施工用电工程设计施工图主要包括用电工程总平面图、交配电装置布置图、配电系统接线图、接地装置设计图等。

编制施工现场临时用电施工组织设计的主要依据是《施工现场临时用电安

全技术规范》JGJ 46—2005 及其他的相关标准、规程等。

编制施工现场临时用电施工组织设计必须由专业电气工程技术人员来完成。

## 二、临时用电的管理制度

### （一）电工及用电人员的操作制度

（1）禁止使用或安装木质的配电箱、开关箱、移动箱。电动施工机械必须实行“一闸一机一漏一箱一锁”制度，且开关箱与所控固定机械之间的距离不得大于 5m。

（2）严禁以取下（合上）熔断器的方式对线路进行停（送）电。严禁维修时约时送电，严禁以三相电源插头代替负荷开关起动（停止）电动机运行，严禁使用 200V 电压行灯。

（3）严禁频繁按漏电保护器和私拆漏电保护器。

（4）严禁长时间超铭牌额定值运行电气设备。

（5）严禁在同一配电系统中一部分设备做保护接零，另一部分做保护接地。

（6）严禁直接使用刀开关起动（停止）4kW 以上的电动设备，严禁直接在刀开关上或熔断器上挂接负荷线。

### （二）工作监护制度

（1）在带电设备附近作业时必须设专人监护。

（2）在狭窄及潮湿场所从事用电作业时必须设专人监护。

（3）登高用电作业时必须设专人监护。

（4）监护人员应时刻注意工作人员的活动范围，监督其正确使用工具，并与带电设备保持安全距离。发现有违反电气安全操作规程的做法应及时纠正。

（5）监护人员的安全知识及操作技术水平不得低于操作人员。

（6）监护人员在执行监护工作时，应根据被监护工作情况携带或使用基本安全用具或辅助安全用具，不得兼做其他工作。

### （三）电气维修制度

（1）只准进行全部（操作范围内）停电工作、部分停电工作，不准进行不停电工作。维修工作时要严格执行电气安全操作规程。

（2）不准私自维修不了解内部原理的设备及装置，不准私自维修厂家禁修的安全保护装置，不准从事超过自身技术水平且无指导人员在场的电气维修作业。

（3）不准在本单位不能控制的线路及设备上工作。

（4）不准随意变更维修方案而使隐患扩大。

（5）不准酒后或有过激行为之后进行维修作业。

（6）对施工现场所属的各类电动机，每年必须清扫、注油或检修一次。对变压器、电焊机，每半年必须进行清扫或检修一次。对一般低压电器、开关等，每半年检修一次。

### （四）安全用电技术交底制度

（1）进行临时用电工程的安全技术交底，必须分部分项且按进度进行，不准一次性完成全部工程的交底工作。

（2）设有监护人员的现场，必须在作业前对全体人员进行技术交底。

（3）对电气设备的试验、检测、调试前、检修前及检修后的通电试验前，必须进行技术交底。

（4）对电气设备的定期维修前、检查后的整改前，必须进行技术交底。

（5）交底项目必须齐全，包括使用的劳动保护用品及工具、有关法规内容、有关安全操作规程内容和保证工程质量的要求，以及作业人员的活动范围和注意事项等。

（6）填写交底记录要层次清晰，交底人、被交底人及交底负责人必须分别签字，并准确注明交底时间。

### （五）安全检测制度

（1）测试工作接地和防雷接地的电阻值，必须每年在雨季前进行。

（2）测试重复接地的电阻值，每季至少进行一次。

（3）更换设备和大修设备或每移动一次设备，应测试一次电阻值。测试接地电阻值在工作前必须切断电源，断开设备接地端；操作时不得少于两人，禁止在雷雨时及降雨后测试。

（4）每年必须对漏电保护器进行一次主要参数的检测，不符合铭牌值范围时应立即更换或维修。

（5）对电气设备及线路、施工机械电动机的绝缘电阻值，每年至少检测两次。

检测绝缘电阻值，必须使用与被测设备、设施绝缘等相适应的（按安全操作规程执行）绝缘电阻表。

（6）检测绝缘电阻前必须切断电源，至少两人操作。禁止在雷雨时检测大型设备和线路的绝缘电阻值。检测大型感性设备和容性设备前、后，必须按规定方法放电。

### （六）安全检查评估制度

（1）项目经理部的安全检查每月应不少于三次，电工班组的安全检查每日进行一次。

（2）各级电气安全检查人员，必须在检查后对施工现场的用电管理情况进行全面评估，找出不足并做好记录，每半个月必须归档一次。

（3）各级检查人员要以现行的国家行业标准及法规为依据，以有关法规为准绳，不得与法规、标准或上级要求发生冲突，不得凭空杜撰或以个人好恶为尺度进行检查评估，必须按规定要求评分。

（4）检查的重点：电气设备的绝缘有无损坏；线路的敷设是否符合规范要求；绝缘电阻是否合格；设备裸露的带电部分是否有防护；保护接零或接地是否可靠；接地电阻值是否在规定范围内；电气设备的安装是否正确、合格；配电系统的设计布局是否合理，安全间距是否符合规定；各类保护装置是否灵敏可靠、齐全有效；各种组织措施、技术措施是否健全；电工及各种用电人员的操作行为是否齐全；有无违章指挥等情况。

（5）电工的日常巡视检查必须按相关规范的要求认真执行。

（6）对各级检查人员提出的问题，应立即制订整改方案进行整改，不得留有事故隐患。

### （七）安全教育和培训制度

（1）安全教育必须包含用电知识的内容。

（2）没有经过专业培训、教育，或经专业培训、教育不合格及未领到操作证的电工及各类主要用电人员不准上岗作业。

（3）专业电工必须每两年进行一次安全技术考试。不懂安全操作规程的用电人员不准使用电动器具。用电人员变更作业项目必须进行安全教育。

（4）各施工现场必须定期组织电工及用电人员进行相关工艺技能或操作技能的训练和学习。采用新技术或使用新设备之前，必须对有关人员进行知识、技能及注意事项的交底。

（5）施工现场至少每年进行一次吸取电气事故教训的教育。坚持每日上班前和下班后进行一次口头教育，即班前交底、班后总结。

（6）施工现场必须根据不同岗位，每年对电工及各类用电人员进行一次安全操作规程的闭卷考试，并将试卷或成绩名册归档，不合格的应停止上岗作业。

（7）每年对电工及各类用电人员的教育与培训，累计时间不得少于7d。

### （八）电器及电气料具使用制度

（1）对于施工现场的高、低压基本安全用具，必须按国家颁布的安全规程进行使用与保管。禁止使用基本安全用具或辅助安全用具从事非电工工作。

（2）现场使用的手持电动工具和移动式碘钨灯必须由电工负责保管、检修，用电人员每班用毕交回。

（3）现场备用的低压电器及保护装置必须装箱入柜，不得到处存放、着尘受潮。

（4）不准使用未经上级鉴定的各种漏电保护装置。使用上级（劳动部门）推荐的产品时，必须到厂家或厂家销售部联系购买，不准使用假冒或劣质的漏电保护装置。

（5）购买与使用的低压电器及各类导线必须有产品检验合格证，且需为经过技术监督部门认证的产品，并将类型、规格、数量统计造册，归档备查。

（6）专用焊接电缆由电焊工使用与保管，不准沿路面明敷使用，不准被任何东西压砸；使用时不准盘绕在任何金属物上，存放时必须避开油污及腐蚀性介质。

### （九）宿舍安全用电制度

宿舍安全用电管理制度应规定宿舍内可以使用什么电器及不可以使用什么电器；宿舍内接线必须由电工完成，严禁私拉乱接，严禁私自更换熔丝，严禁将漏电保护器短接，同时还应制定处罚措施。

### （十）工程拆除制度

（1）拆除临时用电工程必须定人员、定时间、定监护人、定方案。拆除前必须向作业人员进行交底。

（2）拉闸断电操作程序必须符合安全操作规程要求，即遵循先拉负荷侧，后拉电源侧；先拉断路器，后拉刀开关等停电作业要求。

（3）使用基本安全用具、辅助安全用具、登高工具等作业，必须执行安全规程；操作时必须设监护人员。

（4）拆除的顺序：先拆负荷侧，后拆电源侧；先拆精密贵重电器，后拆一般电器。不准留下经合闸（或接通电源）就带电的导线端头。

（5）必须根据所拆除设备情况佩戴相应的劳动保护用品，采取相应的技术措施。

（6）必须设专人做好点件工作，并将拆除情况资料整理、归档。

## 第二节　现场临时用电布置要求

（1）施工现场临时用电的布置，必须按临时用电施工组织设计的要求进行。

（2）根据电气平面图、立面图和接线系统图，按线路设备容量的要求合理配备导线截面。

（3）安装、维修或拆除临时用电工作，必须有专业电工负责。电工必须经国家有关部门考试合格，持有有效上岗证，等级应同工程的难易程度和技术复杂性相适应。

（4）线路的设置应根据现场环境条件，合理地采用地埋和架空。严禁沿地面明设，并应避免机械损伤和介质腐蚀。

（5）电缆线路的地埋深度不得小于0.6m，电缆上铺设0.5m的黄砂，然后覆盖砖等硬质物，引出地面2m高度，地下0.2m处，必须设防护套管。地埋线的接头应设在地面上的接线盒内。

（6）电缆架空敷设时，应沿墙或电杆设置，并用绝缘子固定，严禁使用金属裸线作绑扎。

（7）架空线路必须采用绝缘铜线和绝缘铅线，架空线路必须设在专用电杆上，严禁架设在树木和脚手架上，导线截面必须满足机械强度和允许载流量。

（8）架空线路的挡距不得大于35m，线间距离不得小于0.3m。

（9）配电箱、开关箱的位置和容量匹配，均必须施工用电方案的要求配备，如有变更应由技术负责人审核，并对施工方案进行更改和补充。

# 第三节　施工照明

## 一、普通灯具的安装

### （一）安装要求

（1）每一个接线盒应供应一个灯具，灯具应与开关相对应。事故照明灯具应有特殊标志，并有专用供电电源。每个照明回路均应通电校正、开启自如。

（2）一般情况下，灯具的安装高度应大于2.5m。当设计无要求时，对于一般敞开式灯具，灯头对地面的距离不小于下列数值（采用安全电压时除外）：室外（室外墙上安装）为2.5m；厂房为2.5m；室内为2m；软吊线带升降器的灯具在吊线展开后为0.8m。也可根据表5-1确定照明灯具距地面的最低悬挂高度。

**照明灯具距地面最低悬挂高度的规定**　　**表5-1**

| 光源种类 | 灯具形式 | 光源功率（W） | 最低悬挂高度（m） |
|---|---|---|---|
| 白炽灯 | 有反射罩 | ≤ 60 | 2.0 |
| | | 100 ~ 150 | 2.5 |
| | | 200 ~ 300 | 3.5 |
| | | ≥ 500 | 4.0 |
| | 有乳白玻璃漫反射罩 | ≤ 100 | 2.0 |
| | | 150 ~ 200 | 2.5 |
| | | 300 ~ 500 | 3.0 |
| 卤钨灯 | 有反射罩 | ≤ 500 | 6.0 |
| | | 1000 ~ 2000 | 7.0 |
| 荧光灯 | 无反射罩 | < 40 | 2.0 |
| | | > 40 | 3.0 |
| | 有反射罩 | ≥ 40 | 2.0 |

续表

| 光源种类 | 灯具形式 | 光源功率（W） | 最低悬挂高度（m） |
|---|---|---|---|
| 荧光高压汞灯 | 有反射罩 | ≤ 125 | 3.5 |
| | | 250 | 5.0 |
| | | ≥ 400 | 6.0 |
| 高压汞灯 | 有反射罩 | ≤ 125 | 4.0 |
| | | 250 | 5.5 |
| | | ≥ 400 | 6.5 |
| 金属卤化物灯 | 搪瓷反射罩 | 400 | 6.0 |
| | 铝抛光反射罩 | 1000 | 4.0 |
| 高压钠灯 | 搪瓷反射罩 | 250 | 6.0 |
| | 铝抛光反射罩 | 400 | 7.0 |

注：1. 表中规定的灯具的最低悬挂高度在下列情况时可降低 0.5m，但不应低于 2m：

（1）一般照明的照度小于 30lx 时；

（2）房间的开间不超过灯具悬挂高度的 2 倍；

（3）人员短暂停留的房间。

2. 金属卤化物灯为铝抛光反射罩时，当有紫外线防护措施的情况下，悬挂高度可以适当降低。

（3）当灯具距地面高度小于 2.4m 时，灯具的可接近裸露导体必须接地（PE）或接零（PEN）可靠，并应有专用接地螺栓，且有标志。

在危险性较大及特殊危险场所，当灯具的距地面高度小于 2.4m 时，应使用额定电压为 36V 及以下的照明灯具，或有专用保护措施。

（4）变电所内高、低压盘及母线的正上方不得安装照明灯具（不包括采用封闭母线、封闭式盘柜的变电所）。

（5）灯具的接线盒、木台及电扇的吊钩等承重结构应按要求安装，确保器具的牢固性。安装过程中，要注意保护顶棚、墙壁与地面不被污染和损伤。

（6）灯具的固定应符合下列规定：

1）灯具的质量大于 3kg 时，应固定在螺栓或预埋吊钩上。

2）软线吊灯的灯具质量在 0.5kg 及以下时，可采用软电线自身进行吊装；大于 0.5kg 的灯具采用吊链进行吊装，且软电线编叉在吊链内而使电线不受力。

3）灯具固定牢固、可靠，不使用木楔，每个灯具固定用的螺钉或螺栓的数量不少于两个；当绝缘台的直径在 75mm 及以下时，用 1 个螺钉或螺栓固定。

4）固定灯具带电部件的绝缘材料及提供防触电保护的绝缘材料，应耐燃烧和防明火。

5）灯具通过木台与墙面或楼面固定时，可采用木螺钉，但螺钉进木榫的长度不应少于 20mm。如楼板为现浇混凝土楼板，则应采用尼龙膨胀螺栓，灯具应装在木台中心，偏差不得超过 1.5mm。

（7）花灯吊钩圆钢的直径不应小于灯具挂销的直径，且不应小于 6mm。大型花灯的固定及悬吊装置，应按灯具自重的 2 倍做过载试验。

（8）装有白炽灯泡的吸顶灯具，灯泡不应紧贴灯罩；当灯泡与绝缘台间的距离小于 5mm 时，灯泡与绝缘台间应采取隔热措施。

（9）大型灯具安装时，应先以 5 倍以上的灯具自重进行过载、起吊试验，如果需要人站在灯具上，还应另加 200kg，做好记录并进入竣工验收资料归档。

1）大型灯具的挂钩不应小于悬挂销钉的直径，且不得小于 10mm。

2）预埋在混凝土中的挂钩应与主筋相焊接；如无条件焊接时，也需将挂钩的末端部分弯曲后与主筋绑扎。

3）固定牢固，吊钩的弯曲直径为 50mm，预埋长度距平顶为 80 ~ 90mm，其安装高度距地坪不得低于 2.5m。

4）吊杆上的悬挂销钉必须装设防振橡胶垫及防松装置。

（10）投光灯的底座及支架应固定牢固，枢轴应沿需要的光轴方向拧紧固定。

（11）安装在室外的壁灯应有泄水孔，绝缘台与墙面间应有防水措施。

### （二）灯具的配线

灯具的配线应符合施工质量验收规范的规定。照明灯具使用的导线应保证灯具能承受一定的机械应力，并能安全运行，其工作电压等级一般不应低于交流 250V。根据不同的安装场所及用途，照明灯具使用的导线最小线芯截面积应符合表 5-2 的规定。

照明灯具使用的导线最小线芯截面积　表5-2

| 安装场所及用途 | | 线芯最小截面积（$mm^2$） | | |
|---|---|---|---|---|
| | | 铜芯敷线 | 铜线 | 铝线 |
| 照明用灯头线 | （1）民用建筑结构 | 0.4 | 0.5 | 1.5 |
| | （2）工业建筑室内 | 0.5 | 0.8 | 2.5 |
| | （3）室外 | 1.0 | 1.0 | 2.5 |
| 移动式用电设备 | （1）生活用 | 0.2 | — | — |
| | （2）生产用 | 1.0 | | |

灯具用导线应绝缘良好，无漏电现象。灯具内的配线应采用不小于0.4$mm^2$的导线，并严禁外露。灯具软线的两端在接入灯口之前均应压扁并挂锡，使软线端与螺钉接触良好。穿入灯箱内的导线在分支连接处不得承受额外的应力和磨损，不应过于靠近热源，并应采取相应的措施；多股软线的端头需盘圈、挂锡。

软线吊灯的吊灯线应选用双股编织花线，若采用0.5mm软塑料线时，应穿软塑料管，并将该线双股并列挽住保险扣。吊灯软线与灯头压线螺钉连接时，应将软线裸铜芯线挽成圈，再挂锡后进行安装。吊链灯的软线则应编叉在链环内。

### （三）木台的安装

（1）安装木台前，应先检查导线的回路是否正确，以及木台的规格尺寸与工作性能是否满足施工要求。木台的厚度一般不小于12mm，槽板配线的木台厚32mm。安装木台时应先将木台的出线孔钻好，锯好进线槽，再将电线从木孔中穿出后再固定木台。

（2）普通软线吊灯及座灯头的木台直径为45mm，可用一个螺钉进行固定；直敷球灯等较重灯具的木台至少用两个螺钉进行固定；安装在铁制灯头盒上的木台要用机械螺钉进行固定。

（3）在潮湿及有腐蚀性气体的地方安装木台应加设橡胶垫圈。木台四周应先涂刷一道防水漆，再涂刷两道白漆，以保持木质干燥。

（4）木槽板布线中使用32mm厚的高桩木台，并应按木槽板的宽度、厚度在木台边挖一个豁口；然后将木槽板压人木台的豁口下面，压人部分的长度不少于10mm。

（5）瓷夹板及瓷绝缘子布线中的木台不能压线装设，导线应从木台上面引入。

（6）铅皮线和塑料护套线配线中的木台应按护套线的外径挖槽，将护套线压在槽下，压入部分的护套不要剥掉。

（7）在砖或混凝土结构上安装木台，应预埋吊钩、螺栓（或螺钉）或采用膨胀螺栓、尼龙塞。

## （四）吊灯的安装要求

安装吊灯时应符合下列规定：

（1）当吊灯灯具的质量超过3kg时，应预埋吊钩或螺栓；软线吊灯仅限于1kg以下，超过的应加设吊链或用钢管来悬吊灯具。

（2）在有振动场所的灯具应有防振措施，并应符合设计要求。

（3）当采用钢管作灯具吊杆时，钢管的内径一般不小于10mm。

（4）吊链灯的灯具不应受拉力，灯线宜与吊链编叉在一起。

## （五）木台的安装

木台一般为圆形，其规格按吊线盒或灯具的法兰来选取。电线套上保护用塑料软管从木台的出线孔穿出，再将木台固定好，最后将吊线盒固定在木台上。

木台的固定要因地制宜，如果吊灯在木梁上或木结构的楼板上，可用木螺钉直接固定；如果为混凝土楼板，则应根据楼板的结构形式预埋木砖或钢丝榫。空心楼板则可用弓形板固定木台，如图5-1所示。

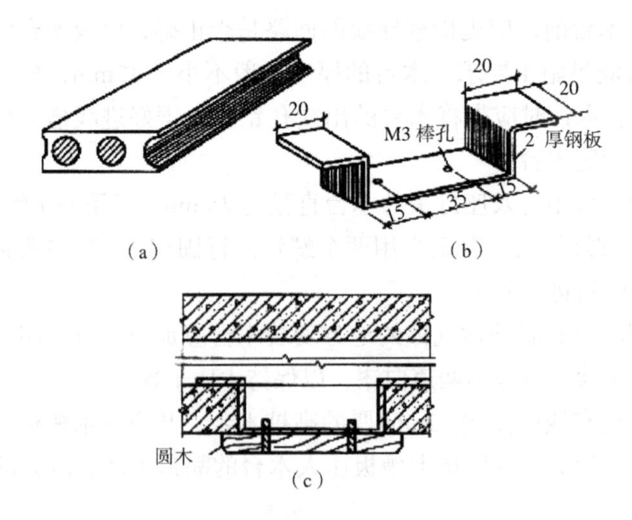


图5-1 空心钢筋混凝土楼板木台安装

（a）弓形板位置示意；（b）弓形板示意；（c）空心楼板用弓形板固定木台

## （六）吊线盒的安装

吊线盒安装在木台中心，应使用不少于两个螺钉进行固定。吊灯一般采用胶质或塑料吊线盒，在潮湿处应采用瓷质吊线盒。由于吊线盒的接线螺钉不能承受灯具的质量，因此从接线螺钉引出的电线两端应打好结扣，使结扣处在吊线盒和灯座的出线孔处，如图 5-2 所示。

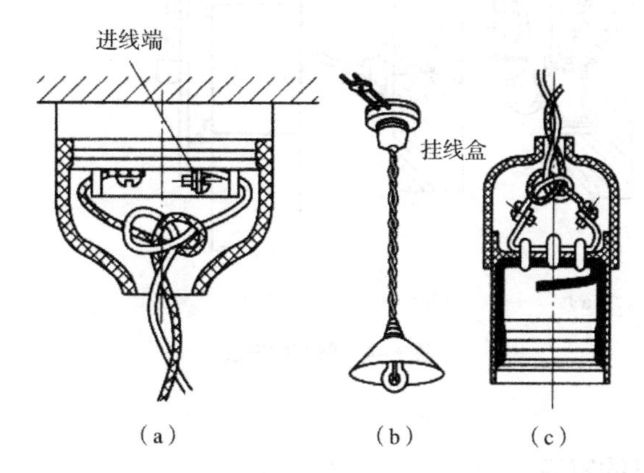


**图 5–2　电线在吊灯两头打结方法**

（a）吊线盒的安装；（b）装成的吊灯；（c）灯座的安装

## （七）壁灯的安装

壁灯一般安装在墙上或柱子上；当装在砖墙上时，一般在砌墙时应预埋木砖，禁止用木楔代替木砖。也可通过预埋金属件或打膨胀螺栓的办法来解决。当采用梯形木砖来固定壁灯灯具时，木砖须随墙砌入。木砖的尺寸如图 5-3 所示。

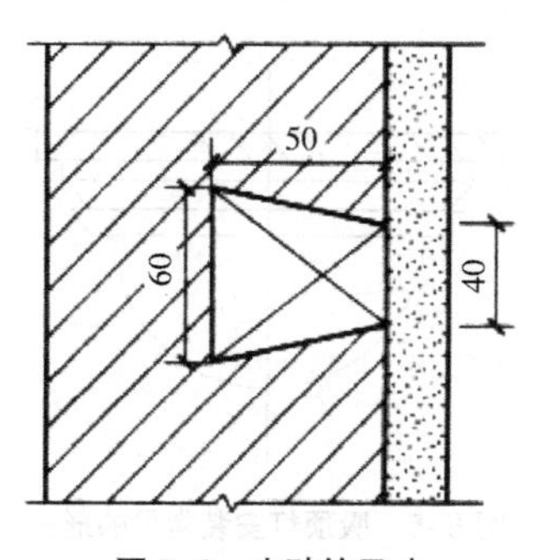


**图 5–3　木砖的尺寸**

在柱子上安装壁灯，可以在柱子上预埋金属构件或用抱箍将灯具固定在柱子上，也可以用膨胀螺栓进行固定。壁灯的安装如图 5-4 所示。

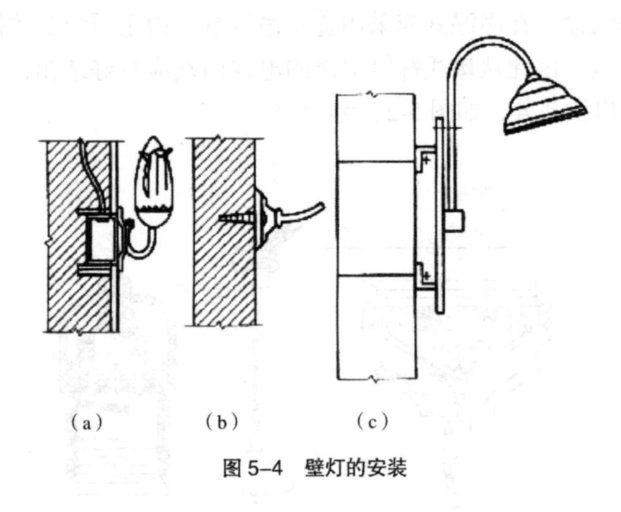


图 5-4　壁灯的安装

（八）吸顶灯的安装

安装吸顶灯时，一般直接将木台固定在顶棚的木砖上。在固定之前，还需在灯具的底座与木台之间铺垫石棉板或石棉布。吸顶灯安装常见的形式如图 5-5 所示。

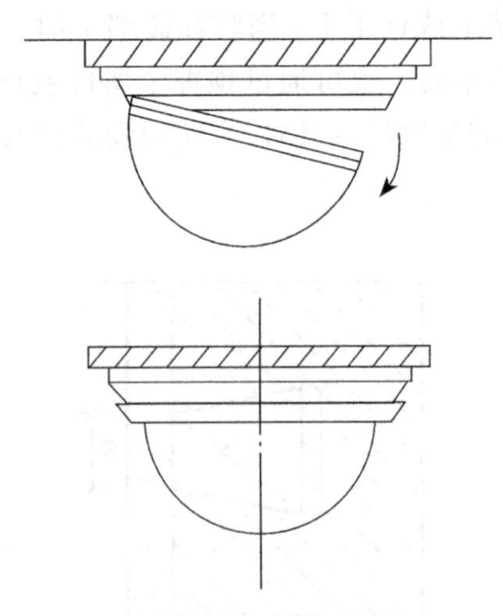

图 5-5　吸顶灯安装常见的形式

装有白炽灯泡及吸顶灯具，若灯泡与木台过近（如半扁罩灯），则应在灯泡与木台间设有隔热措施。

### （九）灯头的安装

在电气安装工程中，100W 及以下的灯泡应采用胶质灯头；100W 以上的灯泡和封闭式灯具应采用瓷质灯头；安全行灯禁止采用带开关的灯头。安装螺口灯头时，应把相线接在灯头的中心柱上，即螺口要接零线。

灯头线应无接头，绝缘强度应不低于 500V 的交流电压。除普通吊灯外，灯头线均不应承受灯具质量，在潮湿场所可直接通过吊线盒接防水灯头。杆吊灯的灯头线应穿在吊管内，链吊灯的灯头线应围着铁链编花穿入。软线棉纱上带花纹的线头应接相线，单色的线头接零线。

### （十）荧光灯的电气原理

荧光灯的电气原理如图 5-6 所示，其工作步骤如下。

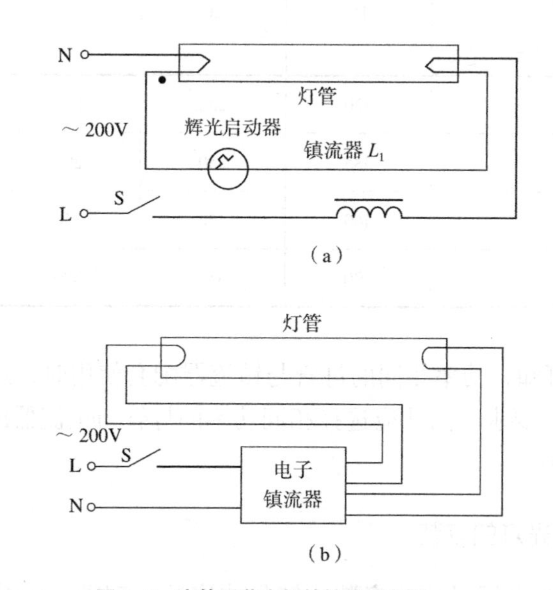


**图 5–6　直管形荧光灯的接线原理图**

（a）双线圈镇流器荧光灯电路；（b）电子镇流器荧光灯电路

（1）在开关接通的瞬间，电路中并没有电流；此时线路上的电压全部加在辉光启动器的两端，使辉光启动器辉光放电，产生的热量使辉光启动器中的双金属片变形，与静片接触，接通电路，电流通过镇流器与灯丝，使灯丝加热发射电子。

（2）由于辉光启动器内的双金属片与静触片接触，辉光启动器便停止放电，此时温度逐渐下降，双金属片恢复原来的断开状态。

（3）在辉光启动器断开的瞬间，镇流器两端产生一个自感电动势，与线路电压叠加在一起形成很高的脉冲电压，使汞蒸气放电。放电时射出紫外线，激励管壁的荧光粉，使其发出如同日光一样的光线。

### （十一）镇流器的选用

不同规格的镇流器与不同规格的荧光灯不能混用。因为镇流器的电气参数是根据灯管的要求设计的，故可根据灯管的功率来选择镇流器。在额定电压和额定功率的情况下，应选择相同功率的灯管和镇流器，见表 5-3。

镇流器与灯管的功率配套情况　　表5–3

| 灯管功率（W）<br>电流值（mA）<br>镇流器功率（W） | 15 | 20 | 30 | 40 |
| --- | --- | --- | --- | --- |
| 15 | 320 | 280 | 240 | 200 以下（启动困难） |
| 20 | 385 | 350 | 290 | 215 |
| 30 | 460 | 420 | 350 | 265 |
| 40 | 590 | 555 | 500 | 410 |

由表 5-3 可知，功率相同的灯管与镇流器配套使用时，灯管的工作电流值正好符合灯管的要求，因此应选择相同功率的灯管与镇流器配套使用，才能达到最理想的效果。

### （十二）荧光灯的安装

荧光灯一般采用吸顶式安装、链吊式安装、钢管式安装、嵌入式安装等方法。

（1）对于吸顶式安装，镇流器不能放在荧光灯的架子上，否则散热就会有困难；在安装时，荧光灯的架子与顶棚之间要留出 15mm 的空隙，以便通风。

（2）采用钢管或吊链安装时，镇流器可放在灯架上。如为木制灯架，在镇

流器下应放置耐火绝缘物，通常垫以瓷夹板隔热。

（3）为防止灯管掉下，应选用带弹簧的灯座，或在灯管的两端加管卡或尼龙绳扎牢。

（4）对于链吊式荧光灯安装，当安装数量在 3 盏以上时，安装以前应弹好十字中性线，按中心线定位；当安装数量超过 10 盏时，可增加尺寸调节板，将吊线盒改用法兰盘。尺寸调节板如图 5-7 所示。

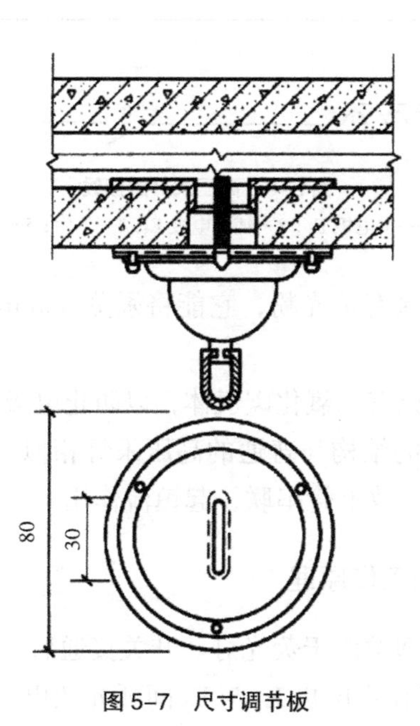


图 5-7　尺寸调节板

（5）在装接镇流器时，要按镇流器的接线图施工，特别是带有附加线圈的镇流器不能接错，否则会损坏灯管。选用的镇流器、辉光启动器与灯管要匹配，不能随便代用。由于镇流器是一个电感器件，功率因数很低，为了改善功率因数，一般还需加装电容器。

### （十三）高压汞灯的结构

高压汞灯有两个玻壳：

（1）内玻壳是一个管状石英管，管内充有汞和氩气。管的两端有两个主电极 $E_1$ 和 $E_2$（图 5-8），这两个电极都是用钍钨丝制成的。启动一般采用辅助电极，它通过一个 40 ～ 60kΩ 的电阻和不相邻的电极连接。

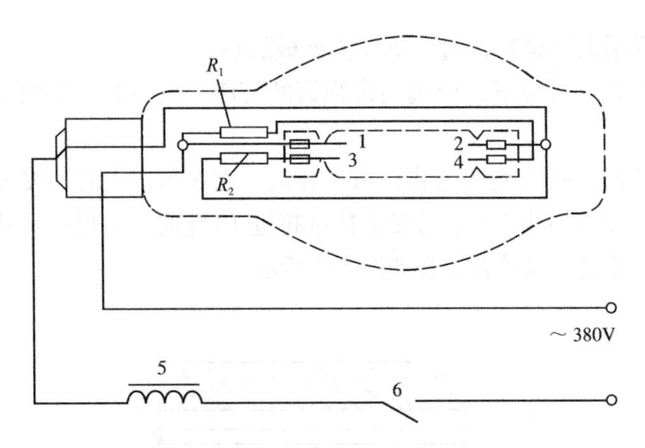


图 5-8 高压汞灯的接线

1—主电极 $E_1$；2—主电极 $E_2$；3—辅助电极 $E_3$；4—电阻；5—镇流器；6—开关

（2）外玻壳的内壁涂有荧光粉，它能将汞蒸气放电时所辐射的紫外线转变为可见光。

在内、外玻壳之间充有二氧化碳气体，以防止电极与荧光粉氧化。

自镇流式高压汞灯的结构与普通的高压汞灯相似，只是在石英管的外面绕上一根钨丝，这根钨丝与放电管串联，起镇流作用。

### （十四）高压汞灯的工作原理

高压汞灯的发光原理类似于荧光灯。开关接通后，在辅助电极 $E_3$ 与主电极 $E_1$ 之间辉光放电，接着在主电极 $E_1$ 与 $E_2$ 间弧光放电，由于弧光放电，故辉光放电停止。随着主电极的弧光放电，汞逐渐气化，灯管稳定地工作，紫外线激励荧光粉，即发出可见光。

高压汞灯的光效较高，使用寿命长，但功率因数较低，适用于道路、广场等不需要仔细辨别颜色的场所。

### （十五）高压汞灯的安装

高压汞灯有两种，一种需要镇流器，一种不需要镇流器，因此安装时一定要分清楚。需配镇流器的高压汞灯一定要使镇流器的功率与灯泡的功率相匹配，否则灯泡会损坏或者启动困难。高压汞灯可在任意位置使用，但水平点燃时会影响光通量的输出，而且容易自灭。高压汞灯在工作时，外玻壳温度很高，必须配备散热好的灯具。外玻壳破碎的高压汞灯应立即换下，因为大量的紫外线会伤害人的眼睛。高压汞灯的线路电压应尽量保持稳定，当电压降低 5% 时，

灯泡可能会自行熄灭，因此必要时应考虑调压措施。

## 二、专用灯具的安装

### （一）灯具的接线

（1）多股线芯的接头应搪锡，与接线端子的连接应可靠牢固。

（2）行灯变压器的外壳、铁心和低压侧的任意一端或中性点接地（PE）或接零（PEN）应可靠。

（3）水下灯具的电源进线应采用绝缘导管与灯具连接，严禁采用金属或有金属护层的导管，电源线、绝缘导管与灯具的连接处应密封良好，如有可能应涂抹防水密封胶，以确保防水效果。

（4）水下灯及防水灯具应进行等电位连接，连接应可靠。

（5）防爆灯具的开关与接线盒螺纹的啮合扣数不少于5扣，并应在螺纹上涂抹电力复合脂。

（6）灯具内接线完毕后，应使用尼龙扎带整理固定，应避开可能有热源等危险的位置。

### （二）行灯的安装

（1）行灯电压不大于36V；在特殊潮湿场所或导电良好的地面上，以及工作地点狭窄、行动不便的场所的行灯，其电压不大于12V。

（2）行灯变压器为双绕组变压器，其电源侧和负荷侧有熔断器保护，熔丝的额定电流分别不应大于变压器的一、二次额定电流。

双绕组行灯变压器的二次绕组只要有一点接地或接零，即可钳制电压在任何情况下不会 超过安全电压，即使一次绕组因漏电而窜入二次绕组时也能得到有效保护。

（3）行灯变压器的固定支架应牢固，油漆应完整。

（4）变压器的外壳、铁心和低压侧的任意一端或中性点，与PE线或PEN线连接可靠。

（5）行灯灯体及手柄绝缘良好，坚固、耐热、耐潮湿；灯头与灯体结合紧固，灯头无开关，灯泡外部有金属保护网、反光罩及悬吊挂钩，挂钩固定在灯具的绝缘手柄上。

（6）携带式局部照明灯的电线采用橡套软线。

### （三）低压照明灯的安装

在触电危险性较大及工作条件恶劣的场所，局部照明应采用电压不高于24V的低压安全照明灯。

低压照明灯的电源必须使用专用的照明变压器供给，且必须是双绕组变压器，不得使用自耦变压器进行降压。变压器的高压侧必须接近变压器的额定电流；低压侧也应有熔丝保护，并且低压一端需接地或接零。

钳工、电工及其他工种用的手提照明灯应采用24V以下的低压照明灯具。在工作地点狭窄、行动不便、有良好接地的大块金属面上工作时（如在锅炉内或金属容器内工作），则触电的危险增大，手提照明灯的电压不应高于12V。

手提式低压安全灯在安装时，必须符合下列要求：

（1）灯体及手柄必须用坚固、耐热及耐湿的绝缘材料制成。

（2）灯座应牢固地装在灯体上，不能让灯座转动。灯泡的金属部分不应外露。

（3）为防止机械损伤，灯泡应有可靠的保护措施。当采用保护网时，其上端应固定在灯具的绝缘部分上，保护网不应有小门或开口，保护网应只能用专用工具方可取下。

（4）不许使用带开关的灯头。

（5）安装灯体引入线时，不应过于拉紧，同时应避免导线在引出处被磨伤。

（6）金属保护网、反光罩及悬吊用的挂钩应固定于灯具的绝缘部分。

（7）电源导线应采用软线，并使用插销控制。

### （四）应急灯的安装

应急照明是现代大型建筑物中保障人身安全和减少财产损失的安全设施。对于应急照明灯，其电源除正常电源外，还需另有一路电源供电（这路电源既可以由独立于正常电源的柴油发电机组供电，也可由蓄电池柜供电或选用自带电源型应急灯具）。在正常电源断电后，电源转换时间为：疏散照明不大于15s，备用照明不大于15s（金融商店交易所不大于1.5s），安全照明不大于0.5s。

### （五）防爆灯具的安装

（1）灯具的防爆标志、外壳防护等级和温度组别应与爆炸危险环境相适配。

（2）灯具及开关的外壳应完整，无损伤、凹陷或沟槽，灯罩无裂纹，金属护网无扭曲、变形，防爆标志清晰。

（3）灯具及开关的紧固螺栓无松动、锈蚀，密封垫圈完好。

（4）灯具配件齐全，不用非防爆零件替代灯具配件（金属护网、灯罩、接线盒等）。

（5）灯具的安装位置离开释放源，且不在各种管道的泄压口及排放口上、下方安装灯具。

（6）灯具及开关的安装应牢固、可靠，灯具吊管及开关与接线盒螺纹的啮合扣数不少于 5 扣，螺纹加工应光滑、完整、无锈蚀，并在螺纹上涂抹电力复合脂或导电性防锈脂。

（7）开关的安装位置应便于操作，安装高度为 1.3m。

## 三、照明开关及插座的安装

### （一）明开关的安装

明开关如图 5-9 所示。明开关的安装一般适用于拉线开关的同样配线条件，安装位置应距地面 1.3m，距门框 0.15 ～ 0.2m。拉线开关的相邻间距一般不小于 20mm，室外应使用防水拉线开关。

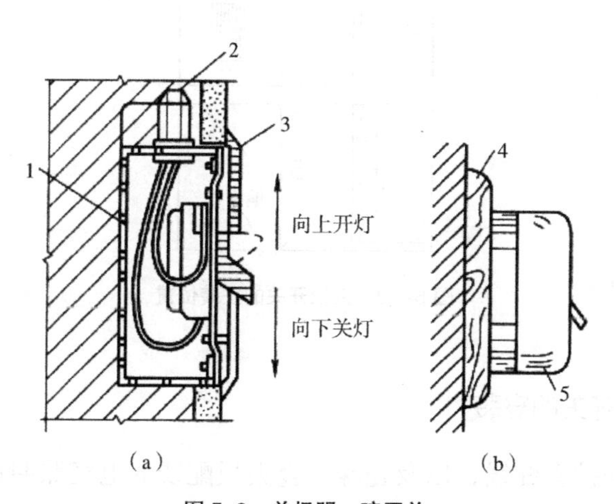


图 5-9 单极明、暗开关

（a）暗开关；（b）明开关

1—开关盒；2—电线管；3—开关面板；4—木台；5—开关

### （二）暗开关的安装

暗开关有扳把开关（图 5-10）、跷板开关、卧式开关、延时开关等。拉线式暗开关的安装方法与暗开关相同。根据不同布置需要有单联、双联、三联、四联等形式。

照明开关要安装在相线上，使开关断开时电灯不带电。扳把开关的位置应为上合（开灯）下分（关灯）。安装位置一般距地面 1.3m，距门框 0.15 ～ 0.2m。单极开关的安装如图 5-9 所示，二极、三极等多极暗开关的安装按图 5-9（a）的截面形式只在水平方向增加安装长度（按所设计开关的极数增加而延长）。

安装扳把开关时，先将开关盒预埋在墙内，但要注意不能偏斜；盒口面要与墙面一致。待穿完导线后即可接线，接好线后安装开关面板，使面板紧贴墙面。扳把开关的安装位置如图 5-10 所示。

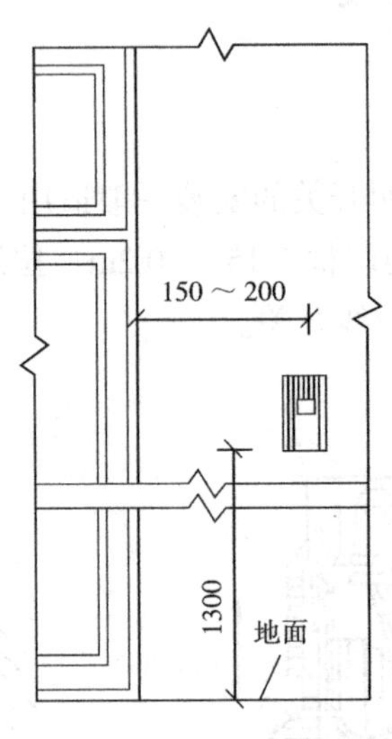


图 5-10　扳把开关的安装位置

（三）拉线开关的安装

槽板配线和护套配线，以及瓷珠、瓷夹板配线的电气照明用拉线开关的安装位置：距地面一般在 2 ～ 3m，距顶棚 200mm 以上，距门框为 0.15 ～ 0.2m，如图 5-11（a）所示。拉线的出口朝下，用木螺钉固定在圆木台上。但有时为了需要，暗配线也采用拉线开关，如图 5-11（b）所示。

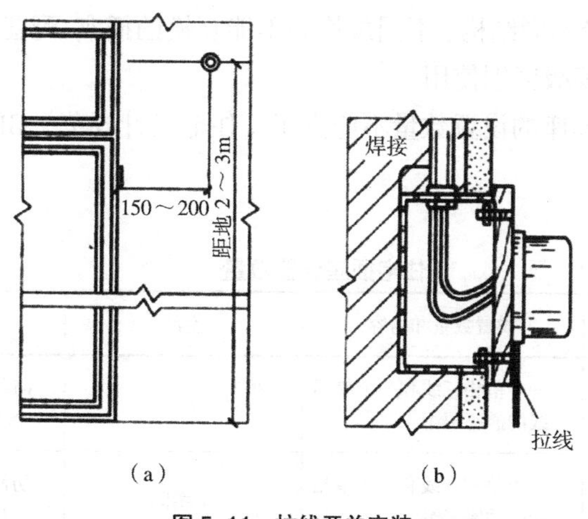


图 5-11 拉线开关安装

(a)安装位置;(b)暗配线安装方法

(四)插座的技术要求

(1)插座的绝缘应可承受 2000V(50Hz)持续 1min 的耐压试验，而不发生击穿或闪络现象。

(2)插头从插座中拔出时，6A 插座每一极的拔出力不应小于 3N(二极、三极的总拔出力不大于 30N);10A 插座每一极的拔出力不应小于 5N(二极、三极、四极的总拔出力分别应不大于 40N、50N、70N);15A 插座每一极的拔出力不应小于 6N(三极、四极的总拔出力分别不大于 70N、90N);25A 插座每一极的拔出力不应小于 10N(四个极总拔出力不小于 120N)。

(3)插座通过 1.25 倍的额定电流时，其导电部分的温升不应超过 40℃。

(4)插座的塑料零件的表面应无气泡、裂纹、铁粉、肿胀、明显的擦伤和飞边等缺陷，并应具有良好的光泽。

(5)插座的接线端子应能可靠地连接一根与两根 1～2.5$mm^2$(插座额定电流 6A、10A)、1.5～4$mm^2$(插座额定电流 15A)、2.5～6$mm^2$(插座额定电流 25A)的导线。

(6)带接地的三极插座从其顶面看时，以接地极为起点，按顺时针方向依次为“相”、“中”线极。

(五)插座的安装要求

(1)当交流、直流或不同电压等级的插座安装在同一场所时，应有明显的区别，且必须选择不同结构、不同规格和不能互换的插座；配套的插头应按交流、直流或不同电压等级区别使用。

（2）住宅内插座的设置数量不应少于《住宅设计规范》GB 50096—2011 的规定，见表 5-4。

住宅插座设置数量　　表5-4

| 空间 | 设置数量和内容 | 空间 | 设置数量和内容 |
|---|---|---|---|
| 卧室 | 一个单相三线和一个单相二线的插座两组 | 厨房 | 防溅水型一个单相三线和一个单相二线的插座两组 |
| 兼起居的卧室 | 一个单相三线和一个单相二线的插座三组 | 卫生间 | 防溅水型一个单相三线和一个单相二线的插座一组 |
| 起居室（厅） | 一个单相三线和一个单相二线的插座三组 | 布置洗衣机、冰箱、排油烟机、排风机及预留家用空调器处 | 专用单相三线插座各一个 |

（3）暗装的插座面板应紧贴墙面，四周无缝隙，安装牢固，表面光滑整洁，无碎裂、划伤；装饰帽齐全。

（4）舞台上的落地插座应有保护盖板。

（5）接地（PE）线或接零（PEN）线在插座间不得串联连接。

（6）地插座面板与地面齐平或紧贴地面，盖板固定牢固，密封良好。

## （六）插座的安装位置

（1）插座一般距地高度为 1.3m，在托儿所、幼儿园、住宅及学校等则应不低于 1.8m；同一场所安装的插座的高度应尽量一致。

（2）车间及实验室的明、暗插座一般距地不低于 0.3m；特殊焊接场所的暗装插座（图 5-12）一般不低于 0.15m；同一室内安装的接地插座不应大于 0.5m；并列安装不大于 0.5m。暗装的插座应有专用插座盒，盖板应紧贴墙面。

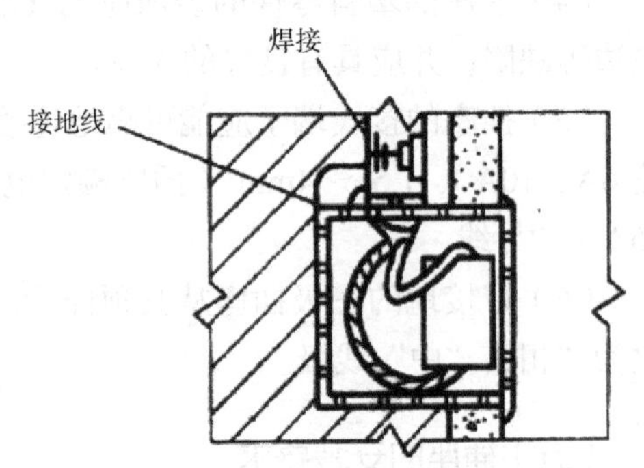

图 5-12　暗插座安装

（3）特殊情况下，当连接有触电危险的家用电器的电源时，应采用能断开电源的带开关插座，开关断开相线；潮湿场所采用密封型并带保护地线、触点的保护型插座，安装高度不低于1.5m。

（4）为安全使用，插座盒不应设在水池、水槽（盆）及散热器的上方，更不应被挡在散热器的背后。

（5）插座如设在窗口两侧时，应对照采暖图设置。插座应设在与采暖立管相对应的窗口另一侧的墙垛上。

（6）插座不应设在室内墙裙或踢脚板的上皮线上，也不应设在室内最上皮瓷砖的上口线上。

（7）插座不宜设在小于370mm的墙垛（或混凝土柱）上。如墙垛（或混凝土柱）为370mm时，应设在中心处，以求美观大方。

（8）住宅厨房内设置供排油烟机使用的插座，应设在煤气台板侧的上方。

（9）插座的设置还应考虑避开煤气管、表的位置，插座边缘距煤气管、表的边缘不应小于0.15m。

（10）插座与给水排水管的距离不应小于0.2m；插座与热水管的距离不应小于0.3m。

### （七）插座的接线

插座的接线可参照图5-13进行，同时还应符合下列各项规定：

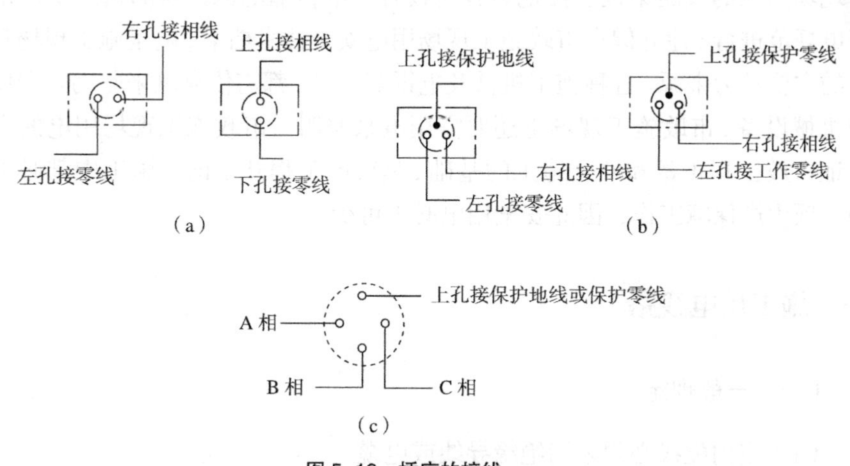


图5-13　插座的接线

（a）两孔插座；（b）三孔插座；（c）四孔插座

（1）插座接线的线色应正确，盒内出线除末端外应做并接头，分支接至插座，不允许拱头（不断线）连接。

（2）单相两孔插座，面对插座的右孔（或上孔）与相线（L）连接，左孔（或下孔）与中性线（N）连接。

（3）单相三孔插座，面对插座的右孔与相线（L）连接，左孔与中性线（N）连接，PE线或PEN线接在上孔。

（4）三相四孔及三相五孔插座的PE线或PEN线接在上孔，同一场所的三相插座的接线相序应一致。

（5）插座的接地端子（E）不与中性线（N）端子连接；PE线或PEN线在插座间不串联连接，插座的L线和N线在插座间也不应串接，插座的N线不与PE线混同。

（6）照明与插座分回路敷设时，插座与照明或插座各回路之间均不能混同。

# 第四节　安全用电

当前，市政施工用电会出现诸多事故，应该加强市政施工现场用电安全管理；对现场用电的线路架设、接地装置的设置、电箱漏电保护器的选用要严格按照用电规范进行；建立健全市政施工现场用电安全技术档案，电是施工现场各种作业的主要动力来源，各种施工机械及电锯等工具，都需依靠电来驱动。即使不使用机械设备，市政施工现场也还要需用电来照明。市政施工现场用电的安全是保证市政工程正常和安全施工的基础，是市政工程开工前、施工中都必须做好的一项生产保障工作，因此安全用电必不可少。

## 一、施工用电线路

### （一）一般规定

（1）室内配线必须采用绝缘导线或电缆。

（2）架空线导线截面的选择应符合下列要求：

1）导线中的计算负荷电流不大于其长期连续负荷允许载流量。

2）线路末端电压偏移不大于其额定电压的5%。

3）三相五线制线路的 N 线和 PE 线截面不小于相线截面的 50%，单相线中零线截面与相线截面相同。

4）按机械强度要求，绝缘铜线截面不小于 $10mm^2$，绝缘铝线截面不小于 $16mm^2$。

5）在跨越铁路、公路、河流、电力线路挡距内，绝缘铜线截面不小于 $16mm^2$；绝缘铝线截面不小于 $25mm^2$。

（3）架空线路相序排列应符合下列规定：

1）动力、照明线在同一横担上架设时，导线相序排列是：面向负荷从左侧依次为 L1、N、L2、L3、PE。

2）动力、照明线在二层横担上分别架设时，导线相序排列是：上层横担面向负荷从左侧起依次为 L1、L2、L3；下层横担面向负荷从左侧起依次为 L2、N、PE。

（4）架空线路宜采用钢筋混凝土杆或木杆。钢筋混凝土杆不得有露筋、裂纹和扭曲；木杆不得腐朽，其梢径不应小于 140mm。

（5）电杆埋设深度宜为杆长的 1/10 加 0.6m，回填土应分层夯实。在松软处宜加大埋入深度或采用卡盘等加固。

（6）电缆中必须包含全部工作芯线和用作保护零线或保护线的芯线。需要三相五线制配电的电缆线路必须采用五芯电缆。五芯电缆必须包含淡蓝、绿/黄两种颜色绝缘芯线。淡蓝色芯线必须用作 N 线；绿/黄双色芯线必须用作 PE 线，严禁混用。

（7）电缆线路应采用埋地或架空敷设，严禁沿地面明设，并应避免机械损伤和介质腐蚀。埋地电缆路径应设方位标志。

（8）电缆埋地敷设宜选用铠装电缆，当选用无铠装电缆时，应能防水、防腐。架空敷设宜选用无铠装电缆。

（9）埋地电缆在穿越建筑物、构筑物、道路、易受机械损伤、介质腐蚀场所及引出地面从 2.0m 高到地下 0.2m 处，必须加设防护套管，防护套管内径不应小于电缆外径的 1.5 倍。

（10）在建工程内的电缆线路必须采用电缆埋地引入，严禁穿越脚手架引入。

（11）潮湿场所或埋地非电缆配线必须穿管敷设，管口和管接头应密封；当采用金属管敷设时，金属管必须做等电位连接，且必须与 PE 线相连接。

（12）架空线路、电缆线路和室内配线必须有短路保护和过载保护。

1）采用熔断器做短路保护时，其熔体额定电流不应大于明敷绝缘导线长期连续负荷允许载流量的 1.5 倍。

2）采用断路器做短路保护时，其瞬动过流脱扣器脱扣电流整定值应小于线路末端单相短路电流。

3）采用熔断器或断路器做过载保护时，绝缘导线长期连续负荷允许载流量不应小于熔断器熔体额定电流或断路器长延时过流脱扣器脱扣电流整定值的1.25倍。

4）对钢管敷设的绝缘导线线路，其短路保护熔断器的熔体额定电流不应大于穿管绝缘导线长期连续负荷允许载流量的2.5倍。

## （二）安全检查要点

### 1. 架空线路

（1）架空线必须架设在专用电杆上，严禁架设在树木、脚手架及其他设施上。

（2）架空线在一个挡距内，每层导线的接头数不得超过该层导线条数的50%，且一条导线应只有一个接头。在跨越铁路、公路、河流、电力线路挡距内，架空线不得有接头。

（3）架空线路的挡距不得大于35m。

（4）架空线路的线间距不得小于0.3m，靠近电杆的两导线的间距不得小于0.5m。

（5）架空线路横担间的最小垂直距离不得小于表5-5所列数值；横担宜采用角钢或方木，低压铁横担角钢应按表5-6选用，方木横担截面应按80mm×80mm选用；横担长度应按表5-7选用。

**横担间的最小垂直距离　　表5–5**

| 排列方式 | 直线杆（m） | 分支或转角杆（m） |
|---|---|---|
| 高压与低压 | 1.2 | 1.0 |
| 低压与低压 | 0.6 | 0.3 |

**低压铁横担角钢选用　　表5–6**

| 导线截面（$mm^2$） | 直线杆 | 分支或转角杆 | |
|---|---|---|---|
| | | 二线及三线 | 四线及以上 |
| 16<br>25<br>35<br>50 | L50×5 | 2×L50×5 | 2×L63×5 |

续表

<table>
<tr><th rowspan="2">导线截面（$mm^2$）</th><th rowspan="2">直线杆</th><th colspan="2">分支或转角杆</th></tr>
<tr><th>二线及三线</th><th>四线及以上</th></tr>
<tr><td>70<br>95<br>120</td><td>L63 × 5</td><td>2 × L63 × 5</td><td>2 × L70 × 6</td></tr>
</table>

**横担长度**　　**表5–7**

| 二线（m） | 三线，四线（m） | 五线（m） |
|---|---|---|
| 0.7 | 1.5 | 1.8 |

（6）架空线路与邻近线路或固定物的距离应符合表 5-8 的规定。

**架空线路与邻近线路或固定物的距离**　　**表5–8**

<table>
<tr><th>项目</th><th colspan="7">距离类别</th></tr>
<tr><td rowspan="2">最小净空距离（m）</td><td colspan="2">架空线路的过引线、接下线与邻线</td><td colspan="2">架空线与架空线电杆外缘</td><td colspan="3">架空线与摆动最大时树梢</td></tr>
<tr><td colspan="2">0.13</td><td colspan="2">0.05</td><td colspan="3">0.50</td></tr>
<tr><td rowspan="3">最小垂直距离（m）</td><td rowspan="2">架空线同杆架设下方的通信、广播线路</td><td colspan="3">架空线最大弧垂与地面</td><td rowspan="2">架空线最大弧垂与暂设工程顶端</td><td colspan="2">架空线与邻近电力线路交叉</td></tr>
<tr><td>施工现场</td><td>机动车道</td><td>铁路轨道</td><td>1kV 以下</td><td>1 ~ 10kV</td></tr>
<tr><td>1.0</td><td>4.0</td><td>6.0</td><td>7.5</td><td>2.5</td><td>1.2</td><td>2.5</td></tr>
<tr><td rowspan="2">最小水平距离（m）</td><td colspan="2">架空线电杆与路基边缘</td><td colspan="2">架空线电杆与铁路轨道边缘</td><td colspan="3">架空线边线与建筑物凸出部分</td></tr>
<tr><td colspan="2">1.0</td><td colspan="2">杆高（m）+3.0</td><td colspan="3">1.0</td></tr>
</table>

（7）直线杆和 15° 以下的转角杆，可采用单横担单绝缘子，但跨越机动车道时应采用单横担双绝缘子；15° ～ 45° 的转角杆应采用双横担双绝缘子；45° 以上的转角杆，应采用十字横担。

（8）电杆拉线宜采用不少于 3 根直径为 4.0mm 的镀锌钢丝。拉线与电杆的夹角应在 30° ～ 45° 之间。拉线埋设深度不得小于 1m。电杆拉线如从导线之间穿过，应在高于地面 2.5m 处装设拉线绝缘子。

（9）因受地形环境限制不能装设拉线时，可采用撑杆代替拉线，撑杆埋设深度不得小于 0.8m，其底部应垫底盘或石块。撑杆与电杆夹角宜为 30°。

（10）接户线在挡距内不得有接头，进线处离地高度不得小于2.5m。接户线最小截面应符合表5-9的规定。接户线线路间及与邻近线路间的距离应符合表5-10的要求。

接户线的最小截面　　表5-9

| 接户线架设方式 | 接户线长度（m） | 接户线截面（mm²） | |
|---|---|---|---|
| | | 铜线 | 铝线 |
| 架空或沿墙敷设 | 10～25 | 6.0 | 10.0 |
| | ≤10 | 4.0 | 6.0 |

接户线线路间及与邻近线路间的距离　　表5-10

| 接户线架设方式 | 接户线挡距（m） | 接户线线间距离（mm） |
|---|---|---|
| 架空敷设 | ≤25 | 150 |
| | ＞25 | 200 |
| 沿墙敷设 | ≤6 | 100 |
| | ＞6 | 150 |
| 架空接户线与广播电话线交叉时的距离（mm） | | 接户线在上部，600<br>接户线在下部，300 |
| 架空或沿墙敷设的接户线零线和相线交叉时的距离（mm） | | 100 |

2. 电缆线路

（1）电缆直接埋地敷设的深度不应小于0.7m，并应在电缆紧邻上、下、左、右侧均匀敷设不小于50mm厚的细砂，然后覆盖砖或混凝土板等硬质保护层。

（2）埋地电缆与其附近外电电缆和管沟的平行间距不得小于2m，交叉间距不得小于1m。

（3）埋地电缆的接头应设在地面上的接线盒内，接线盒应能防水、防尘、防机械损伤，并应远离易燃、易爆、易腐蚀场所。

（4）架空电缆应沿电杆、支架或墙壁敷设，并采用绝缘子固定，绑扎线必须采用绝缘线，固定点间距应保证电缆能承受自重所带来的荷载，敷设高度应符合《施工现场临时用电安全技术规范》JGJ 46—2005规定架空线路敷设高度的要求，但沿墙壁敷设时最大弧垂距地不得小于2.0m。

（5）架空电缆严禁沿脚手架、树木或其他设施敷设。

3. 室内配线

（1）室内非埋地明敷主干线距地面高度不得小于 2.5m。

（2）架空进户线的室外端应采用绝缘子固定，过墙处应穿管保护，距地面高度不得小于 2.5m，并应采取防雨措施。

（3）室内配线所用导线或电缆的截面应根据用电设备或线路的计算负荷确定，但铜线截面不应小于 $1.5mm^2$，铝线截面不应小于 $2.5mm^2$。

（4）室内吊顶内的配线应穿保护套管，套管内不得有接头，导线联结处应设置接线盒。

## 二、变压器

变压器在运行中，值班人员应定期进行检查，以便了解和掌握变压器的运行情况，如发现问题应及时解决，力争把故障消除在萌芽状态。在巡视检查过程中，一般可以通过仪表、保护装置及各种指示信号等设备了解变压器的运行情况。同时还要依靠运行值班人员的各种感官去观察、监听，及时发现仪表所不能反映的问题，如运行环境的变化、变压器声响的异常等。即使是仪表装置反映的情况也需要通过检查、分析才能作出结论，因此运行值班人员对变压器的巡视检查是十分必要的。

由于施工现场的专用变压器由电力专业人员进行架设及维护，故施工企业人员不得擅自移动变压器及其配套装置；也不得在变压器上搭设焊接任何物件；不得拆除变压器的围栏和警示标志。如发现变压器运行异常，应及时告知电力部门，同时及时切断施工现场的总配电箱内总电力负荷开关。

## 三、配电箱和开关箱

### （一）一般规定

（1）配电箱、开关箱应装设在干燥、通风及常温场所，不得装设在有严重损伤作用的瓦斯、烟气、潮湿及其他有害介质中，也不得装设在易受外来固体物撞击、强烈振动、液体浸溅及热源烘烤场所。否则，应予清除或做防护处理。

（2）配电箱、开关箱周围应有足够 2 人同时工作的空间和安全通道。其周围不得堆放任何妨碍操作、维修的物品，不得有灌木、杂草。

（3）总配电箱应设在靠近电源的区域，分配电箱应设在用电设备或负荷相对集中的区域。

（4）动力配电箱与照明配电箱若合并设置为同一配电箱时，动力和照明应分路配电；动力开关箱与照明开关箱必须分设。

（5）配电箱、开关箱箱体和内部电器应符合相关规定；应具有低压电器产品的生产许可认证，即3C认证。不得自行制作配电箱。

（6）配电箱、开关箱内的连接线必须采用铜芯绝缘导线。导线绝缘的颜色标志应按要求配置并排列整齐；导线分支接头不得采用螺栓压接，应采用焊接并做绝缘包扎，不得有外露带电部分。

（7）配电箱、开关箱的金属箱体、金属电器安装板以及电器正常不带电的金属底座、外壳等必须通过PE线端子板与PE线作电气连接，金属箱门与金属箱体必须采用编织软铜线作电气连接。

（8）配电箱、开关箱中导线的进线口和出线口应设在箱体的下底面。

（9）配电箱、开关箱的进、出线口应配置固定线卡，进出线应加绝缘护套并成束卡固在箱体上，不得与箱体直接接触。移动式配电箱、开关箱的进、出线应采用橡皮护套绝缘电缆，不得有接头。

（10）室外配电箱、开关箱外形结构应能防雨、防尘。

（11）配电箱门的内侧，应粘贴电气接线图和电工安全检查表。

### （二）安全检查要点

（1）每台用电设备必须有各自专用的开关箱，严禁用同一个开关箱直接控制2台及2台以上用电设备（含插座）。

（2）配电箱、开关箱应装设端正、牢固。固定式配电箱、开关箱的中心点与地面的垂直距离应为1.4～1.6m。移动式配电箱、开关箱应装设在坚固、稳定的支架上。其中心点与地面的垂直距离宜为0.8～1.6m。

（3）配电箱、开关箱内的电器（含插座）应先安装在金属或非木质阻燃绝缘电器安装板上，然后方可整体紧固在配电箱、开关箱箱体内。金属电器安装板与金属箱体应做电气连接。

（4）配电箱、开关箱内的电器（含插座）应按其规定位置紧固在电器安装板上，不得歪斜或松动。

（5）配电箱的电器安装板上必须分设N线端子板和PE线端子板。N线端子板必须与金属电器安装板绝缘；PE线端子板必须与金属电器安装板做电气连接。

进出线中的N线必须通过N线端子板连接；PE线必须通过PE线端子板连接。

（6）配电箱、开关箱的箱体尺寸应与箱内电器的数量和尺寸相适应，箱内安装板板面电器安装尺寸可按照表5-11确定。

配电箱、开关箱内电器安装尺寸选择值　表5-11

| 间距名称 | 最小净距（mm） |
| --- | --- |
| 并列电器（含单极熔断器）间 | 30 |
| 电器进、出线瓷管（塑胶管）孔与电器边沿间 | 15A，30<br>20～30A，50<br>60A 及以上，80 |
| 上、下排电器进出线瓷管（塑胶管）孔间 | 25 |
| 电器进、出线瓷管（塑胶管）孔至板边 | 40 |
| 电器至板边 | 40 |

## 四、电动机

为了保证电动机的正常运行，延长使用寿命，电动机日常运行中的监视和维护很重要，它可以防微杜渐，把事故消灭在萌芽之中。

### （一）新安装或长期停用的电动机，起动前应做好如下检查

（1）电动机基础是否稳固，螺栓是否拧紧，轴承是否缺油，油是否合格，电动机接线是否符合要求，绝缘电阻是否合格等。

（2）熔丝安装是否符合要求；起动设备接线是否正确；起动装置是否灵活，有没有卡住现象；油浸自耦降压起动设备的油是否变质，油量是否合适；触头接触是否良好。

（3）电动机和起动设备的金属外壳是否可靠接地或接零。

### （二）正常运行的电动机，起动前应做如下检查

（1）检查三相电源是否有电，电压是否过低，熔丝有无损坏，安装是否可靠。

（2）连接器的螺栓和销子是否紧固；皮带连接是否良好，松紧程度是否合适；机组转动是否灵活，有无摩擦、卡住、串动和不正常声响。

（3）电动机周围是否有妨碍运行的杂物和易燃品等。

### （三）起动电动机时应注意的事项

（1）起动电动机时近旁不应有人，拉合开关时操作人员应站在一侧，防止

电弧烧伤；使用双闸刀起动、星角起动或自耦降压起动，必须遵守操作顺序。

（2）几台电动机共用一台变压器时，应由大到小，一台一台地起动。一台电动机连续多次起动时，应按有关规定保留适当间隔时间，防止过热，连续起动不宜超过3～5次。

（3）合上开关后如电动机不转或转速很慢，声音不正常时，应迅速断电检查，找出原因后，再行起动。

### （四）电动机的日常检查

（1）关注电动机发热情况

电动机在运行中发热情况十分重要，如不注意，容易烧毁电动机或减少其使用寿命。使用中电动机温度超过其允许值时，即便不烧毁电动机，也要损坏绝缘，使电动机寿命缩短。

（2）注意电源电压的变化

电源电压增高过高，则电动机电流增大，发热增加，电源电压过低，当电动机负荷不变时，则电流又要增大，定子线圈也会增加发热，因此电动机运行中电源电压要求稳定在一个范围内，一般在电动机负荷不变的情况下。允许电源电压在+10%～5%范围内变化。如果电源电压变化过大要及时通知电力部门进行调整。

（3）注意三相电压和三相电流的不平衡程度

三相电压的不平衡也会引起电动机的额外发热。电动机在运行中，应检查其三相电压是否平衡。三相电压的不平衡程度在额定功率下，允许相间电压差不大于5%；电动机的三相电压不平衡，电流也要出现相应地不平衡；或者由于定子绕组三相阻抗的不相等，也会造成电流的不平衡。一般情况下，电动机三相电流的不平衡不是由三相电源电压引起的，而是表明电动机有故障或定子绕组有层间短路现象。一般三相电流的不平衡程度不允许大于10%，严重的三相电流不平衡一般是由一相保险丝熔断造成电动机单相运行所致。

（4）注意电动机的振动

电动机振动过大，必须详细检查基础是否牢固，地脚螺丝是否松动，皮带轮或联轴器是否松动等。有时振动是由转子不正常而引起的，也有因短路等引起的，应详细查找原因，设法消除。

（5）注意电动机的声音和气味

电动机正常运行时声音应均匀，无杂声和特殊声。如声音不正常，可能有下述几种情况：

1）特大嗡嗡声，说明电流过量，可能是超负荷或三相电流不平衡引起的，

特别是电动机单相运行时，嗡嗡声更大。

2）咕碌咕碌声，可能是轴承滚珠损坏而产生的声音。

3）不均匀的碰擦声，往往是由于转子与定子相擦发出的异音，即扫膛声。应立即判断处理。

在电动机运行中，有时因超负荷时间过久，以致绕组发生绝缘损坏，就可以嗅到特殊的绝缘漆烧焦气味。当发现电动机有异声和异味时，应停机检查，找出原因，消除故障，才能继续运行。

除了上述各项外，电动机在运行中还应注意其通风程度和周围环境的清洁，以及电刷轴承的工作状况和发热情况等。

### （五）电动机的事故停机

运行中电动机有下列情况之一时，应立即切断电源，停机检查：

（1）运行中发生人身事故；

（2）电动机发响发热的同时，转速急速下降；

（3）电动机起动设备冒烟起火，电动机所拖动的机械发生故障；所带机械的传动装置机构折断（断轴等）；

（4）电动机轴承超过规定的高热；电流超过铭牌规定或运行中电流猛增；

（5）电动机发生强大振动。

### （六）电动机的定期维护

电动机除了做好运行中的维护监视外，经过一定时间运行后，还应进行定期检查和维护保养，这样才能保证电动机的安全运行并延长使用寿命。

在日常维护保养中，一般规定电动机的检修有：大修每 1 ～ 2 年 1 次；中修每年进行 2 次；小修是对主要电动机或者环境不良情况下（潮湿、粉尘、腐蚀等处所）运行的电动机，每年 4 次，其他电动机可酌减，每年 2 次。

## 五、电焊机

### （一）交流电焊机用电安全

（1）应注意初、次级线，不可接错，输入电压必须符合电焊机的铭牌规定。带电部分不得外露，严禁接触初级线路的带电部分。

（2）次级抽头连接铜板必须压紧，其他部件应无松动或损坏。

（3）移动电焊机时，应切断电源。

（4）多台焊机接线时三相负载应平衡，初级线上必须有开关及熔断保护器、漏电保护装置。

（5）电焊机应绝缘良好。焊接变压器的一次线圈绕组与二次线圈绕组之间、绕组与外壳之间的绝缘电阻不得小于 1MΩ。

（6）电焊机的工作负荷应依照设计规定，不得超载运行。

### （二）直流电焊机用电安全

#### 1. 旋转式电焊机

（1）接线柱应有垫圈。合闸前详细检查接线螺帽，不得用拖拉电缆的方法移动焊机。

（2）新机使用前，应将换向器上的污物擦干净，使换向器与电刷接触良好。

（3）启动时，检查转子的旋转方向应符合焊机标志的箭头方向。

（4）启动后，应检查电刷和换向器，如有大量火花时，应停机查原因，经排除后方可使用。

（5）数台焊机在同一场地作业时，应逐台启动，并使三相载负荷平衡。

#### 2. 硅整流电焊机

（1）电焊机应在原厂使用说明书要求的条件下工作。

（2）检查减速箱油槽中的润滑油，不足时应添加同类润滑油。

（3）软管式送丝机构的软管槽孔应保持清洁，定期吹洗。

（4）使用硅整流电焊机时，必须开启风扇，运转中应无异响，电压表指示值应正常。

（5）应经常清洁硅整流器及各部件，清洁工作必须在停机断电后进行。

## 六、手持式电动工具

### （一）一般规定

（1）施工现场中手持式电动工具的选购、使用、检查和维修应遵守下列规定：

1）选购的手持式电动工具及其用电安全装置符合相应的国家现行有关强制性标准的规定，且具有产品合格证和使用说明书。

2）建立和执行专人专机负责制，并定期检查和维修保养。

3）接地和漏电保护符合要求。操作人员应带防护手套和穿绝缘鞋。

4）按使用说明书使用、检查、维修。

（2）手持式电动工具中的塑料外壳Ⅱ类工具和一般场所手持式电动工具中的Ⅲ类工具可不连接 PE 线。

（3）手持式电动工具的负荷线应按其计算负荷选用无接头的橡皮护套铜芯软电缆。

（4）电缆芯线数应根据负荷及其控制电器的相数和线数确定：三相四线时，应选用五芯电缆；三相三线时，应选用四芯电缆；当三相用电设备中配置有单相用电器具时，应选用五芯电缆；单相二线时，应选用三芯电缆。其中 PE 线应采用绿 / 黄双色绝缘导线。

（5）手持式电动工具的开关箱内，除应装设过载、短路、漏电保护电器外，还应装设隔离开关或具有可见分断点的断路器和控制装置。正、反向运转控制装置中的控制电器应采用接触器、继电器等自动控制电器，不得采用手动双向转换开关作为控制电器。

### （二）安全检查要点

（1）空气湿度小于 75% 的一般场所可选用Ⅰ类或Ⅱ类手持式电动工具，工作时产生激烈振动的金属外壳与 PE 线的连接点不得少于两处；除塑料外壳Ⅱ类工具外，相关开关箱中漏电保护器的额定漏电动作电流不应大于 15mA，额定漏电动作时间不应大于 0.1s，其负荷线插头应具备专用的保护触头。所用插座和插头在结构上应保持一致，避免导电触头和保护触头混用。

（2）在潮湿场所或金属构架上操作时，必须选用Ⅱ类或由安全隔离变压器供电的Ⅲ类手持式电动工具。金属外壳Ⅱ类手持式电动工具使用时，开关箱和控制箱应设置在作业场所外面。在潮湿场所或金属构架上严禁使用Ⅰ类手持式电动工具。

（3）狭窄场所必须选用由安全隔离变压器供电的Ⅲ类手持式电动工具，其开关箱和安全隔离变压器均应设置在狭窄场所外面，并连接 PE 线。漏电保护器的选择应符合使用于潮湿或有腐蚀介质场所漏电保护器的要求。操作过程中，应有人在外面监护。

（4）手持式电动工具的负荷线应采用耐气候型的橡皮护套铜芯软电缆，并不得有接头。

（5）手持式电动工具的外壳、手柄、插头、开关、负荷线等必须完好无损，使用前必须做绝缘检查和空载检查，在绝缘合格、空载运转正常后方可使用。绝缘电阻不应小于表 5-12 规定的数值。

（6）使用手持式电动工具时，必须按规定穿、戴绝缘防护用品。

手持式电动工具绝缘电阻限值　表5-12

| 测量部位 | 绝缘电阻（MΩ） | | |
| --- | --- | --- | --- |
| | Ⅰ类 | Ⅱ类 | Ⅲ类 |
| 带电零件与外壳之间 | 2 | 1 | 1 |

注：绝缘电阻用500V兆欧表测量。

## 七、防雷保护

### （一）雷电及其危害

在电力系统中，雷击是主要的自然灾害之一。雷电可能造成设备或设施的损坏，迫使大规模停电；还可能引起火灾和爆炸，也可能危害人身安全。因此，防雷是保护人民生命财产的一项重要工作。

**1. 雷电的形成**

雷电是一种大气中的静电放电现象。雷电在形成过程中，某些云积累起正电荷、另一些云积累起负电荷。随着电荷的积累，电压逐渐增高。当雷云带有足够数量的电荷，又互相接近到一定程度时，将发生激烈的放电，出现耀眼的闪光。同时，由于放电时温度高达2000℃，空气受热急剧膨胀，发出震耳的轰鸣。这就是闪电和雷鸣。由此可见，闪光和雷鸣是雷云急剧放电过程中的物理现象。一方面是发光的效应，同时也伴随着发声的效应，也就是闪电和打雷。闪电的光，有时呈曲折的条形、带形，有时呈珠串形、球形等。因为声音的速度是340m/s，而光的速度是$30 \times 10^4$km/s，所以在雷电发生的时候，我们总是先看到闪电的光芒，然后才听到雷声。

**2. 雷电的破坏作用**

在雷云很低，周围又没有带异性电荷的雷云时，就在地面凸出物上感应出异性电荷，造成与地面凸出物之间的放电。这种放电就是通常所说的雷击。这种对地面凸出物的直接雷击叫直击雷。

除直击雷外，还有雷电感应（或称感应雷）。雷电感应是由于附近落雷时电磁作用的结果，分为静电感应和电磁感应两种。静电感应是由于雷云放电前在地面凸出物的顶部感应了大量异性电荷所致。在雷云与其他部位放电后，凸出物顶部的电荷顿时失去束缚，呈现很高的电压，以极高的速度沿凸出物传播。电磁感应是由于雷击后，巨大的雷电流在周围空间产生迅速变化的强大电磁场所致。这种电磁场能在附近的金属导体上感应出很高的电压。

（1）直击雷的破坏作用

1）雷电流的热效应：雷电流的数值是很大的。巨大的雷电流通过导体时，会在极短的时间内，转换成大量的热能，可能造成金属熔化、飞溅而引起火灾或爆炸。如果雷击在可燃物上，更容易引起巨大的火灾。这就是所谓雷电流在热方面的破坏作用。为了防止这方面的危害，防雷导线用钢线时，其截面积应大于16mm$^2$；用铜线时应大于6mm$^2$。

2）雷电流的机械效应：雷电的机械破坏力是很大的。可分为电动力和非电动机械力两种。

电动力：电动力是雷电流的电磁作用产生的冲击性机械力。在导线的弯曲部分电动力特别大。若雷电流幅值为100kA，导线长为1.5m，导线直径为5mm时，则作用于导线上的电动力可达5.8kN。应该注意，这个力的数值是相当大的，因此，要尽量避免采用直角或锐角的弯曲导线设计。一般金属物体和足够截面积的导体，阻抗很小，就很少见到有被雷电流机械力破坏的痕迹。但有时也发现导体的支持物被连根拔起，或导体被弯曲的。这就是这种电动力造成的事故。

非电动机械力：有些雷击现象，如树木被劈裂，烟囱和墙壁被劈倒等，属于非电动机械力的破坏作用。

非电动机械力的破坏作用包括两种情况：一种是当雷电直接击中树木、烟囱或建筑物时，由于流过强大的雷电流，瞬时内释放出相当多的能量，内部水分受热汽化，或者分解成氢气、氧气，产生巨大的爆破能力；另一种是雷电不直接击中对象，而在它们十分邻近的地方产生，它们遭受由于雷电通道形成的“冲击波”破坏。

我们知道，雷电通道的温度高达几千至几万度。空气受热膨胀，并以超声速度向四周扩散，四周的冷空气被强烈地压缩，形成了“冲击波”。被压缩空气层的外界称“冲击波波前”。“冲击波波前”到达的地方，空气的密度、压力和温度都会突然增加。冲击波过后，该区域内的压力又降到正常的大气压力。随后，压力会降到比大气压力还低。这种突然上升又突然下降的压力会对附近物体产生很强的冲击破坏作用。只要处于雷电通道，其树木、烟囱、建筑设施，甚至人、畜都会受雷电“冲击波”的破坏、伤害，甚至死亡。

3）防雷装置上的高电位对建筑物设备的反击：根据运用防雷装置的经验，凡是设计正确，合理地安装了防雷装置的建筑物，很少发生雷击事故。但是有些不合理的防雷装置，不但不能保护建筑物，有时甚至使建筑更容易招致雷害事故。

防雷装置接受雷击时，在接闪器、引下线和接地体上，都产生很高的电位。如果防雷装置与建筑物内外的电气设备、电线或其他金属管线的绝缘距离不够，它们之间就会发生放电现象，这种现象称为反击。

发生反击，可能引起电气设备的绝缘被破坏、金属管道被烧穿，甚至引起火灾、爆炸及人身事故。

4）跨步电压与接触电压的危险：跨步电压和接触电压是容易造成人畜伤亡的两种雷害因素。

① 跨步电压的危害　当雷电流经地面雷击点或接地体流散入周围土壤时，在它周围形成了电压降落，构成了一定的电位分布。这时如果有人站在接地体附近，由于两脚所处电位不同，跨接一定的电位差，因而就有电流流过人体，通常称距离为 0.8m 时的地面电位差为跨步电压。影响跨步电压的因素很多，如接地体附近的土壤结构、土壤电阻率、电流波形和大小等。土壤电阻率小的地方，接地体周围的电位分布曲线较平滑，跨步电压的数值也较小。反之，土壤电阻大的地方，电位分布曲线的陡度较大，因而跨步电压的数值也较大。但是，不管哪种情况，跨步电压对人都有危险。如果防雷接地不得已埋没在人员活动频繁的地区，就应着重考虑防止跨步电压。

② 接触电压的危害　当雷电流流经引下线和接地装置时，由于引下线本身和接地装置都有电阻和电抗，因而会产生较高的电压降，这种电压降有时高达几十千伏甚至几百千伏。

这时如果有人或牲畜接触引下线或接地装置，就会发生触电事故。我们称这一电压为接触电压。

必须注意，不仅在引下线和接地装置上会发生接触电压，当某些金属导体和防雷装置连通，或者这些金属体与防雷装置的绝缘距离不够，受到反击时，也会出现接触电压的危害。

（2）雷电的二次破坏作用

雷电的二次破坏作用是由于雷电流的强大电场和磁场变化，产生的静电感应和电磁感应造成的。雷电的二次破坏作用能引起火花放电，因此，对易燃和易爆炸的环境特别危险。

（3）引入高电位的危害

近代电气化的发展，电气用具如电灯、收音机、电视机等已广泛应用。这些用具与外界联系的架空线路和天线，是雷击时引起高电位的媒介。因此，应注意引入高电位产生的危害，在雷雨时，应暂时关闭上述电器的电压，防止高电流引入，对电器具及人体的伤害。

架空线路上产生高电位的原因：

1）遭受直接雷击。架空线路遭受直接雷击的机会是很多的。因为它分布极

广，一处遭受雷击，电压波就可沿线路传入用户。一般线路多用木杆，沿木杆放电电压需要 3000 ～ 5000kV。因此，沿线路传入屋内的电压极高。这种高电压进入建筑物后，将会引起电气设备的绝缘破坏，发生爆炸和火灾，也可能会伤人。收音机和电视机用的天线，由于它的天线地位较高，遭受雷击也是常有的，而且往往招致人身伤亡。

2）雷击导线的附近产生的感应电压较直击雷更为频繁。感应电压的数值约为 100kV，虽较直击雷低，但对低压配电线路和人身安全有同样的危害。

3）球雷的危害

球雷大多出现在雷雨天。它是一种紫色或灰红色的发光球形体，直径在 10 ～ 20cm 以上，存在的时间从百分之几秒到几分钟，一般是 3 ～ 5s。

球雷通常是沿地面滚动或在空气中飘行。它能够通过烟囱、开着的窗户、门和其他缝隙进入室内。它或者无声地消失，或者发生丝丝的声音，或者发生剧烈的爆炸。球雷碰到人畜，会造成严重的烧伤或死亡事故，碰到建筑物也会造成严重的破坏。对于球雷的形成以及防护方法目前还无完善的研究成果。

### （二）防雷措施

防雷包括电力系统的防雷和建筑物、构筑物的防雷两部分。电力系统的防雷主要包括发电机、变配电装置的防雷和电力线路的防雷；建筑物和构筑物的防雷分工业与民用两大类。工业与民用又按其危险程度、设施的重要性分别分成几个类型。不同类型的建筑物和构筑物对防雷的要求稍有出入。

## 八、接地和接零

由于绝缘老化、材料变形或工作方法不安全等因素，往往会发生一些意外情况，如设备损坏、短路故障、人畜触电等。为了预防万一，还要针对可能发生的事故，采取设置熔断器、漏电断路器，采用安全特低电压、保护接地、保护接零等简易有效的基本保护措施。

### （一）有关接地、接零的一些基本概念和定义

（1）低压和高压电气设备 电气设备中任何带电部分的交流对地电压，不论是在正常或故障接地的情况下，不超过 250V 的，则称为低压电气设备；若超过 250V 的，则称为高压电气设备。蓄电池的直流对地电压，如仅在充电时超过 250V 时，仍属低压电气设备。

接于普通380/220V三相四线制交流电力系统的电气设备，当系统中性点直接接地时，属于低压电气设备；当中性点不直接接地时，则属于高压电气设备。这是因为一相发生碰地的情况下，当中性点直接接地时，其他两相的对地电压仍为220V，而当不直接接地时，会超过250V而接近于380V。

从安全观点看电气设备的电压以250V为标准划分为高压和低压，不很恰当。因为，往往给人以错觉，误认为低压是安全。事实上，250V电压对人是存在着触电危险的。

（2）接地装置 电气设备的任何部分与土壤作良好的电气连接，称为接地。与土壤直接接触的金属体或金属体组，称为接地体或接地极。连接接地体与电气设备之间的金属导线，称为接地线。接地线和接地体合称为接地装置。

接地线可分为接地干线与接地支线。根据规程规定几个电气设备的接地支线之间不能互相串联。

接地体按其布置方式可分开为外行式接地体和环路式接地体。按其形状，则有管形、带形和环形几种基本形式。若按其结构，则有自然接地体和人工接地体之分。用来作为自然接地体的有：上下水的金属管道，与大地有可靠连接的建筑物或构筑物的金属结构；敷设于地下而其数量不少于两根的电缆金属包皮及敷设于地下的各种金属管道，但可燃液体及可燃或易爆炸的气体管道除外。用来作为人工接地体的，一般有钢管、角钢、扁钢和圆钢管钢材。如在有化学腐蚀性的土壤中，则应采用镀锌的上述几种钢材或铜质的接地体。

（3）电气上的“地”和对地电压 当电气设备发生接地短路时，电流则通过接地体向大地作半球形散开。由于半球形的球面积与半径的平方成正比，因此在距接地体愈近的地方面积愈小，愈远的地方愈大。而电阻与面积成反比，因而，在距接地体愈近的地方电阻愈大；距接地体愈远的地方电阻愈小。试验证明：在距单根接地体或碰地处20m以外的地方，呈半球形的球面已经很大，实际已没有什么电阻存在，不再有什么电压降。换句话说，该处的电位已近于零。这电位等于零的地方，称为电气上的“地”。若接地体不是单根而由多根组成时，上述20m的距离可稍为增大。

电气设备的接地部分，如接地机壳、接地线、接地体等，与大地零电位点之间的电位差，称为接地时的对地电压。

（4）接地短路和接地短路电流 电气设备的带电部分，偶尔与金属构架或直接与大地发生电气连接时；或由于绝缘损坏而与其接地的金属结构部分发生的连接，都称为接地短路。

当发生接地短路时，经接地短路点流入地中的电流，称为接地短路电流或接地电流。

## （二）接零

发电机、变压器、电动机和电器的绕组中以及串联电源回路中有一点，它与外部各接线端间的电压绝对值均相等，这一点称为中性点或中点。当中性点接地时，该点称为零点。由中性点引出的导线，称为中性线；由零点引出的导线，则称为零线。与这一中性点相连接，在电气系统中称之为接零。

## （三）漏电断路器

在设备或线路发生漏电时，不但会损耗一部分电能，而且会使一些原来不带电的部分（如机壳）带电，从而危及人身安全。为了保证故障漏电情况下人身和电气设备安全，应尽量装置漏电断路器。当设备或线路发生漏电性质的故障时，断路器能迅速切断电源。由于人体属于导电体，所以与地面未作绝缘处理的人员触及带电体时，也会造成线路漏电，也会使一定规格的漏电断路器动作，所以有人把这种漏电断路器又称为触电保安器或漏电保护器。

漏电断路器是根据漏电时在设备或线路上产生的异常电压或电流而使开关动作的，前者称为电压型，后者称为电流型。

漏电断路器安装接线应注意的事项：漏电断路器在保障人身安全，减少设备事故方面起一定作用。但是必须指出，漏电断路器一般只能在单相对地触电时提供保护，如果两相触电就不起作用了。其次，如果漏电断路器没有及时正确地维护或其他原因，也会失灵。因此即使装了漏电断路器，思想上也不能麻痹大意。要保证低压电网正常运行，除了有合格的触电断路器及绝缘良好的用电设备外，还得合理选型、正确安装。在装置漏电断路器前，应对低压电网进行整修、整理。为此，应特别注意以下几个问题。

（1）工作零线不得重复接地 中性点直接接地的配电变压器都在工作零线的首端即配电变压器中性点处接地，并在此零线路上有一处或多处重复接地。装用漏电断路器后，除了保持在变压器中性点工作接地以外，不能再在系统中将零线重复接地。否则，将有可能使漏电断路器产生误动作。

（2）保护支路应有各种专用零线 分级保护或分支保护的每一分支线路必须有自己的专用零线。两相邻分支线路的零线不能相连，也不能任意就近支接，否则就会造成误动作而无法正常运行。

（3）用电设备的接线应正确无误 用电设备应正确无误地连接在同一个保护支线回路内，不能将用电设备同时连接于两个保护支线回路或跨接于漏电断路器的进出线两端。

（4）正确装设接地装置 安装漏电断路器和不安装漏电断路器的用电设备不要共用一个接地装置，应该各用各的接地装置，根据现场条件尽可能使两接地体间的距离离得远些。

（5）正确装设接地引下线 当有两台配电变压器并列装置时，应该只装设一根共用的接地引下线。

（6）单相负荷应尽可能均衡分布 在施工现场临时用电设计时，应该重视三相主干线路上单相负荷的均衡分布，否则会造成干线三相不平衡漏电电流值增大。在触电情况下，三相不平衡漏电电流会造成主干线首端漏电断路器各相动作灵敏度有差异。当三相不平衡漏电电流值增大到等于或大于漏电断路器额定动作电流值时，就会引起漏电断路器误动作。

### （四）保护接地和保护接零的作用

（1）保护接地的作用 保护接地，就是把正常情况下不带电，而在故障情况下可能呈现危险的对地电压的金属部分同大地紧密连接起来。其目的是使它的对地电压数值降低到安全数值，以保护人身安全。具体做法就是将电器、电机、配电板的金属外壳和支架、电缆的接线盒，导线、电缆的金属外皮等，用导线和埋在地中的接地装置相连接。保护接地的作用是：降低接触电压和减小流经人体的电流。单相接地电流一般都很小，这就有可能采用保护接地把碰壳设备的对地电压限制在安全电压以下。同时，单相接地短路电流将同时沿着接地体和人体两条通路流过。由于流过每一条通路的电流数值与其电阻的大小成反比，若接地体的电阻愈小，流经人体的电流也愈小。通常人体的电阻比接地体电阻大数百倍，所以流经人体的电流也就比流经接地体的电流小得多。当接地电阻极为微小时，流经人体的电流几乎等于零。因而，人体就能避免触电。

对于中性点绝缘的220V、380V的装置，不管环境条件怎样，都应该在所有生产场所和室外装置中装设接地装置，并将原来和带电部分绝缘的电器、电机、配电板的金属外壳，或支架、导线和电缆的包皮、电缆的接线盒与接地装置连接。

（2）保护接零的作用 保护接零作为技术上的安全措施，其原理与保护接地安全不同。保护接零用于1000V以下三相四线制中性点直接接地电网中的电气设备。其做法是将电气设备在正常情况下不带电的金属部分与系统中的零线相连接。保护接零的目的主要不是降低接触电压和限制流经人体的电流，而是当电气设备发生碰壳或接地短路时，短路电流经零线而成闭合回路，使其变成单相短路故障，较大的单相短路电流将使保护装置准确而迅速动作，切断故障的

时间，一般不超过 0.1s。切断事故电源，消除隐患，以确保人身的安全。

应当着重指出，在中性点绝缘系统中决不容许采用保护接零措施。因为系统中的任何一相接地或碰壳时，都会使所有接地零线上的电气设备外壳上呈现出近于相电压的对地电压，这对人体是十分危险的。

（3）保护接零系统的零地重复接地的作用　在采用保护接零的情况下，系统中除在中性点作工作接地外，还必须在零线上的一处或多处重行接地，这种接地称为重复接地。重复接地有下列作用：

1）当系统发生零线断线时，可降低断线处后面零线的对地电压，减轻触电危险。在有重复接地时，万一零线断线，在断线后面的电气设备发生碰壳或接地故障时，事故电流经重复接地电阻、工作接地电阻构成回路。因此，电气设备外壳上的对地电压降低。若重复接地电阻等于工作接地电阻时，零线断线处后面的设备外壳上的对地电压就降低了一半，于是故障的程度就减轻了。尽管如此，这一半的电压值，对人体仍然是很不安全的。而一般情况下，重复接地电阻往往大于工作接地电阻，因而设备外壳上的对地电压往往大于一半的数值。因此应该避免零线的断裂现象。在施工时，丝毫不能放松零线的敷设质量。在运行时，也不能疏忽对零线的检查。

2）当系统中发生碰壳或接地短路时，可以降低零线的对地电压。这种情况下，短路电流大部分通过零线构成回路，小部分电流通过重复接地电阻和工作接地电阻构成回路。后一部分电流在重复接地的接地电阻上的电压降，即对地电压，仅是零线上电压的一部分，因此降低了零线上的对地电压。

3）当三相负载不平衡而又零线断裂的情况下，能减轻和消除零线上电压的危险。在零线断裂的情况下，如果三相负载不平衡，即使没有发生设备碰壳，零线上也会呈现一定的电压，给人以危险的威胁。重复接地可减轻或消除危险。根据用电规程规定，在中性点直接接地的系统中，三相负载应均匀地分配，由负载不平衡引起的中性线电流一般不得超过变压器额定电流的 25%。如果零线完好，由于零线阻抗很小，这 25%的不平衡电流只在零线上产生很小的电压降，对人体没有危害；但是，如果零线断裂，断线处后面的零钱可能会呈现数十伏的电压。如果不平衡超过规定，其电压降将会更大，就更增加了触电的危险。在两相停止用电，只一相用电的极端情况下，如果零线断裂，电流将通过该相负载、人体、工作接地电阻构成回路。因为人体电阻较大，所以大部分电压降在人体上，会造成触电危险，若零线或设备上装有重复接地，则设备的对地电压变为重复接地电阻上的电压降。一般重复接地电阻不大，因而其上的电压降只是电源相电压的一小部分，从而减轻或消除了触电的危险。

## （五）采用保护接地与保护接零应注意的几个问题

（1）保护接地与保护接零的适用范围 保护接地与保护接零都是在电气设备上采取的技术安全措施。因其作用原理不同，各适用于不同的供电系统。在1000V以下中性点直接接地的三相四线制供电系统中，必须采用保护接零才能起到安全保护作用；在对地绝缘的中性点不接地供电系统中，采用保护接地作为技术上的安全措施。

（2）一般市政工程施工现场的用电设备是接入1000V以下变压器中性点接地的三相四线制供电系统。因此，应该采用保护接零，并应重复接地。

1）变压器接地 一般施工现场采用保护接零的低压系统，变压器低压侧中性点应直接接地，其接地电阻不大于4Ω。

在井下、矿山施工，因为工作环境恶劣，因此安全条件要求较高，一般采用中性点与地绝缘的供电系统。这种系统采用保护接地，变压器中性点应该通过击穿保险器接地，其接地电阻应不大于4Ω。

变压器的金属外壳应该可靠接地，其接地电阻不大于10Ω。

2）施工用电动机械设备必须采用保护接零和重复接地 在施工现场内，供电体制为中性点接地系统，所有用电设备的金属外壳均应接零，同时还应重复接地，重复接地电阻不应大于10Ω。

3）移动用电设备应接零 在施工现场使用的电动挖土机、电动空压机等移动式用电设备，除汽车式、挂车式移动电站单独供电者外，电源属于中性点接地系统，其供电电线或架空线上都应有零线，且该零线要与设备外壳作可靠连接。因为连接到设备上的一段电缆经常移动并受到拉力和弯曲，容易损坏，所以这一段电缆中的零线的截面要与相线截面相同。

4）手持式电动工具在露天作业应接零，在室内作业不接零。在露天的施工现场使用手持电动工具应当特别注意接零。为了接零可靠，应将保护零线与工作零线分开，以避免工作零线容易断裂而酿成事故。在敷设时，保护零线不要单独敷设，而应当与电源线采取共同的防护措施。最好采用带有接零芯线的橡套软线作电源线，其专用芯线作接零线。目前，小型手持式电动工具都采取二次绝缘工艺制作，在保证安全上更得到了提高，所以在室内单相线路（220V）上使用时，通常不再做接零或接地保护。

否则，应设法使人与大地或者使人与手持电动工具的外壳隔绝开。如操作者站在干燥的木板上或者其他绝缘垫上操作，戴绝缘手套等。但应注意为了防止机械伤害，禁止戴线手套使用电动工具。

5）根据国际电工委员会（IEC）推荐的国际标准和国外先进国家的经验，从2005年开始，我国施工现场的临时用电线路采用TN-S系统。现行《施工现场临时用电安全技术规范》JGJ 46—2005中明确，建筑施工现场临时用电工程专用的电源中性点直接接电的220/380V三相四线制低压电力系统，必须符合下列规定：

①采用三级配电系统；

②采用TN-S接零保护系统；

③采用二级漏电保护系统。

TN-S线路又称三相五线制，其接线图见图5-14。

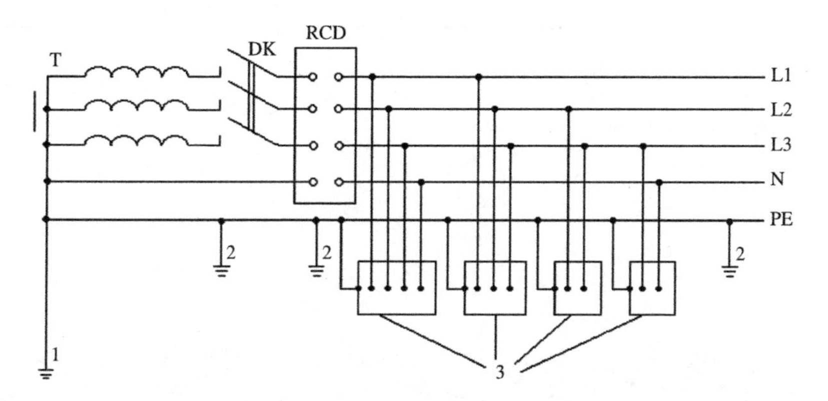


图5-14　专用变压器供电时TN-S接零保护系统示意

1—工作接地；2—PE线重复接地；3—电气设备金属外壳（正常不带电的外露可导电部分）；
L1、L2、L3—相线；N—工作零线；PE—保护零线；DK—总电源隔离开关；
RCD—总漏电保护器（兼有短路、过载、漏电保护功能断路器）；T—变压器

# 第六章

## 市政施工应急救援预案

# 第一节　概述

## 一、简述

### （一）危险、有害因素的定义

危险因素：能对人造成伤亡或对物造成突发性损害的因素。

有害因素：能影响人的身体健康，导致疾病或对物造成慢性损害的因素。

通常情况下，对两者并不加以区分而统称为危险、有害因素，主要指客观存在的危险、有害物质或能量超过临界值的设备、设施和场所等。

### （二）危险、有害因素辨识的原则

#### 1. 科学性

危险、有害因素的辨识是分辨、识别、分析确定系统内存在的危险，而并非研究防止事故发生或控制事故发生的实际措施。它是预测安全状态和事故发生途径的一种手段。这就要求进行危险、有害因素辨识，必须要有科学的安全理论作指导，使之能真正揭示系统安全状况危险、有害因素存在的部位、存在的方式、事故发生的途径及其变化的规律，并予以准确描述，以定性、定量的概念清楚地显示出来，用严密的合乎逻辑的理论解释清楚。

#### 2. 系统性

危险、有害因素存在于生产活动的各个方面，因此要对系统进行全面、详细的剖析，研究系统和系统及子系统之间的相关和约束关系，分清主要危险、有害因素及其相关的危险、有害性。

#### 3. 全面性

辨识危险、有害因素时不要发生遗漏，以免留下隐患。要从厂址、自然条件、总图运输、建（构）筑物、工艺过程、生产设备装置、特种设备、公用工程、安全管理系统、设施、制度等各方面进行分析、辨识；不仅要分析正常生产运转、操作中存在的危险、有害因素，还要分析、辨识开车、停车、检修，装置受到破坏及操作失误情况下的危险、有害后果。

**4. 预测性**

对于危险、有害因素，还要分析其触发事件，亦即危险、有害因素出现的条件或设想的事故模式。

### （三）施工危险源辨识与控制的重要意义

施工危险源与现场环境影响因素是导致工程施工事故的根源，为了控制和减少施工现场的施工风险和施工现场环境影响，实现安全生产目标，并持续改进安全生产业绩，预防发生建设工程施工事故，需要对建设工程施工危险源与现场环境影响因素进行辨识，这也是建立施工现场安全生产保证计划的一项主要工作内容。

### （四）施工危险源辨识与控制策划的基本过程

施工安全控制的基本思路是，辨识与施工现场相关的所有危险源与环境影响因素，评价出重大危险源与重大环境影响因素，在此基础上，制定具有针对性的安全控制措施和安全生产管理方案，明确危险源与环境影响因素的辨识、评价和控制活动与安全生产保证计划其他各要素之间的联系，对其实施进行安全控制。

对施工危险源与现场环境影响因素辨识，各项工程开工前便应成立危险源辨识评价工作组，由主管经理任组长，安全部门负责人任副组长，小组成员由各部门相关人员组成。组长应组织工作组成员进行有关法律、法规、标准、规范和辨识方法、评价方法的学习和培训，并做好相关记录。各项工程一开工，工作组就应立即对本工程项目存在的危险源进行辨识、评价，填写相关表格上报本企业安全管理部门。工作组还应根据实际情况，不断评价、更新本工程项目的重大风险和危险源及其控制计划，并及时上报企业安全管理部门。

对危险源安全风险和环境影响因素影响的控制是一个随施工进度而动态发展、不断更新的过程，需要工程项目全体员工的共同参与。它通常由辨识、评价、编制安全保证计划，实施安全控制措施计划和检查五个基本环节构成。在工程项目施工过程中，项目管理人员应根据法律法规、标准规范、施工方案、施工工艺、相关方要求与群众投诉等客观情况的变化，以及安全检查中发现所遗漏的危险源、环境影响因素或者新发现的危险源、环境影响因素，定期或不定期地对原有辨识、评价和控制策划结果进行及时评审，必要时进行更新，不断地改进、补充和完善，并呈螺旋式上升。每经过一个循环过程（图 6-1），就需要制定新的安全目标和新的实施方案，使原有的安全生产保证计划不断完善，持续改进，达到一个新的运行状态。因此，危险源与环境影响因素的辨识、评价和控制策划是一个不断完善、更新的动态循环和持续改进的过程。

### （五）工程施工危险源辨识活动的范围与内容

施工现场危险源辨识活动的范围包括施工作业区、加工区、办公区和生活区；企业机关和基层单位所在的办公场所和生活场所。危险源辨识与评价活动的内容包括五个方面。

（1）对工作场所设施的辨识。包括：①施工企业、各部（科）室在辨识小组领导下，负责管辖区域内的办公设施（包括办公室、厂院、楼道等）进行辨识；②行政管理部门和各基层单位相关科室负责对所管辖的生活区域（包括食堂、浴室、俱乐部、宿舍、厕所等）的设施进行辨识，并监督项目部对办公区、生活区的辨识；③项目部辨识小组负责对施工现场的办公区、生活区（包括分包队伍的食堂、宿舍等）、加工区（包括钢筋、木工、混凝土搅拌棚等）、施工作业区（包括四口防护、安全通道、作业面的材料码放、架子搭设、临时用电架设等）设施的辨识；④工作场所的设施无论是企业自有的、企业租赁的、分包方自带的、业主提供的等均在辨识的范围内。

（2）对工作场所使用的设备、材料、物资进行辨识。

（3）对常规作业活动进行辨识。按照正常作业计划，项目部按分项、分部工程，对施工作业和加工作业进行辨识和评价。

（4）对非常规作业活动进行辨识。基层单位、项目部未能按照正常作业计划（如抢工期、交叉作业）或冬雨期、夜间施工可能发生的危险源。

（5）对进入施工现场的相关方（分包队伍、合同人员、来访者、供方等）可能发生的危险源进行辨识。

### （六）施工危险源辨识、评价和控制策划的基本步骤

施工危险源的辨识、评价和控制策划的基本步骤如图 6-1 所示，主要包括：

（1）危险源辨识。辨识与各类施工作业和管理业务活动有关的所有危险源，考虑谁会受到伤害或影响，以及如何受到伤害或影响。因此，应对施工现场业务活动分类，编制一份施工现场业务活动表，其内容包括施工现场各类作业与管理业务活动涉及的场所、设施、设备、人员、工序、作业活动、管理活动，并收集有关信息。

（2）安全风险评价。在假定的计划（方案）或现有的控制措施适当的情况下，对与各项危险源有关的安全风险作出主观评价。评价人员应考虑安全控制的有效

性以及安全控制失败所造成的后果。

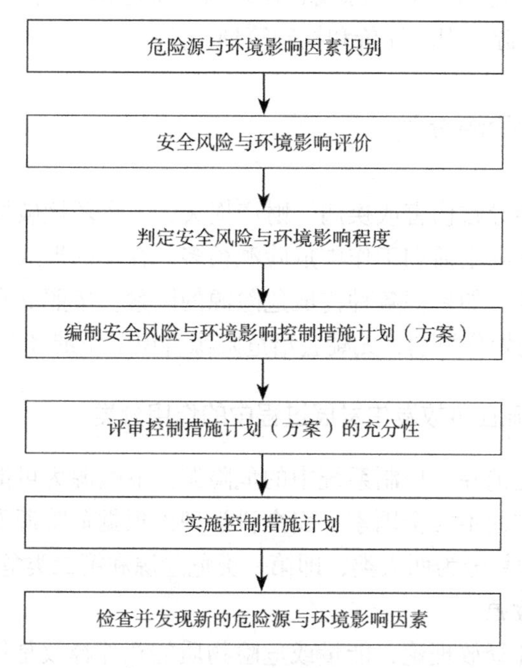


**图 6-1　危险源、环境影响因素的辨识、评价和控制策划步骤**

（3）判定安全风险的程度。判定假定的计划（方案）或现有的控制措施是否足以把危险源控制住，并符合法律法规、标准规范和其他要求以及符合项目经理部自身的要求，据此对危险源按安全风险程度的大小进行分类，确定重大危险源。

（4）编制安全风险控制措施计划（方案）。针对评价中发现的重大危险源，项目经理部应编制安全生产保证计划、控制措施计划、专项施工方案等，以处理需要重视的任何问题，并确保新的和现行的控制措施仍然适用和有效。

（5）评审控制措施计划（方案）的充分性。针对已修正的控制措施（方案），重新评价安全风险，并检查安全风险是否足以把危险源控制住，并符合法律法规、标准规范和其他要求以及符合项目经理部自身的要求。

（6）实施控制措施计划。对已经评审的控制措施设计（方案）具体落实到工程施工安全生产过程中。

（7）工程实施过程中，一方面要对各项安全风险控制措施计划的执行情况不断地进行检查，并评审各项控制措施的执行效果；另一方面在工程实施的内外条件发生变化时，要确定是否需要提出不同的控制措施处理方案。此外，还需要检查是否有被遗漏的危险源或者发现新的危险源，当发现新的危险源时，就要进行新的危险源辨识、评价和控制策划。

## 二、施工现场危险源分类

危险源是可能导致伤害或疾病、财产损失、工作环境破坏或这些情况组合的根源或状态。实际生活和工作中危险源很多，存在的形式也较复杂，这给识别工作增加了难度。如果把各种构成危险源的因素，按照其在事故发生、发展过程中所起的作用划分类别，无疑会给危险源辨识工作带来方便。

### （一）按危险源在事故发生发展过程中的作用分类

防止事故就是消除、控制系统中的危险源。危险源为可能导致人员伤害或财物损失的、潜在的不安全因素。安全科学理论根据危险源发生、发展过程中的作用，把危险源划分为两大类，即第一类危险源和第二类危险源。

#### 1. 第一类危险源

根据能量意外释放理论，能量或危险物质的意外释放是伤亡事故发生的物理本质。于是，把生产过程中存在的，可能发生意外释放的能量（能源或能量载体）或危险物质称作第一类危险源。

第一类危险源产生的根源是能量与有害物质。当系统具有的能量越大，存在的有害物质数量越多，系统的潜在危险性和危害性也越大。

施工现场生产的危险源是客观存在的，这是因为在施工过程中需要相应的能量和物质。施工现场中所有能产生、供给能量的能源和载体在一定条件下都可能释放能量而造成危险，这是最根本的危险源；施工现场中有害物质在一定条件下能损伤人体的生理机能和正常代谢功能，破坏设备和物品的效能，也是最根本的危险源。为了防止第一类危险源导致事故，必须采取措施约束、限制能量或危险物质，控制危险源。

#### 2. 第二类危险源

正常情况下，生产过程中的能量或危险物质受到约束或限制，不会发生意外释放，即不会发生事故。但是，一旦这些约束或限制能量或危险物质的措施受到破坏或失效（故障），就将发生事故。导致能量或危险物质约束或限制措施破坏或失效的各种因素称为第二类危险源。第二类危险源主要包括物的故障、人的失误和环境影响因素。

（1）物的故障

物包括机械设备、设施、装置、工具、用具、物质、材料等。根据物在事故发生中的作用，可分起因物和致害物两种，起因物是指导致事故发生的物体或物质，致害物是指直接引起伤害或中毒的物体或物质。

物的故障是指机械设备、设施、装置、元部件等在运行或使用过程中由于性能（含安全性能）低下而不能实现预定的功能（包括安全功能）时产生的现象。不安全状态是存在于起因物上的，是使事故能发生的不安全的物体条件或物质条件。从安全功能的角度，物的不安全状态也是物的故障。物的故障可能是由于设计、制造缺陷造成的；也可能由于安装、搭设维修、保养、使用不当或磨损、腐蚀、疲劳、老化等原因造成；也可能由于认识不足、检查人员失误、环境或其他系统的影响等。但故障发生的规律是可知的，通过定期检查、维修保养和分析总结可使多数故障在预定期间内得到控制（避免或减少）。因此，掌握各类故障发生的规律和故障率是防止故障发生造成严重后果的重要手段。

发生故障并导致事故发生的这种危险源，主要表现在发生故障、错误操作时的防护、保险、信号等装置缺乏、缺陷，设备、设施在强度、刚度、稳定性、人机关系上有缺陷等。例如安全带及安全网质量低劣为高处坠落事故提供了条件，超载限制或高度限位安全装置失效使钢丝绳断裂、重物坠落，电线和电气设备绝缘损坏、漏电保护装置失效造成触电伤人，这些都是物的故障引起的危险源。

（2）人的失误

人的失误是指人的行为结果偏离了被要求的标准，即没有完成规定功能的现象。人的不安全行为也属于人的失误。人的失误会造成能量或危险物质控制系统故障，使屏蔽破坏或失效，从而导致事故发生。广义的屏蔽是指约束、限制能量，防止人体与能量接触的措施。

人的失误包括人的不安全行为和管理失误两个方面。

1）人的不安全行为。人的不安全行为是指违反安全规则或安全原则，使事故有可能或有机会发生的行为。违反安全规则或安全原则包括违反法律法规、标准、规范、规定，也包括违反大多数人都知道并遵守的不成文的安全原则，即安全常识。

根据《企业职工伤亡事故分类》GB 6441—1986，人的不安全行为包括：操作错误、忽视安全、忽视警告；造成安全装置失效；使用不安全设备；手代替工具操作；物体存放不当；冒险进入危险场所；攀、坐不安全位置；在起吊物下作业、停留；机器运转时进行加油、修理、检查、调整等工作；有分散注意力的行为;在必须使用个人防护用具的作业或场合中,忽视其使用;不安全装束;对易燃、易爆等危险物品处理错误。例如,在起重机的吊钩下停留,不发信号就启动机器;吊索具选用不当,吊物绑挂方式不当使钢丝绳断裂、吊物失稳坠落;拆除安全防护装置等都是人的不安全行为。

人的不安全行为可以是本不应做而做了某件事,可以是本不应该这样做(应该用其他方式做)而这样做的某件事,也可以是应该做某件事但没有做。

有不安全行为的人可能是受伤害者,也可能不是受伤害者。

不能仅仅因为行为是不安全的就定义为不安全行为。例如高处作业有明显的安全风险,然而,这些安全风险通过采取适当的预防措施可以克服,因此,这种作业不应被认为是不安全行为。

2)管理失误。管理失误表现在以下方面:对物的管理失误,有时称技术上的缺陷(原因),包括:技术、设计、结构上有缺陷,作业现场、作业环境的安排设置不合理等缺陷,防护用品缺少或有缺陷等;对人的管理失误,包括:教育、培训、指示、对施工作业任务和施工作业人员的安排等方面的缺陷或不当;对管理工作的失误,包括:施工作业程序、操作规程和方法、工艺过程等的管理失误,安全监控、检查和事故防范措施等的管理失误,对采购安全物资的管理失误等。

(3)环境影响因素

人和物存在的环境,即施工生产作业环境中的温度、湿度、噪声、振动、照明或通风换气等方面的问题,会促使人的失误或物的故障发生。环境影响因素包括:

1)物理因素:噪声、振动、温度、湿度、照明、风、雨、雪、视野、通风换气、色彩等物理因素可能成为危险。

2)化学因素:爆炸性物质、腐蚀性物质、可燃液体、有毒化学品、氧化物、危险气体等化学因素。化学发生物质的形式有液体、粉尘、气体、蒸汽、烟雾、烟等。化学性物质可通过呼吸道吸入、皮肤吸收、误食等途径进入人体。

3)生物因素:细菌、真霉菌、昆虫、病毒、植物、原生虫等生物因素,感染途径有食物、空气、唾液等。

**3. 两类危险源与事故**

一起事故的发生往往是两类危险源共同作用的结果。两类危险源相互关联、相互依存。第一类危险源的存在是事故发生的前提,在事故发生时释放出的能量是导致人员伤害或财物损坏的能量主体,决定事故后果的严重程度;第二类危险源是第一类危险源造成事故的必要条件,决定事故发生的可能性。因此,危险源辨识的首要任务是辨识第一类危险源,在此基础上再辨识第二类危险源。

（二）按引发事故的起因物类型分类

根据《企业职工伤亡事故分类》GB 6441—1986，综合考虑事故的起因物、致害物、伤害方式等特点，将危险源及危险源造成的事故分为20类，即：

（1）物体打击，指物体在重力或其他外力的作用下产生运动，打击人体造成人身伤亡事故，包括因爆炸而引起的物体打击；不包括因机械设备、车辆、起重机械、坍塌等引发的物体打击。

（2）车辆伤害，指企业机动车辆在行驶中引起的人体坠落和物体倒塌、下落、挤压伤亡事故，包括挤、压、撞、倾覆等；不包括起重设备提升、牵引车辆和车辆停驶时引发的车辆伤害。

（3）机械伤害，指机械设备运动（静止）部件、工具、加工件直接与人体接触引起的夹击、碰撞、剪切、卷入、绞、碾、割、刺等伤害；不包括车辆、起重机械引起的机械伤害。

（4）起重伤害，指各种起重作业（包括起重机安装、检修、试验）中发生的挤压、坠落、（吊具、吊重）物体打击和触电。

（5）触电，包括雷击伤亡事故。

（6）淹溺，包括高处坠落淹溺，不包括矿山、井下透水淹溺。

（7）灼烫，指火焰烧伤、高温物体烫伤、化学灼伤（酸、碱、盐、有机物引起的体内外灼伤）、物理灼伤（光、放射性物质引起的体内外灼伤）；不包括电灼伤和火灾引起的烧伤。

（8）火灾。

（9）高处坠落，指高处作业中发生坠落造成的伤亡事故，包括从架子、屋顶上坠落以及从平地坠入地坑等，不包括触电坠落事故。

（10）坍塌，指物体在外力或重力作用下，超过自身的强度极限或因结构稳定性破坏而造成的事故，如挖沟时的土石方塌方、脚手架坍塌、堆置物倒塌等；不包括矿山冒顶、片帮和车辆、起重机械、爆破引起的坍塌。

（11）冒顶、片帮。

（12）透水。

（13）爆破伤害，指爆破作业中发生伤亡事故。

（14）火药爆炸，指火药、炸药及其制品在生产、加工、运输、贮运中发生的爆炸事故。

（15）瓦斯爆炸，包括煤尘爆炸。

（16）锅炉爆炸。

（17）容器爆炸。

（18）其他爆炸，包括化学爆炸、炉膛、钢水包爆炸等。

（19）中毒和窒息，指煤气、汽油、沥青、一氧化碳中毒等。

（20）其他伤害，如扭伤、跌伤、野兽咬伤等。

此种分类方法所列的危险源与企业职工伤亡事故处理调查、分析、统计、职业病处理及职工安全教育的口径基本一致，也易于接受和理解，便于实际应用。

施工现场危险源辨识时对危险源或其造成的伤害的分类多采用这种分类方法。其中高处坠落、物体打击、触电事故、机械伤害、坍塌事故、火灾和爆炸是施工中最主要的事故类型。

### （三）按导致事故和职业危害的直接原因分类

根据《生产过程危险和有害因素分类与代码》GB/T 13861—2009 的规定，将生产过程中的危险因素与有害因素分为 6 类。此种分类方法所列危险、有害因素具体、详细、科学合理，适用于项目管理人员对危险源辨识和分析，经过适当的选择调整后，可作为危险源提示表使用。

**1. 物理性危险、有害因素**

（1）设备、设施缺陷（强度不够、刚度不够、稳定性差、密封不良、应力集中、外形缺陷、外露运动件、操纵器缺陷、制动器缺陷、控制器缺陷、其他设备设施缺陷等）。

（2）防护缺陷（无防护、防护装置和设施缺陷、防护不当、支撑不当、防护距离不够、其他防护缺陷等）。

（3）电危害（带电部位裸露、漏电、雷电、静电、电火花、其他电危害）。

（4）噪声危害（机械性噪声、电磁性噪声、流体动力性噪声、其他噪声等）。

（5）振动危害（机械性振动、电磁性振动、流体动力性振动、其他振动危害等）。

（6）辐射（电离辐射，包括 X 射线、γ 射线、α 粒子、β 粒子、质子、中子、高能电子束等；非电离辐射，包括紫外线、激光、射频辐射、超高压电场等）。

（7）运动物危害（固体抛射物、液体飞溅物、坠落物、反弹物、土 / 岩滑动、料堆 / 垛滑动、气流卷动、冲击地压、其他运动物危害等）。

（8）明火。

（9）能造成灼伤的高温物质（高温气体、高温固体、高温液体、其他高温物质等）。

（10）能造成冻伤的低温物质（低温气体、低温固体、低温液体、其他低温物质等）。

（11）粉尘与气溶胶（不包括爆炸性、有毒性粉尘与气溶胶）。

（12）作业环境不良（基础下沉、安全过道缺陷、采光照明不良、有害光照、通风不良、缺氧、空气质量不良、给 / 排水不良、涌水、强迫体位、气温过高、气温过低、气压过高、气压过低、高温高湿、自然灾害、其他作业环境不良等）。

（13）信号缺陷（无信号设施、信号选用不当、信号位置不当、信号不清、信号显示不准、其他信号缺陷等）。

（14）标志缺陷（无标志、标志不清晰、标志不规范、标志选用不当、标志位置缺陷、其他标志缺陷等）。

（15）其他物理性危险、有害因素。

**2. 化学性危险、有害因素**

（1）易燃易爆性物质（易燃易爆性气体、易燃易爆性液体、易燃易爆性固体、易燃易爆性粉尘与气溶胶、遇湿易燃物质和自燃性物质、其他易燃易爆性物质等）。

（2）反应活性物质（氧化剂、有机过氧化物、强还原剂）。

（3）有毒物质（有毒气体、有毒液体、有毒固体、有毒粉尘与气溶胶、其他有毒物质等）。

（4）腐蚀性物质（腐蚀性气体、腐蚀性液体、腐蚀性固体、其他腐蚀性物质等）。

（5）其他化学性危险、有害因素。

**3. 生物性危险、有害因素**

（1）致病微生物（细菌、病毒、其他致病性微生物等）。

（2）传染病媒介物。

（3）致害动物。

（4）致害植物。

（5）其他生物危险、有害因素。

**4. 心理、生理性危险、有害因素**

（1）负荷超限（体力负荷超限、听力负荷超限、视力负荷超限、其他负荷超限）。

（2）健康状况异常。

（3）从事禁忌作业。

（4）心理异常（情绪异常、冒险心理、过度紧张、其他心理异常）。

（5）辨识功能缺陷（感知延迟、识别错误、其他识别功能缺陷）。

（6）其他心理、生理性危险、有害因素。

5. 行为性危险、有害因素

（1）指挥错误（指挥失误、违章指挥、其他指挥错误）。

（2）操作错误（误操作、违章作业、其他操作错误）。

（3）监护错误。

（4）其他行为性危险、有害因素。

6. 其他危险、有害因素

（1）搬举重物。

（2）作业空间。

（3）工具不合适。

（4）标志不清。

## 第二节　危险源辨识

危险因素是指能够对人造成伤亡或对物造成突发性损害的因素。危害因素是指能够影响人的身体健康，导致疾病，或对物造成慢性损害的因素。通常情况下，两者不做严格的区分，客观存在的危险，有害物质或能量超过临界值的设备、设施和场所等，统称为危险因素。

危害辨识是确认危害的存在并确定其特性的过程。即找出可能引发事故导致不良后果的材料、系统、生产过程或工厂的特征。因此，危害辨识有两个关键任务：识别可能存在的危险因素，辨识可能发生的事故后果。

### 一、危险、危害因素的分类

对危险因素进行分类，是为了便于进行危险因素的辨识和分析，危险因素的分类方法有很多，如根据《生产过程危险和有害因素分类与代码》GB 13816—2009 的规定，将生产过程中的危险因素分为六类：物理性危险因素（防护缺陷、噪声危害等）、化学性危险因素（自燃性物质、有毒物质等）、生物性危险因素（致害动物、植物等）、心理、生理性危险因素（负荷超限、从事禁忌作业等）、行为性危险因素（指挥失误、操作错误等）、其他危险因素。

按直接原因危险、危害因素可分为以下几类。

（1）物理性危险、危害因素　设备、设施缺陷（如刚度不够）；防护缺陷（防护不当）；电危害（漏电）；噪声危害；振动危害；电磁辐射（X射线）；运动物危害（固体抛射物）；明火；能造成灼伤的高温物质（高温气体）；能造成冻伤的低温物质（低湿气体）；粉尘与气溶胶（有毒性粉尘）；作业环境不良（缺氧）；信号缺陷（无信号设施）；标志缺陷（无标志）；其他物理性危险和危害因素。

（2）化学性危险、危害因素　易燃易爆性物质；自燃性物质；有毒物质；腐蚀性物质；其他化学性危险、危害因素。

（3）生物性危险、危害因素　致病微生物；传染病媒介物；致害动物；致害植物；其他生物性危险、危害因素。

（4）心理、生理性危险、危害因素　负荷超限；健康状况异常；从事禁忌作业；心里异常；辨识功能缺陷；其他。

（5）行为性危险、危害因素　指挥作用；操作失误；监护失误；其他错误；其他因素。

（6）其他危险、危害因素　参照《企业职工伤亡事故分类》GB 6441—1986分为16类。物体打击；车辆伤害；机械伤害；起重伤害；触电；淹溺；灼烫；火灾；高处坠落；坍塌；放炮；火药爆炸；化学性爆炸；物理性爆炸；中毒和窒息；其他伤害。参照卫生部、原劳动部、总工会颁发的《职业病范围和职业病患者处理办法的规定》分为生产性粉尘；毒物；噪声与振动；高温；低温；辐射；其他危害因素。

## 二、危害辨识的主要内容

危害辨识与危险评价过程中，应对如下方面存在的危险、危害因素进行分析与评价。

（1）厂址。厂址的工程地质、地形、自然灾害、周围环境、气象条件、资源交通、抢险救灾支持条件等方面。

（2）厂区平面布局总图。功能分区（生产、管理、辅助生产、生活区）布置；高温、有害物质、噪声、辐射、易燃、易爆、危险品设施布置、工艺流程布置、建（构）筑物布置、风向、安全距离、卫生防距离等。

（3）运输线路。厂区道路、危险品装卸区。

（4）建（构）筑物。结构、防火、防爆、朝向、采光、运输（操作、安全、运输、检修）通道、开门、生产卫生设施。

（5）生产工艺过程。物料（毒性、腐蚀性、燃爆性）湿度、压力、速度、作业及控制条件、事故及失控状态。

（6）生产设备装置、化工设备装置。高温、低温、腐蚀、高压、振动、关键部位的备用设备、控制、操作、检修和故障、失误时的紧急异常情况。

（7）机械设备。运动零部件和工件、操作条件、检修作业、误运转和误操作。

（8）电气设备。断电、触电、火灾、爆炸、误运转和误操作。

（9）危险性较大设备。高处作业设备，特殊单体设备、装置。锅炉房、乙炔站、氧气站、石油库、危险品库等。

（10）粉尘、毒物、噪声、振动、辐射、高温、低温等有害作业部位。

（11）管理设施、事故应急抢救设施和辅助生产、生活卫生设施。

（12）物质及作业环境危害辨识。

## 三、危害辨识方法

施工工程安全生产危险因素辨识，依据包括有项目设计图纸、施工组织设计文件、建设工程安全事故因素表等。

辨识施工现场危险源方法有许多，如专家调查法、工作任务分析、安全检查表、危险与可操作性研究、事件树分析、故障树分析等，项目管理人员主要采用现场调查的方法。

### （一）专家调查方法

专家调查方法是通过向有经验的专家咨询、调查，筛查危险因素的方法。为避免遗漏危险因素，在专家的选择上，应考虑管理专家、安全技术专家、工程技术专家等不同领域行业专家，以消除“当局者迷”的局限。

常用专家调查法有：

（1）头脑风暴方法（Brainstorming），也称集思广益或专家会议法。它是通过营造一个无批评的自由的会议环境，使与会专家畅所欲言，充分交流，相互启发，产生出大量创造性的有关某一问题的一致性意见。

适用于单纯议题，如果问题复杂，应进行目标分解，逐个目标讨论，最后经汇总形成对某一复杂目标危险因素的识别。

（2）德尔菲（Delphi）法，是一种反馈匿名函询法。其基本做法是在对所要预测的问题征得专家意见之后，进行整理、归纳、统计，再匿名反馈给专家，再次征询意见，再集中，再反馈，直到获得一致意见。

德尔菲方法的基本步骤如下：

第一步：挑选企业内部、外部的专家，组成专家小组，专家成员互不会面，彼此互不了解；

第二步：要求每位专家对所讨论问题，进行匿名分析；

第三步：所有专家都会收到一份全组专家的综合分析意见，并要求所有专家在这次反馈意见的基础上重新分析，这样反复进行，直到所有专家达成一致意见。

## （二）工作任务分析法

通过分析施工现场人员工作任务中所涉及的危害，可辨识出有关的危险源。

## （三）安全检查表法

检查表是管理中用来记录和整理数据的常用工具。用于危险因素识别时，将项目可能发生的各类危险因素罗列于一张表上，供识别人员进行检查核对，特定项目是否存在表中所列危险因素。危险因素检查表或安全检查表中所列因素为历史上同类工程项目曾经发生过事故的危险因素（或安全因素），是工程项目安全管理经验的结晶，对工程安全管理人员具有开拓思路、启发联想、抛砖引玉的作用。安全管理业绩优秀的安全管理人员或项目组织需要掌握丰富的安全检查表，常见的有不安全状态与不安全行为表。安全检查表在《建筑施工安全检查标准》JGJ 59—2011 中均有描述。通过对过去工伤事故原因的统计分析，获得的常见不安全状态危险因素见表 6-1，常见不安全行为危险因素见表 6-2。

不安全状态危险因素表　　表6–1

| 大类 | 子因素 | 危险因子 |
|---|---|---|
| 1. 防护、保险、信号等装置缺乏或有缺陷 | 1.1 无防护 | 1.1.1 无防护罩<br>1.1.2 无安全保险装置<br>1.1.3 无报警装置<br>1.1.4 无安全标志<br>1.1.5 无护栏或护栏损坏<br>1.1.6 （电气）未接地<br>1.1.7 绝缘不良<br>1.1.8 局部无消音系统、噪声大<br>1.1.9 危房内作业<br>1.1.10 未安装防止“跑车”的挡车器或挡车栏<br>1.1.11 其他 |

续表

| 大类 | 子因素 | 危险因子 |
| --- | --- | --- |
| 1. 防护、保险、信号等装置缺乏或有缺陷 | 1.2 防护不当 | 1.2.1 防护罩未在适当位置<br>1.2.2 防护装置调整不当<br>1.2.3 坑道掘进、隧道开凿支撑不当<br>1.2.4 防爆装置不当<br>1.2.5 采伐、集材作业安全距离不够<br>1.2.6 放炮作业隐蔽场所有缺陷<br>1.2.7 电气装置带电部分裸露<br>1.2.8 其他 |
| 2. 设备、设施、工具、附件有缺陷 | 2.1 设计不当，结构不符合安全要求 | 2.1.1 通道门遮挡视线<br>2.1.2 制动装置有缺陷<br>2.1.3 安全间距不够<br>2.1.4 拦车网有缺陷<br>2.1.5 工件有锋利毛刺、毛边<br>2.1.6 设施上有锋利倒梭<br>2.1.7 其他 |
| | 2.2 强度不够 | 2.2.1 机械强度不够<br>2.2.2 绝缘强度不够<br>2.2.3 起吊重物的绳索不合安全要求<br>2.2.4 其他 |
| | 2.3 设备在非正常状态下运行 | 2.3.1 设备带“病”运转<br>2.3.2 超负荷运转<br>2.3.3 其他 |
| | 2.4 维修、调整不良 | 2.4.1 设备失修<br>2.4.2 地面不平<br>2.4.3 保养不当、设备失灵<br>2.4.4 其他 |
| 3. 个人防护用品用具、防护服、手套有缺陷 | 3.1 无个人防护用品、用具 | |
| | 3.2 所用的防护用品、用具不符合安全要求 | |
| 4. 生产（施工）场地环境不良 | 4.1 照明光线不良 | 4.1.1 照度不足<br>4.1.2 作业场地烟雾粉尘弥漫，视物不清<br>4.1.3 光线过强 |
| | 4.2 通风不良 | 4.2.1 无通风<br>4.2.2 通风系统效率低<br>4.2.3 风流短路<br>4.2.4 停电停风时放炮作业<br>4.2.5 瓦斯排放未达到安全浓度放炮作业<br>4.2.6 瓦斯超限<br>4.2.7 其他 |

续表

| 大类 | 子因素 | 危险因子 |
|---|---|---|
| 4. 生产（施工）场地环境不良 | 4.3　作业场所狭窄 | |
| | 4.4　作业场地杂乱 | 4.4.1　工具、制品、材料堆放不安全<br>4.4.2　采伐时，未开“安全道”<br>4.4.3　迎门树、坐殿树、搭挂树未作处理<br>4.4.4　其他 |
| | 4.5　交通线路的配置不安全 | |
| | 4.6　操作工序设计或配置不安全 | |
| | 4.7　地面滑 | 4.7.1　地面有油或其他液体<br>4.7.2　冰雪覆盖<br>4.7.3　地面有其他易滑物 |
| | 4.8　贮存方法不安全 | |
| | 4.9　环境温度、湿度不当 | |

**不安全行为危险因素表**　　**表6–2**

| 大类 | 子因素 |
|---|---|
| 1. 操作错误，忽视安全，忽视警告 | 1.1　未经许可开动、关停、移动机器<br>1.2　开动、关停机器时未给信号<br>1.3　开关未锁紧，造成意外转动、通电或泄漏等<br>1.4　忘记关闭设备<br>1.5　忽视警告标志、警告信号<br>1.6　操作错误（指按钮、阀门、扳手、把柄等的操作）<br>1.7　奔跑作业<br>1.8　供料或送料速度过快<br>1.9　机械超速运转<br>1.10　违章驾驶机动车<br>1.11　酒后作业<br>1.12　客货混载<br>1.13　冲压机作业时，手伸进冲压模<br>1.14　工件紧固不牢<br>1.15　用压缩空气吹铁屑<br>1.16　其他 |
| 2. 造成安全装置失效 | 2.1　拆除了安全装置<br>2.2　安全装置堵塞，失去作用<br>2.3　调整错误造成安全装置失效<br>2.4　其他 |

续表

| 大类 | 子因素 |
| --- | --- |
| 3. 使用不安全设备 | 3.1 临时使用不牢固的设施<br>3.2 使用无安全装置的设备<br>3.3 其他 |
| 4. 手代替工具操作 | 4.1 用手代替手动工具<br>4.2 用手清除切屑<br>4.3 不用夹具固定、用手拿工件进行机加工 |
| 5. 物体（指成品、半成品、材料、工具、切屑和生产用品等）摆放不当 | |
| 6. 冒险进入危险场所 | 6.1 冒险进入涵洞<br>6.2 接近漏料处（无安全设施）<br>6.3 采伐、集材、运材、装车时，未离危险区<br>6.4 未经安全监察人员允许进入油罐或井中<br>6.5 未“敲帮问顶”开始作业<br>6.6 冒进信号<br>6.7 调车场超速上下车<br>6.8 易燃易爆场合使用明火<br>6.9 私自搭乘矿车<br>6.10 在绞车道行走<br>6.11 未及时瞭望 |
| 7. 攀、坐不安全位置（如防护栏、汽车挡板、吊车吊钩） | |
| 8. 在起吊物下作业、停留 | |
| 9. 机器运转时加油、修理、检查、调整、焊接、清扫等 | |
| 10. 有分散注意力行为 | |
| 11. 在必须使用个人防护用品用具的作业或场合中，忽视其使用 | 11.1 未戴护目镜或面罩<br>11.2 未戴防护手套<br>11.3 未穿安全鞋<br>11.4 未戴安全帽<br>11.5 未佩戴呼吸护具<br>11.6 未佩戴安全带<br>11.7 未戴工作帽<br>11.8 其他 |
| 12. 不安全装束 | 12.1 在有旋转零部件的设备旁作业穿着肥大服装<br>12.2 操纵带有旋转零部件的设备时戴手套<br>12.3 其他 |

### （四）危险与可操作性研究

危险与可操作性研究是一种对工艺过程中的危险源实行严格审查和控制的技术，它是通过指导语句和标准格式寻找工艺偏差，以辨识系统存在的危险源，并确定控制危险源风险的对策。

### （五）事件树分析

事件树分析是一种从初始原因事件起，分析各环节事件“成功（正常）”或“失败（失效）”的发展变化过程，并预测各种可能结果的方法，即时序逻辑分析判断方法。应用这种方法，通过对系统各环节事件的分析，可辨识出系统的危险源。

### （六）故障树分析

故障树分析是根据系统可能发生的或已经发生的事故结果，去寻找与事故发生有关的原因、条件和规律。通过这样一个过程分析，可辨识出系统中导致事故的有关危险源。

上述几种危险源辨识方法的切入点和分析过程，各有特点，也各有自己的适用范围或局限性。因此，项目管理人员在辨识危险源的过程中，往往使用一种方法还不足以全面地辨识其所存在的危险源，必须综合地运用两种或两种以上方法。

## 四、危害辨识、风险评价和风险控制的基本步骤

危害辨识、风险评价和风险控制的基本步骤如图 6-2。

（1）划分作业活动（也可称业务活动），编制一份业务活动表，其内容包括厂房、设备、人员和程序，并收集有关信息。

（2）辨识危害，辨识与各项业务活动有关的主要危害。考虑谁会受到伤害以及如何受到伤害。

（3）确定风险，在假定计划的或现有控制措施适当的情况下，对与各项危害有关的风险做出主观评价。评价人员还应考虑控制的有效性以及一旦失败所造成的后果。

（4）确定风险是否可承受，判断计划的或现有的预防措施是否足以把危害控制住并符合法律的要求。

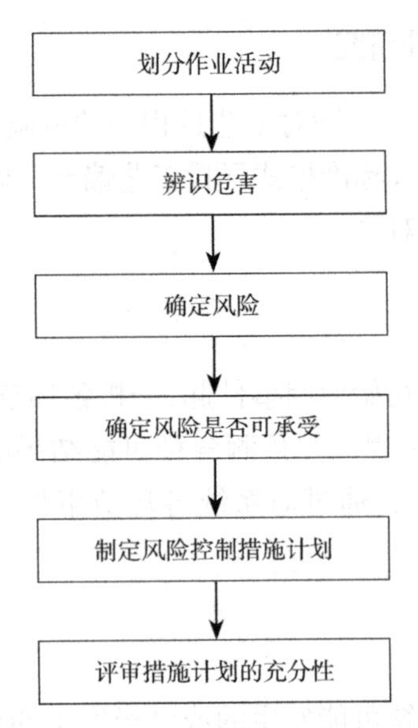


**图 6-2　危害辨识、风险评价和风险控制的基本步骤**

（5）制定风险控制措施计划，编制计划以处理评价中发现的、需要重视的任何问题。组织应确保新的和现行控制措施仍然适当和有效。

（6）评审措施计划的充分性，针对已修正的控制措施，重新评价风险，并检查风险是否可承受。

危险辨识是风险评价与风险控制的基础，它是指对所面临的和潜在的事故危险加以判断、归类和分析危险性质的过程。其目的是要了解什么情况能发生，怎样发生和为什么能发生，辨识出要进行管理或评价的危险。

风险评价是指在危险辨识的基础上，通过对所收集的大量的详细资料加以分析，估计和预测事故发生的可能性或概率（频率）和事故造成损失的严重程度，确定其危险性，并根据国家所规定的安全指标或公认的安全指标，衡量风险的水平，以便确定风险是否需要处理和处理的程度。

风险控制是指根据风险评价的结果，选择、制定和实施适当的风险控制计划来处理风险，它包括风险控制方案范围的确定，风险控制方案的评定，风险控制计划的安排和实施。

监督和审查是指对危险辨识、风险评价以及风险控制全过程进行分析、检查、修正与评价，如图 6-3 所示。

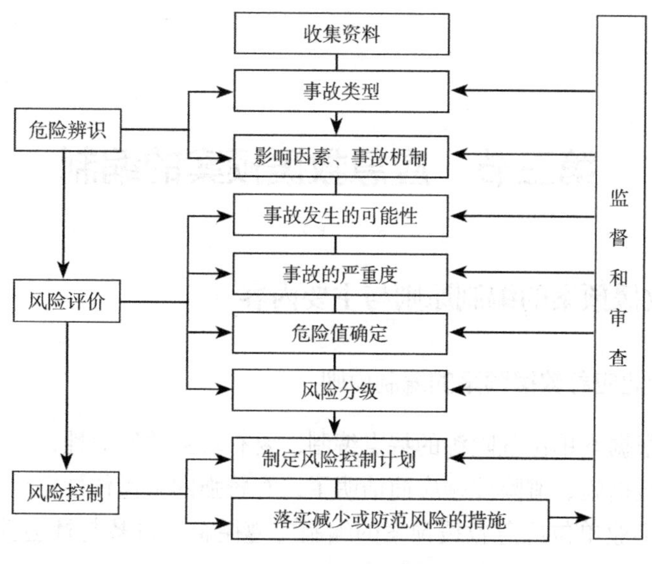


图 6-3　监督和审查的内容

## 五、重大危险源与危险源辨识

重大危险源是指长期地或临时地生产、加工、搬运、使用或储存危险物质，且危险物质的数量等于或超过临界量的单元。重大危险源辨识依据是物质的危险特性及其数量。单元内存在危险物质的数量等于或超过临界量，即被定为重大危险源。单元内存在危险物质的数量根据处理物质种类的多少分为以下两种情况：单元内存在的危险物质为单一品种，则该物质的数量即为单元内危险物质的总量，若等于或超过相应的临界量，则定为重大危险源。单元内存在的危险物质为多品种时，则按下式计算，若满足下面公式，则定为重大危险源。

$$\frac{q_1}{Q_1}+\frac{q_2}{Q_2}+\cdots+\frac{q_n}{Q_n}\geqslant 1$$

式中　$q_1$，$q_2$，…，$q_n$——每种危险物质实际存在量；

$Q_1$，$Q_2$，…，$Q_n$——与各危险物质相对应的生产场所或储存区的临界量。

重大事故是由于重大危险源在失去控制的情况下导致的后果。重大事故隐患包含在重大危险源的范畴之中，从事故预防的角度，加强对重大危险源的监控管理，控制危险源，查找、治理事故隐患是非常必要的。

# 第三节　应急救援预案的编制

## 一、应急救援预案的编制原则与主要内容

### （一）企业应急救援预案的编制原则

（1）应根据本单位危险源的特点编制，要有较强的针对性；

（2）救援措施、避险要领应简洁明了，有较强的可操作性；

（3）企事业单位应急救援预案的编制应遵循企业自救与社会救援相结合的原则。

### （二）应急救援预案的主要内容

（1）危险源辨识及评价结果；

（2）事故类型及可能造成的危害分析；

（3）事故应急救援及紧急避险措施；

（4）事故应急救援组织指挥机构、救援队伍及职责分工；

（5）事故应急救援器材、装备；

（6）需请求社会救援的事项；

（7）事故应急预案演练的考核评价标准；

（8）事故应急预案管理制度。

## 二、应急救援预案的编制步骤

根据建设工程的特点，工地现场可能发生的安全事故有：坍塌、火灾、中毒、爆炸、物体打击、高空坠落、机械伤害、触电等，应急预案的人力、物资、技术准备主要针对这几类事故。

应急预案应立足于安全事故的救援，立足于工程项目自援自救，立足于工程所在地政府和当地社会资源的救助。事故应急救援预案编制工作是一项涉及面广、专业性强的工作，是一项复杂的系统工程。预案的编制是一个动态的过程，从预

案编制小组成立到预案的实施，要经历一个多步骤的工作过程，整个过程如图 6-4。

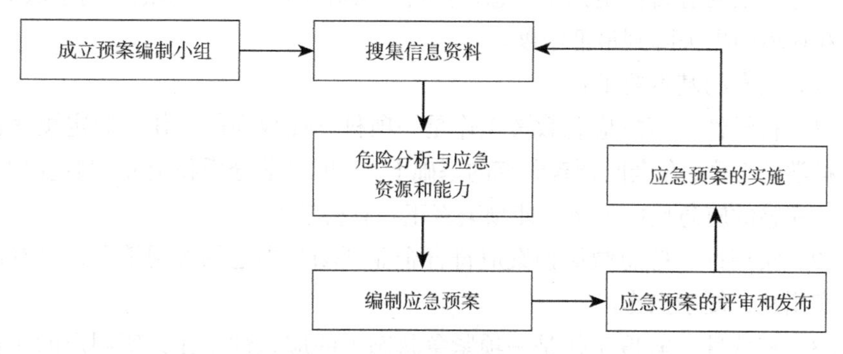


图 6-4　应急预案编制工作图

事故应急救援预案是基于风险评价的基础之上的，风险评价不可能预测到所有的事故情况，在实际实施过程中，往往会有一些预料不到的情况发生；另外，预案编制时的条件，包括人们的认知程度、救援技术的改进、危险源预防措施的改进、危险源数量和种类的变化都是一个动态过程，随着时间的推移，危险源的状况（种类、数量）、救援技术及人们对事故的认知水平都会发生不同程度的变化，针对这些变化，预案编制小组就得重新回到资料收集这一过程，开始对预案进行修订完善，这样一个动态循环的预案编制过程能够使预案更加完善可行。

在建设工程中，企业的管理者和有关人员要比其他人更熟悉本单位的紧急情况，因此他们更适合制定自己单位的反应计划。要进行企事业单位的应急管理，首先要建立应急预案小组，由管理层某个人或一个小组来负责制定应急管理方案。

## 三、应急救援预案的策划与编制

要保证应急救援系统的正常进行，必须事先编制应急救援预案，依据计划指导应急准备、训练和演习以及快速且高效地采取行动。事故应急救援预案（事故应急计划）是应急管理的文本体现，是事故预防系统的重要组成部分。

应急救援预案的内容主要包括：

（1）明确应急预案组织成员及其职责；

（2）确定可能面临的事故灾害；

（3）对可能的事故灾害进行预测与评价；

（4）内部资源与外部资源的确定与准备；

（5）设计行动战术与程序；

（6）制定培训和演习计划。

应急预案的总目标是控制紧急事件的发展并尽可能消除事故，将事故对人、财产和环境的损失降到最低限度。

应急预案的基本要求：

（1）科学性。事故应急救援工作是一项科学性很强的工作，制定预案也必须以科学的态度，在全面调查研究的基础上，开展科学分析和论证，制定出严密、统一、完整的应急反应方案，使预案真正具有科学性。

（2）实用性。应急救援预案应符合企业现场和当地的客观情况，具有适用性和实用性，便于操作。

（3）权威性。救援工作是一项紧急状态下的应急性工作，所制定的应急救援预案应明确救援工作的管理体系，救援行动的组织指挥权限和各级救援组织的职责和任务等一系列的行政性管理规定，保证救援工作的统一指挥。应急预案应经上级部门批准后才能实施，保证预案具有一定的权威性和法律保障。

### （一）应急预案的文件体系

应急预案要形成完整的文件体系以充分发挥作用，有效完成应急行动。一个完整的应急预案应包括总预案、程序、说明书和记录四级文件体系。

（1）一级文件——总预案。总预案包含对紧急情况的管理政策、应急预案的目标、应急组织和责任等内容。

（2）二级文件——程序。程序说明某个行动的目的和范围。程序内容十分具体，其目的是为应急行动提供指南。程序书写要求简洁明了，以确保应急队员在执行应急步骤时不会产生误解。程序格式可以是文字、图表或两者的组合。程序文件包括：预案概况、预防程序、准备程序、基本应急程序、专项应急程序、恢复程序。

（3）三级文件——说明书。对程序中的特定任务及某些行动细节进行说明，供应急组织内部人员或其他个人使用，例如应急队员职责说明书、应急监测设备使用说明书等。

（4）四级文件——对应急行动的记录。包括在应急行动期间所做的通信记录、每一步应急行动的记录等。

从记录到预案，层层递进，组成了一个完善的预案文件体系，从管理角度而言，可以根据这四类预案文件等级分别进行归类管理，既保持了预案文件的完整性，又因其清晰的条理性便于查阅和调用，保证应急预案能有效地得到运用。在实际中，由于预案和程序之间的差别并不十分显著，通常需要将全体读者知道的内容归入预案，而只有某个人或某部门才需要的信息和方法则作为部

门的标准工作程序，应避免在应急预案中提及不必要的细节。

需要编写的应急程序清单见表6-3，重大危险源应急程序中还要列出应急管理制度清单（表6-4）和所需应急附件清单（表6-5）。

各种工作制度对应急行动作了各方面的规定，是救援队伍的行为规范和准则。只有健全的规章制度才能保证应急救援工作的顺利开展。

应急预案中需要编写的应急程序清单　表6-3

| | |
|---|---|
| 准备程序 | 风险评价程序 |
| | 应急资源和能力评估程序 |
| | 人员培训程序 |
| | 演练程序 |
| | 物资供应与应急设备 |
| | 记录保存 |
| | 应急宣传 |
| 基本应急行动程序 | 报警程序 |
| | 应急启动程序 |
| | 通信联络程序 |
| | 疏散程序 |
| | 指挥与控制程序 |
| | 医疗救援程序 |
| | 交通管制程序 |
| | 政府协调程序 |
| | 公共关系处理程序 |
| | 应急关闭程序 |
| 专项应急程序 | 火灾和泄漏应急程序 |
| | 爆炸事故应急程序 |
| | 其他事故应急程序 |
| 恢复程序 | 事故调查程序 |
| | 事故损失评价程序 |
| | 事故现场净化和恢复程序 |
| | 生产恢复程序 |
| | 保险索赔程序 |

应急工作制度列表 表6–4

| 应急工作制度 | |
| --- | --- |
| 应急工作制度 | 学习、培训制度 |
| | 绩效考核制度 |
| | 值班制度 |
| | 例会制度 |
| | 救灾物资的管理制度 |
| | 财务管理制度 |
| | 定期演练、检查制度 |
| | 总结评比制度 |
| | 应急设备管理制度 |

应急工作附件列表 表6–5

| 应急附件 | |
| --- | --- |
| 应急附件 | 应急机构人员通信录 |
| | 组织员工手册 |
| | 专家名录 |
| | 技术参考（手册、后果预测和评估模型及有关支持软件等） |
| | 应急设备清单 |
| | 重大危险源登记表、分布图 |
| | 重要防护目录一览表、分布图 |
| | 疏散线路图 |
| | 应急力量一览表、分布图 |
| | 外部援助机构一览表 |
| | 现场平面图 |
| | 交通图 |
| | 通信联络图 |
| | 应急程序图 |

### （二）应急预案的核心要素

应急预案是针对可能发生的紧急事件所需的应急准备和应急响应行动而制定的指导性文件，其核心内容应包括企事业单位基本情况、应急组织机构及其职责、所面临危险的类型、应急响应优先顺序、事故后的恢复以及预案的更新维护等。以下所列的是在编写预案时需要分析、掌握的资料，应急预案的编写可结合本单位具体情况。

**1. 基本情况及周围环境**

（1）施工区、生活区和辅助区的划分；

（2）施工工艺流程；

（3）主要安全设施及其分布；

（4）周围气象、气候、地理、地形、地貌、水文；

（5）周围人口分布；

（6）周围重要单位和设施；

（7）交通。

**2. 组织机构及其职责**

（1）明确应急反应组织机构、参加单位、人员及其作用与职责；

（2）明确应急反应总负责人，以及每一具体行动的负责人；

（3）列出本区域以外能提供援助的有关机构；

（4）明确政府和企业在应急行动中各自的职责。

**3. 危害辨识与风险评价**

（1）确认可能发生的事故类型、地点；

（2）确定事故影响范围及可能影响的人数；

（3）划分事故严重程度；

（4）导致那些最严重事件发生的过程；

（5）对潜在事故的描绘；

（6）事件之间的联系；

（7）每一个事件的后果。

**4. 报警和通信联络**

（1）确定报警系统及程序；

（2）确定现场24h的通告、报警方式，如电话、广播、网络、警报器等；

（3）确定24h与政府主管部门的通信、联络方式以便应急指挥与疏散居民；

（4）明确相互认可的通告、报警形式和内容；

（5）明确应急反应人员向外求援的方式；

（6）紧急通告及向公众报警的形式、内容、标准等；

（7）明确应急反应指挥中心怎样保证有关人员理解并对应急报警作出反应。

**5. 应急设备与设施**

（1）下列应急设备的数量、型号、存放地点及获取方式：

1）急救设备；
2）个体防护设备；
3）通信设备；
4）检测设备；
5）消防设备；
6）维修工具；
7）应急物资等。
（2）下列应急机构能力和资源的描述：
1）安全生产监督管理部门；
2）公安部门；
3）消防部门；
4）急救部门；
5）医疗卫生部门；
6）防疫部门；
7）环保部门；
8）水、电、气供应部门；
9）交通运输部门；
10）与有关机构签订的互援协议等。

**6. 应急评价能力与资源**

（1）明确决定各项应急事件的危险程度的负责人；
（2）描述评价危险程度的程序；
（3）描述评估小组的能力；
（4）描述评价危险场所所使用的监测设备；
（5）确定外援的专业人员。

**7. 保护措施程序（响应措施）**

（1）事故初期控制措施；
（2）明确可授权发布疏散居民命令的负责人及发布命令的程序；
（3）明确避灾路线、临时避难场所及负责执行避灾疏散的机构和负责人等；
（4）对特殊人群（学校、幼儿园、老弱病残）的保护措施；
（5）对特殊设施的保护措施；
（6）明确启动、终止保护措施的程序和方法。

**8. 信息发布与公众教育**

（1）明确各应急小组在应急过程中对媒体和公众的发言人；

（2）描述向媒体和公众发布事故应急信息的决定方法；

（3）描述为确保公众了解如何面对应急情况所采取的周期性的宣传以及提高安全意识的措施。

**9. 关闭程序**

（1）关闭行动的负责人；

（2）设备关闭操作程序；

（3）关闭专用工具；

（4）关闭具体操作人员；

（5）需关闭设备是否有明显标志；

（6）应关闭的设备明细。

**10. 事故后的恢复程序**

（1）明确决定终止应急，恢复正常秩序的负责人；

（2）明确保护事故现场的方法，确保不会发生未经授权而进入事故现场的措施；

（3）宣布取消应急状态的程序；

（4）恢复正常状态的程序；

（5）描述连续检测影响区域的方法；

（6）描述调查、记录、评估应急反应的方法。

**11. 培训与演习**

（1）制定每年培训、演练计划；

（2）培训演练目的：测试预案的有效性、检验应急设备、确保应急人员熟悉他们的职责和任务；

（3）培训内容：危险特征、报告、报警、疏散、防护、急救和抢险等；

（4）培训要求：针对性、定期性、真实性、全员性；

（5）通过对应急人员培训，确保合格者上岗。

**12. 应急预案的维护**

（1）明确每项计划更新、维护的负责人；

（2）描述每年更新和修订应急预案的方法；

（3）根据演练、检测结果完善应急计划。

**13. 记录与报告**

（1）培训记录；

（2）演练记录；

（3）修改记录。

## 四、应急预案文件要素

应急预案编制小组在完成应急资源与能力分析以及企业所面临的风险分析之后，下一步则要进入应急预案的具体编制工作，在着手预案的编制之前，应急预案编制小组应建立起预案的文件框架体系。应急预案是由程序文件、说明书、记录等一系列文件体系组成的。公司在编写预案时其形式可不拘一格，但内容应包括执行概要、管理要素、响应程序及执行文件等。

### （一）应急计划纲要

应急计划纲要给应急方案的执行提供一个简要的计划，包括以下内容：

（1）应急准备的目的；

（2）应急管理的基本政策方针；

（3）主要关键人员在应急管理中的权力和责任；

（4）可能发生的紧急事件的类型；

（5）哪些地方将进行应急操作响应。

### （二）应急管理要素

应急管理要素反映了企事业单位关于应急管理的能力。应急管理的核心要素包括以下几个方面：

（1）指挥与控制；

（2）通信；

（3）生命安全；

（4）财产保护；

（5）外延社区；

（6）恢复与重建；

（7）管理与行政。

这些要素是企事业在保护生命、设备以及恢复操作所进行操作的应急程序的基础。一个预案编制的好坏与否与应急管理要素实现的程度有着密不可分的关系。

通过应急管理要素分析，至少当紧急事件发生时，所有的人员都应该知道：

（1）我的任务是什么；

（2）我应该去哪儿。

有些企事业单位制定应急预案还需要进一步确定如下的内容：

（1）紧急逃离的程序和路线；
（2）负责进行或关闭在撤退前关键操作人员的程序；
（3）全部撤退后清点所有员工、来宾和承包商的程序；
（4）指派员工的救援和医疗职责；
（5）报道应急情况的程序；
（6）与预案信息有关的人员姓名和部门名称。

### （三）应急响应程序

应急响应程序详细地展开了企事业单位如何对紧急情况作出响应，是对应急管理要素具体行动的体现。对企事业单位而言，任何时候，只要有可能，应尽可能将响应程序扩展为一系列的检查表，随时以备上级管理者或部门领导以及有关响应人员或单位员工的快速查询。

应急响应程序中，企事业单位应弄清楚针对以下状况应采取哪些必要的行动：
（1）评估现状；
（2）员工、顾客、来宾、设备、重要的文件以及其他资产的无损害（特别是前3项）；
（3）恢复公司生产。

应急预案程序所涉及的内容是应急时通常采用的行动措施，常用的基本程序内容如下：

#### 1. 报警程序

在发生紧急情况或突发事故的过程中，任何人员都有可能发现事故或险情，此时他们的首要任务就是向有关部门报警，提供事故的所有信息，并在力所能及的范围内采取适当的应急行动。该程序主要指导人员如何使用报警与通信设备，如电话、报警器、信号灯、无线电等，并明确安全人员、操作人员或其他人员的报警职责。

在具体执行报警操作时，应该根据事故的实际情况，决定报警的接收对象，即通告范围。通常决定因素包括紧急情况的类型和紧急情况的严重程度。例如，一旦发生火灾，通知范围就应该包括消防部门、应急救援系统的各个机构以及其他相关的社会部门；如果发生特殊类型的事故或者涉及危险品的特大事故时，通知范围就应该包括参与现场应急的所有人员、地方政府的应急预案制定部门、政府的环境部门及国家应急中心等。

制定报警程序时，还必须考虑到一些对程序有用的补充图表或说明。例如，制定简易流程表以显示信息散发的途径、如何执行紧急呼叫等内容，这些补充图表或说明能为报警人员提供便利。

**2. 通信程序**

通信程序描述在应急中可能使用的通信系统，以保证应急救援系统的各个机构之间保持联系。程序中应该考虑下列通信联系：

（1）应急队员之间；

（2）事故指挥者与应急队员之间；

（3）应急救援系统各机构之间；

（4）应急指挥机构与外部应急组织之间；

（5）应急指挥机构与伤员家庭之间；

（6）应急指挥机构与顾客之间；

（7）应急指挥机构与新闻媒体之间。

与报警程序制定相似，在制定和执行该通信程序时，应该考虑到一些必要的补充，例如，重要人员的家庭、办公电话号码、手机号码，事故应急中可能涉及的关键部门的名称和电话列表等。

**3. 疏散程序**

疏散程序的主要内容是从事故影响区域内疏散的必要行动。疏散程序的重要地位是十分明显的，因为发生事故时，有关人员安全有序地疏散是最重要的应急行动。

疏散程序应该说明疏散操作步骤及注意事项并确定由谁决定疏散范围（是小部分还是全部的），还应告知被疏散人员疏散区域所使用的标志与具体的疏散路线。在疏散过程中还应针对受伤人员的疏散制定特殊的保护措施。

对该程序的补充包括提供事故现场区域的路线地图、危险区的标注、可供人员休息或隐蔽的掩体等内容，目的是为了保证疏散过程中的人员安全，降低事故损失。

**4. 交通管制程序**

危险品运输车辆通过重要区域时，为防止交通堵塞和人员的过于密集带来的危险，应该实施交通管制，从而使危险品车辆迅速顺利地通过复杂的关键路段，可以极大地降低危险。

交通管制程序主要包括以下几方面。

（1）警戒

在事故现场或实施交通管制时期，一定的警戒是必需的。警戒人员主要负责警戒任务，包括：保护事故现场、防止外来干扰、保护现场所有人员的安全等。根据事故情况等决定警戒人员的数量。

（2）约定的交通管制

指事先约定的、并按预案制定者所推荐的参考资料和管制步骤，有充足的准备来保证有序和安全地实行交通管制。

（3）快速交通管制

指当发生特殊事故或人员生命面临危险，并且没有足够时间开展有序的约定交通管制时，应该立刻实行快速交通管制，以控制事故情况并拯救伤员，减轻事故的影响。

**5. 恢复程序**

当事故现场应急行动结束以后，应该开展的最紧迫的工作是使在事故中一切被破坏或耽搁的人、物和事得到恢复，进入正常运转状态，这就是恢复程序的基本内容。由于它需要人员、资源、计划等诸多因素的支持才能开展，因此，它的执行需要较长的时间。所需时间的长短一般取决于下列因素：

（1）受损程度；

（2）人员、资源、财力的约束程度；

（3）有关法规的要求；

（4）气象条件和地形地势等其他因素。

在执行恢复程序过程中，不可避免地要与新闻媒体接触、接受采访、甚至召开新闻发布会等，必须由负责媒体部门全面负责此类工作，保证不要出现差错以免影响事故恢复的进程。

### （四）支持文件

应急管理中可能需要的文件包括：

（1）应急电话清单。列出可能与紧急情况有关的所有在岗或不在岗人员的名单、他们的职责和24小时开通的电话号码。

（2）建筑和场所地图。应建立一张标位图，应标出：实用开关，消防水龙头，主要的水阀门和煤气阀门，水管，煤气管，电力开关，变电所，雨雪通道，排水管，每幢建筑物的位置，地面设计，报警器，灭火系统，出入楼梯，指明的逃生路线，限制区域，危险材料，高价值项目。

（3）资源列表。列出在紧急事件中需要的资源，包括设备、供给与服务以及有互助协议的其他公司和政府机构列表。

# 第四节　应急救援措施

## 一、施工企业应急救援预案的实施

施工复杂且变化不定，加上流动分散，工期不固定，因此，不安全的因素较多，安全管理工作难度较大，是伤亡事故多发的领域。

应急预案应立足重大事故的救援，立足于工程项目自援自救，立足于工程所在地政府和当地社会资源的救助。

应急预案的实施不仅仅意味着在紧急阶段对预案的简单的练习，它是指根据前面危险性分析、内容的改进措施采取行动，将应急预案融入企事业单位或公司的运营操作、培训员工以及评价应急预案，确保当紧急事件真正发生时，所制定的应急预案能迅速有效地避免或减少事故损失。

### （一）应急预案与单位的运营相结合

对企事业单位而言，应急预案应该成为其文化的一部分内容。因而，企事业单位应寻找所有机会向管理层、员工提供警示、教育和培训，测试响应程序，要使各个管理层、各个部门及各个社团融入应急预案的程序中，同时使应急管理成为每个人日常工作的一部分。

### （二）应急预案培训与演练计划

应急预案是行动指南，应急培训是应急救援行动成功的前提和保证。通过培训，可以发现应急预案的不足和缺陷，并在实践中加以补充和改进；通过培训，可以使事故涉及的人员包括应急队员、事故当事人等都能了解一旦发生事故，他们应该做什么，能够做什么，如何去做以及如何协调各应急部门人员的工作等。

应急培训的范围应包括：

（1）政府主管部门的培训；

（2）社区居民培训；

（3）企业全员培训；

（4）专业应急救援队伍培训。

政府应急主管部门培训的重点，应放在事故应急工作指导思想和与政府部门有关的事故应急行动计划的关键部分。但也有必要了解整个预案，以保证参加培训的人员理解他们如何适应大局。为确保充分理解事故应急行动计划和应

急预案，最好的办法是应急管理人员同其单位领导一起进行培训。

政府主管部门培训可在地方消防队或医院、企业现场进行。所有负有应急管理职责的地方政府部门、志愿者，如果可能，还应包括军队都应参加。下列机构和人员应该接受应急救援培训：安全、消防、校车司机、学校校长、医院职工、急救人员以及应急指挥中心的工作人员。

公安消防部门通常参加自己的专业课程。应急管理人员也可以参加消防部门进行的应急管理培训。它将帮助消防队员了解其在协调应急工作中的作用，也给应急管理人员同消防队员和培训主管人员接触的机会。

另一个重要问题是，应该怎么进行培训。在技术上已经有了很大的选择范围：闭路电视、有线电视和电视录像，这些都可用于培训。

当发生事故，期望现场附近居民能采取某些行动或遵从应急管理人员的指挥，需要将相关居民列为应急管理培训规划的一部分。与居民交流的主要方式是书面材料、广播、有线电视以及报告会。

为了有效地做好应急响应工作，居民必须知道对可能发生的事故采取什么应急响应行动，还必须遵守命令。

企事业单位应明确分配制定应急预案培训计划任务。在制定计划时，要考虑到员工、承包商、参观者、管理人员和其他在紧急事件中响应的人员的培训情况及有关信息。

在一年的12个月内应急培训应确定以下内容：

（1）谁将是被培训者；

（2）谁将进行培训；

（3）将会采用哪些培训活动；

（4）每一个会议将在什么时候及什么地点召开；

（5）如何评估该会议，如何记录该会议。

企事业单位可按照表6-6安排本单位的应急培训与演练，也可用自己设计的方法和表格来规划培训的内容。

**应急预案培训与演练计划表**　　表6–6

| | 1月 | 2月 | 3月 | 4月 | 5月 | 6月 | 7月 | 8月 | 9月 | 10月 | 11月 | 12月 |
|---|---|---|---|---|---|---|---|---|---|---|---|---|
| 管理部门方案的确定和复查 | | | | | | | | | | | | |
| 员工方针的确定和复查 | | | | | | | | | | | | |
| 合作双方方针的确定和复查 | | | | | | | | | | | | |

续表

| | 1月 | 2月 | 3月 | 4月 | 5月 | 6月 | 7月 | 8月 | 9月 | 10月 | 11月 | 12月 |
|---|---|---|---|---|---|---|---|---|---|---|---|---|
| 团体/媒体方针的确定和复查 | | | | | | | | | | | | |
| 管理部门桌面演练 | | | | | | | | | | | | |
| 救援小组桌面演练 | | | | | | | | | | | | |
| 起动式培训 | | | | | | | | | | | | |
| 疏散培训 | | | | | | | | | | | | |
| 大规模演练 | | | | | | | | | | | | |

在此基础上，企事业单位还应该考虑到有关的可能响应的团体也来参加该培训活动。

每一项培训活动结束后都要进行反思，将有关修改意见补充到应急预案中；在评价过程中可能参加响应的员工和社区都应该参加。

### （三）员工应急培训

应急管理的一个典型的特点就是有效性，要保证紧急事件发生时应急预案真正有效，那么就必须做好应急培训和应急演练工作。在应急培训中，通常应强调：

（1）每个人在应急预案中的角色和所承担的责任；

（2）知道如何获得有关危险和保护行为的信息；

（3）紧急情况发生时，如何进行通报、警告和信息交流；

（4）在紧急情况中寻找家人的联系方法；

（5）面对紧急情况时的响应程序；

（6）疏散、避难并告之事实情况的程序；

（7）寻找、使用公用应急设备；

（8）紧急关闭程序。

在风险性分析中确定的紧急事件可以作为应急培训的基础。

注意：当重新选取一个工作场所时，就应该对该地重新进行危险分析和风险评价。一旦新的场所确定，就应该修改已经制定的预案，重新进行应急演习的准备。

### （四）应急演练基础知识

（1）演练的类型，一般分为桌面演练、功能演练和全面演练

1）桌面演练

桌面演练由应急组织的代表或关键岗位人员参加，按照应急预案及标准工作程序讨论发生紧急情况时应采取的行动。这种口头演练一般在会议室内举行，目的是锻炼参演人员解决问题的能力，解决应急组织相互协作和职责划分的问题，可为功能演练和全面演练做准备。

2）功能演练

针对某项应急响应功能或其中某些应急响应行动举行的演练活动，一般在应急指挥中心或现场指挥部举行，并可同时开展现场演练，调用有限的应急设备，主要目的是针对应急响应功能，检验应急人员以及应急体系的策划和响应能力。

3）全面演练

针对应急预案中全部或大部分应急响应功能，检验、评价应急组织应急运行的能力和相互协调的能力，一般持续几个小时，采取交互式方式进行，演练过程要求尽量真实，调用更多的应急人员和资源，并开展人员、设备及其他资源的实战性演练。

（2）演练的基本任务

在事故真正发生前暴露预案和程序的缺陷；发现应急资源的不足；改善各应急部门、机构、人员之间的协调；增强公众应对突发重大事故救援的信心和应急意识；提高应急人员的熟练程度和技术水平；进一步明确各自的岗位与职责；提高各级预案之间的协调性，提高整体应急反应能力。

（3）演练的实施过程

可划分为演练准备、演练实施和演练总结三个阶段，对于各阶段的基本任务，教材有明确要求。

应急演练结束后对演练的效果做出评价，提交演练报告，并详细说明演练过程中发现的问题。

### （五）评价并修改预案

为了保证应急预案的有效性，企事业单位对于应急预案每年至少进行一次正式审核，在审核中应考虑如下问题：

（1）在评价和更新预案时，如何带动所有的管理部门进行参与？

（2）在危险性分析中存在的问题和所确定的不足项是否已经被充分地改善？

（3）是否体现了预案在培训中或现实中所接受的教训？

（4）应急预案小组成员和有关响应小组成员是否了解他们各自的职责？新成员经过培训了吗？

（5）预案是否反映了工厂在自然布局上的改变？它是否反映了新的工艺

过程？

（6）企事业单位有关图纸或其他资产记录是否为最新的？

（7）公司培训是否客观？

（8）已存在的危险是否有改变？

（9）预案中所包含名字、主题和电话号码是否为最近的？

（10）所实施的应急管理的方案与其他公司、企事业单位是否一致？

（11）在预案中是否向社区组织和机构进行应急情况简报？他们参与评价预案了吗？

另外，除年审外应该在以下情况下对预案进行审核、评价和修改：

（1）每年培训或演练之后；

（2）每次紧急事件之后；

（3）当员工改变或是他们调换工作之后；

（4）当公司布置或设计改变时；

（5）当政策或过程改变时。

记住要传达预案中的人员变更。

## 二、应急演练的组织与实施

事故应急救援预案编制发布后，并不能保证个人、企业和政府主管部门有效地对实际发生的事故做出响应。要使预案在应急行动中得到有效的运用，充分发挥其指导作用，还必须对组织内员工和所有相关人员进行宣传和培训，对预案进行演练，让他们掌握应急知识和技能。如果不进行培训和演练，就如同只给战士发枪，而不给他弹药和教给他使用方法，这样只有武器是不能够作战的。应急培训和演练的基本任务是，锻炼和提高队伍在突发事故情况下的快速抢险堵源、及时营救伤员、正确指导和帮助群众防护或撤离、有效消除危害后果、开展现场急救和伤员转送等应急救援技能和应急反应综合素质，有效降低事故危害，减少事故损失。

### （一）应急培训

应急救援训练与演练是检测培训效果、测试设备和保证所制定的应急预案和程序有效性的最佳方法。它们的主要目的在于测试应急管理系统的充分性和保证所有反应要素都能全面应对任何紧急情况。因此，应该以多种形式开展有规则的应急训练与演练，使应急队员能进入“实战”状态，熟悉各类应急操作和整个应急行动的程序，明确自身的职责等。

应急救援演练是为了提高救援队伍间的协同救援水平和实战能力，检验应急救援综合能力和运作情况，以便发现问题，及时改正，提高应急救援的实战水平。

训练和演练将尽可能地模拟实际紧急状况，因此，它们是实现以下目标的最好方法：

（1）在事故发生前暴露预案和程序的缺点；

（2）辨识出缺乏的资源（包括人力和设备）；

（3）改善各种反应人员、部门和机构之间的协调水平；

（4）在企业应急管理的能力方面获得大众认可和信心；

（5）增强应急反应人员的熟练性和信心；

（6）明确每个人各自岗位和职责；

（7）努力增加企业应急预案与政府、社区应急预案之间的合作与协调；

（8）提高整体应急反应能力。

单位或组织应让所有有关的人员接受应急救援知识的培训，掌握必要的防灾和应急知识，以减少事故的损失。根据建设工程的特点，相关人员应该掌握坍塌、火灾、中毒、爆炸、物体打击、高空坠落、机械伤害、触电等事故的特点。企事业应急管理小组在培训之前应充分分析应急培训需求、制定培训方案、建立培训程序以及评价培训效果。

### （二）应急演练

应急演练是指来自多个机构、组织或群体的人员针对假设事件，执行实际紧急事件发生时各自职责和任务的排练活动，是检测重大事故应急管理工作的最好度量标准，是评价应急预案准确性的关键措施，演练的过程也是参演和参观人员学习和提高的过程。我国多部法律、法规及规章都对此项工作有相应的规定。

应急演练的目的是：验证应急预案的整体或关键性局部是否可能有效地付诸实施；验证预案在应对可能出现的各种意外情况方面所具备的适应性；找出预案可能需要进一步完善和修正的地方；确保建立和保持可靠的通信联络渠道；检查所有有关组织是否已经熟悉并履行了他们的职责；检查并提高应急救援的启动能力。重大事故应急准备是一个长期的持续性过程，在此过程中，应急演练可以发挥如下作用：

（1）评估组织应急准备状态，发现并及时修改应急预案、执行程序、行动核查表中的缺陷和不足。

（2）评估组织重大事故应急能力，识别资源需求，澄清相关机构、组织和人员的职责，改善不同机构、组织和人员之间的协调问题。

（3）检验应急响应人员对应急预案、执行程序的了解程度和实际操作技能，评估应急培训效果，分析培训需求。同时，作为一种培训手段，通过调整演练难度，进一步提高应急响应人员的业务素质和能力。

（4）促进公众、媒体对应急预案的理解，争取他们对重大事故应急工作的支持。

应急演练类型有多种，不同类型的应急演练虽有不同特点，但在策划演练内容、演练情景、演练频次、演练评价方法等方面时，必须遵守相关法律、法规、标准和应急预案规定；

在组织实施演练过程中，必须满足“领导重视、科学计划、结合实际、突出重点、周密组织、统一指挥、分步实施、讲究实效”的要求。

通过演练，可以具体检验以下项目：

（1）在事故期间通信是否正常；

（2）人员是否安全撤离；

（3）应急服务机构能否及时参与事故救援；

（4）配置的器材和人员数目是否与事故规模匹配；

（5）救援装备能否满足要求；

（6）一旦有意外情况，是否具有灵活性；现实情况是否与预案制定时相符。

应急演练大概可以分为全面演练、组合演练和单项演练。演练既可在室外也可在室内进行。

（1）单项演练。这是为了熟练掌握应急操作或完成某种特定任务所需的技能而进行的演练。这种单项演练是在完成对基本知识的学习以后才进行的。根据不同事故应急的特点，单项演练的大体内容有：

1）通信联络、通知、报告程序演练；

2）人员集中清点、装备及物资器材到位演练；

3）化学监测动作演练：固定检测网络中各点之间的配合，快速出动实施机动监测，食物、饮用水的样品收集和分析，危害趋势分析等；

4）化学侦察动作演练：对事故发生区边界确认行动，对危害区边界情况变化时判定行动，对滞留区地点及危害程度侦察等；

5）防护行动演练：指导公众隐蔽与撤离，通道封锁与交通管制，发放药物与自救互救练习，食物与饮用水控制，疏散人员接待中心的建立，特殊人群的行动安排，保卫重要目标与街道巡逻的演练等；

6）医疗救护行动演练；

7）消毒去污行动演练；

8）消防行动演练；

9）公众信息传播演练；

10）其他有关行动演练。

（2）组合演练。这是一种为了发展或检查应急组织之间及其与外部组织（如保障组织）之间的相互协调性而进行的演练。由于组合演练主要是为了协调应急行动中各有关组织之间的相互协调性，所以演练可以涉及各种组织，如化学监测、侦察与消毒去污之间的衔接；发放药物与公众撤离的联系；各机动侦察组之间的任务分工与协同方法的实际检验；扑灭火灾、消除堵塞、堵漏、闭阀等动作的相互配合练习等。通过带有组合性的部分联系，可以达到交流信息、提高各应急救援组织之间的配合协调水平的目的。

## （三）演练实施的基本过程

由于应急演练是由许多机构和组织共同参与的一系列行为和活动，因此应急演练的组织与实施是一项非常复杂的任务，应急演练过程可以划分为演练准备、演练实施和演练总结三个阶段。各阶段基本任务见图 6-6。

组织应建立应急演练策划小组，由其完成应急准备阶段，包括编写演练方案、制定现场规则等在内的各项任务。

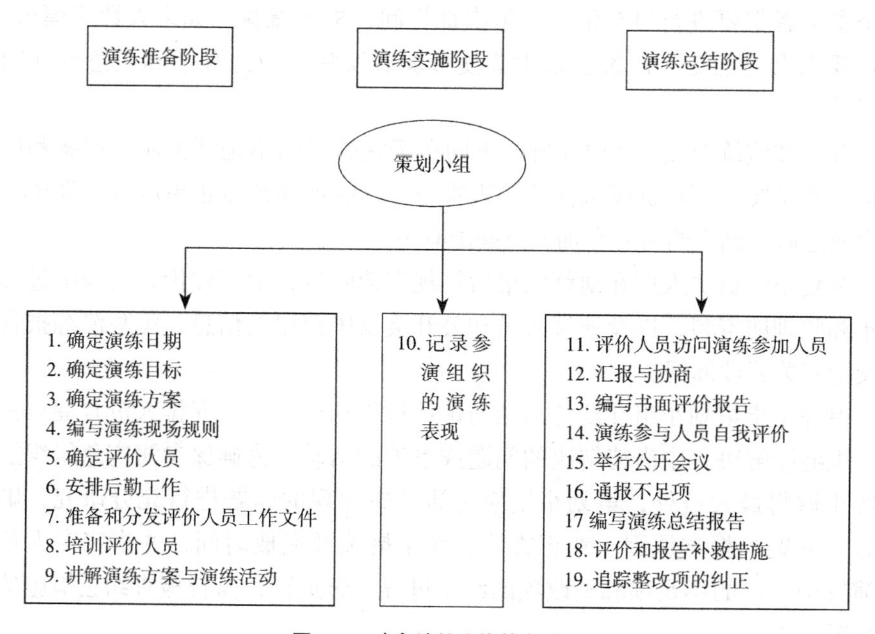


图 6-6　应急演练实施基本过程

（四）演练结果的评价

演练结束后，进行总结与讲评是全面评价演练是否达到演练目标、应急准备水平及是否需要改进的一个重要步骤，也是演练人员进行自我评价的机会。演练总结与讲评可以通过访谈、汇报、协商、自我评价、公开会议和通报等形式完成。

评价的主要目的是：

（1）辨识应急预案和程序中的缺陷；

（2）辨识出培训和人员需要；

（3）确定设备和资源的充分性；

（4）确定培训、训练、演练是否达到预期目标。

确定评价什么的第一步是审查训练演练的专项目标。评估每项目标的标准应该在培训、训练、演练计划制定过程中考虑。如果它不能测定或评价，就不应考虑作为目标。

训练和演练的评价可分为三个阶段：

（1）评价人审查；

（2）参加者汇报；

（3）评价者和上级主管人员在一定位置观察和记录参加者的反应以及在训练和演练中出现的每个问题。如果参加训练或演练的人数规模较小，总结时每个参加者都要进行口头汇报，依次被提问，提出意见。如果人数规模很大，则可要求书面意见。评价会议中要使参加者反映对应急预案和应急行动的评价意见。

训练和演练改正：这项评价的不同在于它的目的不是评价应急预案和应急行动，而是要求评价训练或演练管理本身。训练或演练改正单应该在训练或演练完成之后立刻发给所有参加人员并配有说明。

策划小组负责人应在演练结束后的规定期限内，根据评价人员演练过程中收集和整理的资料，以及演练人员和公开会议中获得的信息，编写演练报告并提交给有关管理部门。

追踪是指策划小组在演练总结与讲评过程结束之后，安排人员督促相关应急组织继续解决其中尚待解决的问题或事项的活动。为确保参演应急组织能从演练中取得最大益处，策划小组应对演练中发现的问题进行充分研究，确定导致该问题的根本原因、纠正方法、纠正措施及完成时间，并指定专人负责对演练中发现的不足项和整改项的纠正过程实施追踪，监督检查纠正措施的进展情况。

此外，在应急演练中应注意以下事项：

（1）可设立专门的小组负责演练的设计、监督和评价；

（2）负责人应拥有完整的训练和演练记录，作为评价和制订下一步计划的参考资料；

（3）可邀请非受训部门应急人员参加，为训练、演练过程和结果的评价提供参考意见；

（4）应尽量避免训练和演练给生产与社会生活带来干扰。

大型演练的计划和情境设计要经过有关部门的审查和批准。应急演练是检测人员培训效果、测试设备和保证所制定的应急预案和程序有效性的最佳方法。因此，应该以多种形式开展有规则的应急演练，使队员能进入“实战”状态，熟悉各类应急操作和整个应急行动的程序，明确自身的职责等。其次，必须加快应急管理人员的职业化，雇用标准要严格，而且要通过培训进一步强化，必须扩大利用计算机模拟，以帮助地方政府应急管理人员和其他与应急管理有关人员的演练。

# 第五节　应急救援预案案例

## 一、目的

为预防或减少项目经理部（以下简称项经部）各类事故灾害，减少人员伤亡和财产损失，保证项目在出现生产安全事故时，对需要救援或撤离的人员提供援助，并使其得到及时有效的治疗，从而最大限度地降低生产安全事故给本项目施工人员所造成的损失，根据《安全生产法》、《消防法》、《××市建设工程重大安全事故应急救援预案》和企业《建设工程安全生产管理条例》，特制定本预案。

## 二、适用范围

本预案适用于项目经理部在紧急情况下采取应急救援处理的全过程。

## 三、工程简介

（1）介绍项目的工程概况、施工特点和内容（注：项目所在的地理位置、地形特点，工地外围的环境、居民、交通和安全注意事项、气象状况等）。

（2）施工现场的临时医务室或保健医药设施及场外医疗机构（注：要说明医务人员名单、联系电话，有哪些常用医药和抢救设施，附近医疗机构的情况介绍，位置、距离、联系电话等）。

（3）工地现场内外的消防、救助设施及人员状况（注：介绍工地消防组成机构和成员。成立义务消防队，有哪些消防、救助设施及其分布，消防通道等情况等）。

（4）附施工消防平面布置图（注：如各楼层不一样，还应分层绘制，消防平面布置图中应画出消防栓、灭火器的设置位置，易燃易爆的位置，消防紧急通道，疏散路线等）。

## 四、职责权限

应急救援组织为项目部非常设机构，对应公司应急救援机构设应急救援总指挥一名，应急救援副总指挥一名。下辖现场抢救组、技术处理组、善后工作组、后勤供应组、事故调查组五个非常设临时机动小组。

### （一）应急救援总指挥的职能及职责

（1）发布应急救援预案的启动命令。

（2）分析紧急状态，确定相应报警级别，根据相关危险类型、潜在后果、现有资源，制定紧急情况的行动类型。

（3）现场的指挥与协调。

（4）与企业外应急反应人员、部门、组织和机构进行联络。

（5）应急评估、确定升高或降低应急报警级别。

（6）通报外部机构，决定请求外部援助。

（7）决定应急撤离，以及事故现场外影响区域的安全性。

### （二）应急救援副总指挥的职能及职责

（1）协助总指挥组织和指挥现场应急救援操作任务。

（2）向总指挥提出采取减缓事故后果行动的应急反应对策和建议。

（3）协调、组织获取应急所需的其他资源、设备以支援现场的应急操作。

（4）在平时，组织公司总部的相关技术和管理人员对施工场区巡查，定期检查各常设应急反应组织和部门的日常工作和应急反应准备状态。

### （三）现场抢救组的职能及职责

（1）抢救现场伤员。
（2）抢救现场物资。
（3）在必要情况下组建现场消防队。
（4）保证现场救援通道的畅通。

### （四）技术处理组的职能和职责

（1）根据各项目经理部的施工生产内容及特点，制定其可能出现而必须运用工程技术解决的应急反应方案，整理归档，为事故现场提供有效的工程技术服务做好技术储备。

（2）应急预案启动后，根据事故现场的特点，及时向应急总指挥提供科学的工程技术方案和技术支持，有效地指导应急反应行动中的工程技术工作。

### （五）善后工作组的职能和职责

（1）做好伤亡人员及家属的稳定工作，确保事故发生后伤亡人员及家属思想稳定。大灾之后不发生大乱。
（2）做好受伤人员医疗救护的跟踪工作，协调处理医疗救护单位的相关矛盾。
（3）与保险部门一起做好伤亡人员及财产损失的理赔工作。
（4）慰问有关伤员及家属。
（5）保险理赔事宜的处理。

### （六）事故调查组的职能及职责

（1）保护事故现场。
（2）对现场的有关实物资料进行取样封存。
（3）调查了解事故发生的主要原因及相关人员的责任。
（4）按“四不放过”的原则对相关人员进行处罚、教育。
（5）对事故进行经验性的总结。

### （七）后勤供应组的职能及职责

（1）迅速调配抢险物资器材至事故发生点。

（2）提供和检查抢险人员的装备和安全防护。

（3）及时提供后续的抢险物资。

（4）迅速组织后勤必须供给的物品，并及时输送后勤物品到抢险人员手中。

应急救援总指挥由项目经理担任，应急救援副总指挥由项目副经理担任。下辖的现场抢救组、技术处理组、善后工作组、后勤供应组、事故调查组五个非常设临时机动小组分别由现场土建工长、项目工程师、水电工长、材料员、安全员担任组长，并选择相关人员组成。

## 五、项目部风险分析

根据以往施工项目经验和施工特点，本项目存在的主要风险如下：

（1）火灾。

（2）高处坠落。

（3）坍塌。

（4）倾覆。

（5）触电。

（6）机械伤害。

（7）物体打击。

（8）食物中毒，传染性疾病。

通过表6-7对各种风险的评价和分析可以看出，以上事故一旦发生，会造成很大的人员伤害或财产损失，同时各种状态的风险程度随着措施落实的有效性而降低，一旦各项措施在落实过程中没有有效落实，或没有落实，必然会产生极严重的后果。所以项目部对以上状态制定相应的应急救援措施，以减少各类事故发生时的损失或人员伤害。

使用作业条件危险性评价法对项目部风险进行识别和评价　　表6-7

| 风险 | 活动/区域 | 风险评估 | | | | 现有控制措施 |
|---|---|---|---|---|---|---|
| | | *L* | *E* | *C* | *D* | |
| 火灾 | 宿舍火灾 | 1 | 10 | 7 | 70 | 禁止宿舍吸烟、使用大功率电器、定期检查 |
| | 施工现场火灾 | 1 | 6 | 15 | 90 | 配备消防器材，进行消防教育 |
| 高处坠落 | 高处临边作业 | 1 | 6 | 15 | 90 | 搭设平网及防护栏杆 |
| 坍塌 | 脚手架 | 1 | 6 | 40 | 90 | 制定专项方案，进行相应的计算 |
| | 基坑 | 1 | 6 | 40 | 90 | 制定专项方案，进行相应的计算 |
| 倾覆 | 塔吊安拆 | 1 | 3 | 40 | 90 | 制定专项方案 |

续表

| 风险 | 活动 / 区域 | 风险评估 | | | | 现有控制措施 |
|---|---|---|---|---|---|---|
| | | $L$ | $E$ | $C$ | $D$ | |
| 触电 | 设备使用 | 1 | 6 | 15 | 90 | 配置漏电保护器，制定专项方案 |
| 机械伤害 | 机械使用 | 1 | 6 | 15 | 90 | 各种机械配备防护装置 |
| 物体打击 | 建筑物周边作业 | 1 | 6 | 15 | 90 | 设置防护棚 |
| 食物中毒、传染性疾病 | 食宿 | 1 | 3 | 40 | 120 | 配置经验丰富的厨师，对宿舍定期消毒 |

注：假定各项措施都是有效的，故将事故发生的可能性 $L$ 全部取定为 1。

## 六、生产安全事故应急救援程序

公司及工地建立安全值班制度，设值班电话并保证 24h 轮流值班。如发生安全事故立即上报，具体上报程序如图 6-7 所示。

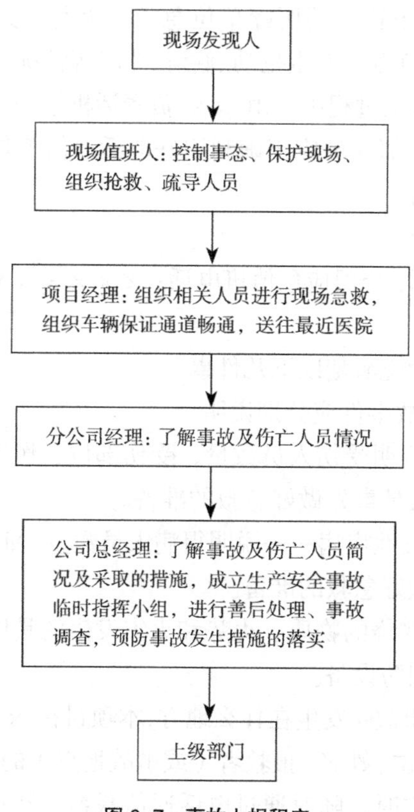


图 6–7　事故上报程序

## 七、施工现场的应急处理设备和设施管理

### (一)应急电话

(1)应急电话的安装要求。工地安装有一部固定电话，项目经理、项目技术负责人配置有移动电话。固定电话安装于办公室内。在室外附近张贴“119”、“120”、“110”电话的安全提示标志，以便现场人员都了解，在应急时能快捷地找到电话，拨打电话报警求救。电话一般应放在室内临现场通道的窗扇附近，电话机旁张贴常用紧急电话和工地主要负责人和上级单位的联络电话，以便在节假日、夜间等情况下使用。房间无人应上锁，有紧急情况无法开锁时，可击碎门窗玻璃，以便向有关部门、单位、人员拨打电话报警求救。

(2)应急电话的正确使用。为合理安排施工，事先拨打气象专用电话，了解气候情况拨打电话“121”，掌握近期和中长期气候，以便采取针对性措施组织施工，既有利于生产，又有利于工程的质量和安全。工伤事故现场重病人抢救应拨打“120”救护电话，请医疗单位急救。火警、火灾事故应拨打“119”火警电话,请消防部门急救。发生抢劫、偷盗、斗殴等情况应拨打报警电话“110”,向公安部门报警。在施工过程中，由 ×× 负责话机维护和及时缴纳电话费，以保证通信的畅通。项目部人员应正确利用好电话通信工具，达到为现场事故应急处理发挥作用的目的。

(3)电话报救须知

救援相关部门电话:公司应急值班电话:×××××××××;火警，119;医疗急救，120。

拨打电话时要尽量说清楚以下几件事:

1)针对不同的事故事件应分别说明

① 人员伤害——说明受伤人员数量、受伤部位、伤者症状和已经采取了什么措施，以便让救护人员事先做好急救的准备。

② 食物中毒和传染性疾病——说明得病人员数量、症状和已经采取的措施，以便让救护人员事先做好急救的准备。

③ 火灾——说明燃烧的物质、火势和火灾发生的具体部位，以便让消防人员调配适当的足够的消防设备。

2)讲清楚伤者(事故)发生在什么地方,本项目在 ×× 路 × 号,如何到达。

3)说明报救者单位、姓名、报救者(或事故地点)的电话,以便救护车(消防车)找不到所报地方时，随时通过电话通信联系。基本打完报救电话后，应问接报人员还有什么问题不清楚，如无问题才能挂断电话。通完电话后，应派

人在现场外等候接应救护车，同时把救护车进工地现场的路上障碍及时予以清除，以利救护车到达后，能及时进行抢救。

### （二）救援器材

（1）医疗器材：担架一副、氧气袋一个、塑料袋四个、急救箱一个（内有常用急救药品，注：医疗器材应以简单和适用为原则，保证现场急救的基本需要，并可根据不同情况予以增减，定期检查补充，确保随时可供急救使用）。

（2）抢救工具：一般工地常备工具，即基本满足使用，不再详细列出。

（3）通信器材：固定电话一部、手机两部（项目部其他人员均自行配置有移动电话，可在应急时使用，但未列入本器材单中）、对讲机四台。

（4）灭火器材：灭火器日常按要求就位（共有 12 台），紧急情况下集中使用。

### （三）其他应急设备和设施

由于在现场经常会出现一些不安全情况，甚至发生事故，或因采光和照明情况不好，在应急处理时就需配备应急照明，现场常年库存储备有手电筒 5 把，相应灯泡 5 个，干电池 20 节；塔吊上部设置照明镝灯 3 台，单独回路供电，用于现场大面积照明。

由于现场有危险情况，在应急处理时用于危险区域隔离的警戒带 50m，各类安全禁止、警告、指令、提示标志牌各一块（对数量不能满足使用时可临时制作）。

有时为了安全逃生、救生需要，还配置有安全带 20 条、30m 安全绳 4 条等专用应急设备和设施工具。

## 八、应急救援措施

### （一）火灾事故的应急救援措施

为了防止各种火灾事故的发生，在项目部的施工现场各建筑物出入口设置明显的安全出入口标志牌，按总人员组建义务防火小组，组长由项目经理担任，组员包括工长、安全员、技术员、质检员、值勤人员，项目经理为现场总负责人，工长负责现场扑救工作，各专业各负其责。

#### 1. 项目部火灾处理程序

（1）宿舍发生火灾处理程序

1）发生火情，第一发现人应高声呼喊，使附近人员能够听到或协助扑救，同时逐级通知项目部值班人员、项目经理、分公司经理等，项目值班人员负责拨打火警电话“119”。电话描述如下内容：单位名称、所在区域、周围显著标志性建筑物、主要路线、候车人姓名、主要特征、等候地址、火源、着火部位、火势情况及程度。随后到路口引导消防车辆。

2）发生火情后，水电工长负责切断宿舍电源，并保证宿舍旁消火栓和饮用水水源的供给。土建工长、安全员组织各义务消防员用灭火器材等进行灭火。在对火场进行灭火时，必须先确保宿舍电源已切断。扑灭电气火灾，严禁用水或液体灭火器灭火，以防触电事故发生。项目经理和技术负责人应在现场指挥，并监视火情。当火势不能得到有效抑制，并威胁到灭火人员的安全时，应立即下令撤离火场，并在火场周边安全地带用水设置隔离带，等待消防人员的到来。

3）在进行消防灭火的同时，应紧急疏散宿舍其他人员。由 ××× 负责带领执勤人员疏散，并逐个屋子检查人员撤离情况。当疏散通道被烟尘充满时，为防止有人被困，发生窒息伤害，执勤人员应指挥大家用毛巾湿润后蒙在口、鼻上。当抢救被困人员时，应为其准备浸水的毛巾，防止有毒有害气体吸入肺中，造成窒息伤害。对疏散出来的人员进行清点，确保全部人员均已撤离火场。

4）火灾发生的同时由 ××× 负责带领现场保卫人员将火场封锁，避免无关人员接近。并清理消防通道上的物品，确保消防通道畅通。

5）当消防武警到达后，现场应急组织自动解散，转为服从消防人员的指挥。

（2）施工现场火灾的处理程序

1）发生火情后，水电工长负责切断着火部位的临时用电，并启动相应的消防泵，确保消火栓和其他水源的供给。土建工长、安全员组织各义务消防员用灭火器材等进行灭火。如果是由于电路失火，必须先确保电源已切断，严禁用水或液体灭火器灭火，以防触电事故发生。如果是油漆库发生火灾，义务消防人员不得近距离接近失火现场，应远距离用水阻止火势蔓延。项目经理和技术负责人应在现场指挥，并监视火情。当火势蔓延并威胁到灭火人员的安全时，应立即下令撤离火场，并在火场周边安全地带用水设置隔离带，等待消防人员的到来。

2）如果火灾发生在建筑物某层时，在火灾发生后，操作现场的管理人员应维持秩序，并带领楼内施工人员紧急疏散，火灾发生层以下人员迅速沿安全通道撤离火场，事故层以上人员如不能安全通过火场时，应迅速向屋顶疏散，并等待救援人员的到来。如果是油漆库发生火灾，并有人员被困，不能贸然派人解救，以免造成更大的人员伤亡。人员疏散过程中应对疏散出来的人员进行清点，确保全部人员均已撤离火场。

3）火灾发生的同时由相关负责人带领现场保卫人员将火场封锁，并进行警

戒，避免无关人员接近。并清理消防通道上的物品，确保消防通道畅通。

4）当消防武警到达后，现场应急组织自动解散，完全服从消防人员的指挥。

**2. 被烧人员急救措施**

被烧人员救出后应采取简单的救护方法急救，根据烧伤的不同类型，对火灾受伤人员可采取以下急救措施：

（1）采取有效措施扑灭身上的火焰，使伤员迅速离开致伤现场。当衣服着火时，应采用各种方法尽快灭火，如水浸、水淋、就地卧倒翻滚等，千万不可直立奔跑或站立呼喊，以免助长燃烧，引起或加重呼吸道烧伤。灭火后，伤员应立即将衣服脱去，如衣服和皮肤粘在一起，可在救护人员的帮助下把未粘的部分剪去，并对创面进行包扎。

（2）防止休克、感染。为防止伤员休克和创面发生感染，应给伤员口服止痛片（有颅脑或重度呼吸道烧伤时，禁用吗啡）和磺胺类药，或肌肉注射抗生素，并口服烧伤饮料，或饮淡盐茶水、淡盐水等。一般以多次喝少量为宜，如发生呕吐、腹胀等，应停止口服。要禁止伤员单纯喝白开水或糖水，以免引起脑水肿等并发症。

（3）保护创面。在火场，对于烧伤创面一般可不做特殊处理，尽量不要弄破水泡，不能涂龙胆紫一类有色的外用药，以免影响烧伤面深度的判断。为防止创面继续污染，避免加重感染和加深创面，对创面应立即用三角巾、大纱布块、清洁的衣服和被单等，给予简单而结实的包扎。手足被烧伤时，应将各个指、趾分开包扎，以防粘连。

（4）合并伤处理。有骨折者应予以固定；有出血时应紧急止血；有颅脑、胸腹部损伤者，必须给予相应处理，并及时送医院救治。

（5）迅速送往医院救治。伤员经火场简易急救后，应尽快送往临近医院救治。护送前及护送途中要注意防止休克。搬运时动作要轻柔，行动要平稳，以尽量减少伤员痛苦。

**3. 休克的急救**

火场休克是由于严重创伤、烧伤、触电、骨折的剧烈疼痛和大出血等引起的一种威胁伤员生命、极危险的严重综合征。虽然有些伤不能直接置人于死地，但如果救治不及时，其引起的严重休克常常可以致命。休克的症状是口唇及面色苍白、四肢发凉、脉搏微弱、呼吸加快、出冷汗、表情淡漠、口渴，严重者可出现反应迟钝，甚至神志不清或昏迷，口唇肢端发绀，四肢冰凉，脉搏摸不清，血压下降，无尿。预防休克和休克急救的主要方法是：

（1）要尽快地发现和抢救受伤人员，及时妥善地包扎伤口，减少出血、污染和疼痛。尤其对骨折、大关节伤和大块软组织伤，要及时进行良好的固定。

一切外出血都要及时有效地止血。凡确定有内出血的伤员，要迅速送往医院救治。

（2）对急救后的伤员，要安置在安全可靠的地方，让伤员平卧休息，并给予亲切安慰和照顾，以消除伤员思想上的顾虑。待伤员得到短时间的休息后，尽快送医院治疗。

（3）对有剧烈疼痛的伤员，要服止痛药。也可以耳针止疼，即在受伤相应部位取穴，选配神门、枕、肾上腺、皮质下等穴位。

（4）对没有昏迷或无内脏损伤的伤员，要多次少量给予饮料，如姜汤、米汤、热茶水或淡盐水等。此外，冬季要注意保暖，夏季要注意防暑，有条件时，要及时更换潮湿的衣服，使伤员平卧，保持呼吸通畅，必要时还应做人工呼吸。已昏迷的伤员可针刺人中、十宣、内关、涌泉穴以急救。

**4. 现场人工呼吸法**

呼吸停止是临床紧急的危险情况，人工呼吸是最初急救措施。常用的人工呼吸法有口对口呼吸法、俯卧压背法和仰卧压胸法等。口对口呼吸是呼吸骤停的现场急救措施。

（1）将患者放置适当体位仰卧，头、颈、躯干无扭曲，双手放于躯干两侧。

（2）开放气道用仰头抬颈法、仰头举颏法、推颌法等。判定呼吸是否停止：看胸腹呼吸起伏，听出气声，感觉患者口、鼻有无气体吹拂。松解衣带、领扣和胸腹部衣服。如口腔内有假牙、黏液、血块、泥土等应立即取出，以免阻塞呼吸道。如舌向后缩，应用纱布等将舌拉出。气道异物阻塞处理：可用背后拍击、腹部或胸部手拳冲击、手法取异物、机械取异物等方法。

（3）口对口人工呼吸：

1）在保持呼吸道畅通和病人口部张开的情况下进行。

2）用按于前额那只手的拇指与食指，捏闭病人的鼻孔（捏紧鼻翼下端）。

3）抢救开始后，首先缓慢吹气两口，以扩张萎陷的肺脏，并检验开放气道的效果，每次呼吸为 1.5 ～ 2s。

4）抢救者深吸一口气后，张开口贴紧病人的嘴（要把病人的 1∶3 部完全包住）。

5）用力向病人口内吹气（吹气要求快而深），直至病人胸部上抬。

6）一次吹气完毕后，应即与病人口部脱离，轻轻抬起头部，眼视病人胸部，吸入新鲜空气，以便做下一次人工呼吸。同时放松捏鼻的手，以便病人从鼻孔呼气，此时病人胸部向下塌陷，有气流从口鼻排出。

7）每次吹入气量约为 800 ～ 1200mL。

注意点：

① 口对口呼吸时可先垫上一层薄的织物。

② 每次吹气量不要过大，大于 1200mL 可造成胃大量充气。

③ 吹气时暂停按压胸部。

④ 单人 CPR（心肺复苏术）时，每按压胸部 15 次后，吹气两口，即 15 : 2。

⑤ 双人 CPR 时，每按压胸部 5 次，吹气一口，即 5 : 1。

⑥ 有脉搏无呼吸者，每 5s 吹气一口（10 ～ 12 次 /min）。

⑦ 亦可用口对口呼吸专用面罩，或用简易呼吸机代替口对口呼吸。在抢救吸入毒气如硫化氢、氧化物急性中毒时，需防止救护人员在施行口对口换气时，因吸入患者呼吸道排出的毒气而致中毒。

### （二）高空坠落事故的应急救援措施

为防止高处坠落事故的发生，项目部及时搭设了建筑物周边的防护脚手架，并每隔三层设置一层安全网，随着建筑物的升高，安全网及时随之升高。指定 ××× 负责每周清理一次平网内的杂物和修补损坏的平网。脚手架上满挂密目网。施工人员在临边施工时，严格要求其正确佩戴安全带。

一旦发生高空坠落事故，现场第一发现人应高呼，通知现场其他人员。现场管理人员应马上组织人员抢救，同时马上打电话“120”给急救中心，并通知项目经理,逐级上报分公司。由安全员组织抢救伤员,由工长保护好现场,防止事态扩大。其他义务小组人员协助安全员做好现场救护工作，水、电工长协助送伤员外部救护工作。如伤者行动未因事故受到限制，且伤较轻微，身体无明显不适，能站立并行走，在场人员应将伤员转移至安全区域，再设法消除或控制现场的险情，防止事故蔓延扩大，然后找车护送伤者到医院做进一步的检查。如伤者行动受到限制，身体被挤、压、卡、夹住无法脱开，在场人员应立即将伤者从事故现场转移至安全区域，防止伤者受到二次伤害，然后根据伤者的伤势，采取相应的急救措施。如伤者伤口出血不止,在场人员应立即用现场配备的急救药品为伤者止血（一般采用指压止血法、加压包扎法、止血带止血法等），并及时用车将伤者送医院治疗。若伤者伤势较重，出现全身多处骨折，心跳、呼吸停止或可能有内脏受伤等症状时，在场人员应立即根据伤者的症状，施行人工呼吸、心肺复苏等急救措施，并在施行急救的同时派人联系车辆或拨打医院急救电话“120”，以最快的速度将伤者送往就近医院治疗。将伤亡事故控制到最低程度，损失降到最小。

现场紧急医疗急救措施：

（1）施工人员从高处坠落，现场解救不可盲目，不然会导致伤情恶化，甚至危及生命。应首先观察其神志是否清醒，并察看伤员伤势，做到心中有数。

（2）伤员如昏厥，但心跳和呼吸存在，应立即将伤员的头偏向一侧，防止舌根后倒，影响呼吸。

（3）将伤员口中可能脱落的牙齿和积血清除，以免误入气管，引起窒息。

（4）对于无心跳和呼吸的伤员应立即进行人工呼吸和胸外心脏按压，待伤员心跳、呼吸好转后，将伤员平卧在平板上，及时送往医院抢救。

（5）如发现伤员耳朵、鼻子出血，可能有脑颅损伤，千万不可用手帕、棉布或纱布去堵塞，以免造成颅内压力增加和细菌感染。

（6）如外伤出血，应立即用清洁布块压迫伤口止血，压迫无效时，可用布鞋带或橡皮带等在出血的肢体近躯处捆扎，上肢出血结扎在臂上 1/2 处，下肢出血结扎在大腿上 2/3 处，到不出血即可。注意每隔 25 ～ 40min 放松一次，每次放松 0.5 ～ 1min。

（7）伤员如腰背部或下肢先着地，下肢有可能骨折，应将两下肢固定在一起，并应超过骨折的上下关节；上肢如骨折，应将上肢挪到胸前，并固定在躯干上，如果怀疑脊柱骨折，搬运时千万注意要保持躯体平伸位，不能让躯体扭曲，然后由 3 人同时将伤员平托起来，即由一人托脊背，一人托臀部，一人托下肢，平稳运送，以防骨折部位不稳定，加重伤情。

（8）腹部如有开放性伤口，应用清洁布或毛巾等覆盖伤口，不可将脱出物还原，以免感染。

（9）抢救伤员时，无论哪种情况，都应减少途中的颠簸，也不得翻动伤员。

### （三）坍塌事故的应急救援

（1）脚手架、模板支撑坍塌。为确保脚手架、模板支撑的稳固，项目部由技术负责人编制专项方案，方案中通过计算，确定立杆、横杆的间距，联墙杆的数量等。由项目负责人组织专业架工、木工按方案进行搭设。搭设完毕后，经项目部技术负责人、安全员、工长等联合验收后方可使用。

脚手架在搭拆过程中操作人员不依顺序操作，或在使用过程中载荷超过设计标准等原因都可能造成脚手架的坍塌事故。发生坍塌事故后，发现事故第一人首先高声呼喊，通知现场管理人员，现场管理人员采用电话或派人通知应急救援组其他人员。项目经理接到通知后马上赶到现场，负责现场应急救援指挥；由安全员打电话，向上级有关部门或医院打电话求援；技术负责人会同施工工长、安全员、项目经理对坍塌部位抢救过程中存在的风险进行识别和评价，并制定相应的措施保护抢救人员和被脚手架挤压的人员的安全；现场工长负责组织应

急救援队的救援人员依照救援措施进行救援，同时监控救援过程中可能发生的异常现象，组织所有架子工进行倒塌架子的拆除和拉牢工作，防止其他架子再次倒塌，现场材料由外包队管理者组织有关职工协助清理，如有人员被砸，应首先清理被砸人员身上的材料，集中人力先抢救受伤人员，最大限度地减小事故损失。保卫人员应立即组织人员对事故现场进行封锁，防止无关人员接近。

（2）基坑坍塌。某项目基坑深度为12.1m，经专业公司开挖并采用护坡桩和铆杆加固边坡。如果基坑边载荷超过计算荷载或边坡加固措施不力，均可能造成土方坍塌。

发生坍塌事故后，现场第一人应高声呼喊，通知现场管理人员，现场管理人员采用电话或派人通知应急救援组其他人员。项目经理接到通知后马上赶到现场，负责现场应急救援指挥；在确定有人员被坍塌土方掩埋后，由安全员打急救电话"120"，必要时向上级有关部门打电话求援；技术负责人会同施工工长、安全员、项目经理对坍塌部位抢救过程中存在的风险进行识别和评价，并制定相应的措施，既能控制事故的发展，不会进一步扩大，又要保护抢救人员安全。根据现场情况，在处理事故过程中应注意以下问题：

① 移除坍塌边坡上堆放的物资，如果南侧发生坍塌，必要时应将南侧围墙拆除。移除物资或拆除围墙时不得动用大型机械，以免加剧边坡失稳，造成二次坍塌。

② 在搜寻被掩埋人员时，应组织救援人员用手或铲等手持小型工具刨挖。在确认没有被压埋人员，且不会对被埋人员造成危险的地方可以使用大型机械，以加快搜索和进度。

③ 对毗邻的建筑物要及时观察，确定专业人员使用经纬仪对建筑物和失稳边坡进行不间断点和多点观察，并分析监测数据，报告监测情况，对有危险的部位及时加固或提前推倒。

工长赶到现场后应立即组织有关人员清理土方或杂物，如有人员被埋，应首先按部位抢救人员，其他组员采取有效措施，防止事故发展扩大，让分包队负责人随时监护边坡状况，及时清理边坡上堆放的材料，防止再次发生事故。在向有关部门通知抢救电话的同时，对轻伤人员在现场采取可行的应急抢救，如现场包扎止血等措施。防止受伤人员流血过多，造成死亡事故。

人员救护：依照预先成立的应急小组人员分工，医疗救护人员对受伤人员进行紧急处置，门卫在大门处迎接救护的车辆，并引领救护车到急救区。重伤人员由救护组组长协助送外抢救。

1）出血性外伤的现场急救

出血性外伤包括擦伤、刺伤、切割伤、裂伤、肢体断离伤，这些伤害都会造成人体出血。出血从解剖学角度可分为动脉出血、静脉出血、毛细血管出血、脏器出血。当伤员出血量少时，一般不影响伤员的血压、脉搏变化，如出血量较大，超过 1000mL 时伤员将出现血压明显下降，脉搏跳动细弱无力，甚至人体出现昏迷，若不及时采取措施，可能直接威胁伤员生命。出血现场急救，应确定出血性质及部位后再进行急救处理。

① 及时止血。对静脉或小动脉出血时，由于出血量较少，采用加压包扎止血法，即先抬高肢体，用消毒纱布敷盖表面，再用绷带加压包扎止血；如主动脉出血，由于出血量较大，可立即采用指压止血法，即手指压在动脉出血处，近心端止血，也可采用止血带止血。

② 及时包扎，送往医院。当采取了止血措施后要马上进行包扎固定。包扎既可帮助止血，又可保护创面预防感染。经止血包扎固定后的伤员应尽快地送往医院。

2）骨折性外伤的现场急救

① 在生产现场发现有人骨折要沉着冷静，采用正确的方法进行救护，如处理不当，可能造成骨折部位移动，并损伤软组织，甚至损伤内脏。因此在现场急救时，应预防休克，防止再损伤，减少污染，开放性骨折应注意创面的止血和清洁，并进行包扎，所有骨折均应加临时性固定，固定物应就地取材，用夹板、木板、竹片、树枝等固定时，夹板与肢体间应用布料、棉垫垫好，包扎松紧要适宜，骨折部位上下关节亦应同时固定。

② 脊椎骨折伤员救护时，要使受伤者就地静卧，千万不要让受伤者坐起或站立。搬送时，严格禁止用一个人抱肩、一个人抬腿的方法，以防脊椎受损，应用被单提起，放到担架上仰卧，如有呕吐或昏迷现象，应使伤员俯卧，以免呕吐物进入肺部。经现场急救处理后，根据伤势轻重程度，应迅速转送医院。搬送病人时，动作要轻，动作要一致，注意保暖并观察伤员的呼吸、脉搏、血压及伤口等情况。

### （四）倾覆事故的应急救援

如果有塔吊倾覆事故发生，首先旁观者在现场高呼，提醒现场有关人员，并立即通知现场负责人、安全员等应急救援小组成员，由安全员负责拨打分公司应急救援电话简单汇报情况，并根据现场情况请求分公司派人协助救援。如有人员伤亡，应同时拨打“120”，通知有关部门和附近医院，到现场救护。电气工长接到报警后，马上切断相关电源，防止发生触电事故。门卫值勤人员在大门口迎接救护车辆及人员，并引领到现场抢救区。现场总指挥由项目经理担当，负责全面组织协调工作，生产负责人亲自带领有关工长及外包队负责人，分别

对事故现场进行抢救，如有重伤人员，由医疗救护人员负责送外救护。

各专业工长协助生产负责人对现场清理，抬运物品，及时抢救被砸人员或被压人员，最大限度地减少重伤程度，如有轻伤人员，可采取简易现场救护工作，如包扎、止血等措施，以免造成重大伤亡事故，具体急救措施可参照“高处坠落事故应急措施”相关内容处理。在清理现场过程中切忌盲目采取措施，必须在确保抢险人员安全、受伤人员不会遭受二次伤害的前提下进行。

如果吊车倾覆牵连到脚手架，除按预先小组分工，各负其责外，应组织所有架子工，立即拆除相关脚手架，外包队人员应协助清理有关材料，保证现场道路畅通，方便救护车辆出入，以最快的速度抢救伤员，将伤亡事故损失降到最低。

### （五）物体打击事故的应急救援

首先旁观者在现场高呼，提醒现场有关人员，并立即通知现场负责人、安全员等应急救援小组成员，由安全员负责拨打分公司应急救援电话简单汇报情况，同时拨打“120”，通知有关部门和附近医院，到现场救护。生产负责人应立即组织紧急应变小组进行可行的应急抢救，如现场包扎、止血等措施，防止受伤人员流血过多，造成死亡事故，具体急救措施可参照本节“2. 高空坠落事故的应急救援措施”相关内容处理。门卫接到预案启动通知后，到大门口迎接救护车。当受伤人员接受初步急救后，救护车仍未到达，应立即采取其他措施，送伤者到最近的医院就医。安全员应组织人员将事故现场进行封锁，等待事故调查组进行调查。有程序地处理事故、事件，最大限度地减少人员和财产损失。

### （六）机械伤害事故的应急救援

发生机械伤害事故后，首先旁观者在现场高呼，提醒现场有关人员，并立即通知现场负责人、安全员等应急救援小组成员，由安全员负责拨打分公司应急救援电话简单汇报情况，同时拨打“120”，通知有关部门和附近医院到现场救护。生产负责人应立即组织紧急应变小组进行可行的应急抢救，如现场包扎、止血等措施。防止受伤人员流血过多，造成死亡事故。门卫接到预案启动通知后，在大门口迎接救护的车辆。当受伤人员接受初步急救后，救护车仍未到达，应立即采取其他措施，送伤者到最近的医院就医。安全员应组织人员将事故现场进行封锁，等待事故调查组进行调查。有程序地处理事故、事件，最大限度地减少人员和财产损失。

急救措施：

（1）发生机械伤害后，在医护人员没有来到之前，应检查受伤者的伤势、心跳及呼吸情况，视不同情况采取不同的急救措施。

（2）对被机械伤害的伤员，应迅速小心地使伤员脱离伤源，必要时，拆卸机器，移出受伤的肢体。

（3）对发生休克的伤员，应首先进行抢救。遇有呼吸、心跳停止者，可采取人工呼吸或胸外心脏按压法，使其恢复正常。

（4）对骨折的伤员，应利用木板、竹片和绳布等捆绑骨折处的上下关节，固定骨折部位；也可将其上肢固定在身侧，下肢与下肢缚在一起。

（5）对伤口出血的伤员，应让其以头低脚高的姿势躺卧，使用消毒纱布或清洁织物覆盖伤口，用绷带较紧地包扎，以压迫止血，或者选择弹性好的橡皮管、橡皮带或三角巾、毛巾、带状布巾等。对上肢出血者，捆绑在其上臂 1/2 处，对下肢出血者，捆绑在其大腿上 2/3 处，并每隔 25 ～ 40min 放松一次，每次放松 0.5 ～ 1min。

（6）对剧痛难忍者，应让其服用止痛剂和镇痛剂。

采取上述急救措施之后，要根据病情轻重，及时把伤员送往医院治疗。在转送医院的途中，应尽量减少颠簸，并密切注意伤员的呼吸、脉搏及伤口等情况。

### （七）触电事故的应急救援

当发生人身触电事故时，首先使触电者脱离电源，然后迅速急救。

（1）对于低压触电事故，可采用下列方法使触电者脱离电源：

1）如果触电地点附近有电源开关或插销，可立即拉开电源开关或拔下电源插头，以切断电源。

2）可用有绝缘手柄的电钳、干燥木柄的斧头、干燥木把的铁锹等切断电源线，也可采用干燥木板等绝缘物插入触电者身下，以隔离电源。

3）当电线搭在触电者身上或被压在身下时，也可用干燥的衣服、手套、绳索、木板、木棒等绝缘物为工具，拉开或挑开电线，使触电者脱离电源。切不可直接去拉触电者。

（2）对于高压触电事故，可采用下列方法使触电者脱离电源：

1）立即通知有关部门停电。

2）带上绝缘手套，穿上绝缘鞋，用相应电压等级的绝缘工具按顺序拉开开关。

3）用高压绝缘杆挑开触电者身上的电线。

触电者如果在高空作业时触电，断开电源时，要防止触电者摔下来造成二次伤害。

1）如果触电者伤势不重，神志清醒，但有些心慌、四肢麻木、全身无力或者触电者曾一度昏迷，但已清醒过来，应使触电者安静休息，不要走动，严密观察并送医院。

2）如果触电者伤势较重，已失去知觉，但心脏跳动和呼吸还存在，应将触电者抬至空气畅通处，解开衣服，让触电者平直仰卧，并用软衣服垫在身下，使其头部比肩稍低，以免妨碍呼吸，如天气寒冷要注意保温，并迅速送往医院。如果发现触电者呼吸困难，发生痉挛，应立即准备对心脏停止跳动或者呼吸停止后的抢救。

3）如果触电者伤势较重，呼吸停止或心脏跳动停止或二者都已停止，应立即进行口对口人工呼吸法及胸外心脏按压法进行抢救，并送往医院。在送往医院的途中，不应停止抢救，许多触电者就是在送往医院途中死亡的。

4）人触电后会出现神经麻痹、呼吸中断、心脏停止跳动，呈现昏迷不醒状态，通常都是假死，万万不可当作"死人"草率从事。

5）对于触电者，特别高空坠落的触电者，要特别注意搬运问题，很多触电者，除电伤外，还有摔伤、搬运不当，如折断的肋骨扎入心脏等，可造成死亡。

6）对于假死的触电者，要迅速持久地进行抢救，有不少的触电者，是经过4小时甚至更长的时间抢救过来的。有经过6小时的口对口人工呼吸及胸外按压法抢救而活过来的实例。只有经过医生诊断确定死亡，才能停止抢救。

人工呼吸是在触电者停止呼吸后应用的急救方法。各种人工呼吸方法中以口对口呼吸法效果最好。胸外心脏按压法是触电者心脏停止跳动后的急救方法。

1）做胸外按压时，使触电者仰卧在比较坚实的地方，姿势与口对口人工呼吸法相同，救护者跪在触电者一侧或跪在腰部两侧，两手相叠，手掌根部放在心窝上方，胸骨下1/3～1/2处。掌根用力向下（脊背的方向）按压，压出心脏里面的血液。按压深度成人至少5cm，每秒钟按压一次，太快了效果不好，以每分钟按压60次为宜。按压后掌根迅速全部放松，让触电者胸廓自动恢复，血液充满心脏。放松时，掌根不必完全离开胸部。

2）应当指出，心脏跳动和呼吸是相互联系的。心脏停止跳动了，呼吸很快会停止。呼吸停止了，心脏跳动也维持不了多久。一旦呼吸和心脏跳动都停止了，应当同时进行口对口人工呼吸和胸外心脏按压。如果现场只有一人抢救，两种方法应交替进行。可以挤压4次后，吹气一次，而且吹气和按压的速度都应提高一些，以不降低抢救效果。

3）对于儿童触电者，可以用一只手按压，用力要轻一些，以免损伤胸骨，而且每分钟宜按压100次左右。

### （八）食物中毒、传染疾病应急救援

当发生了中毒、传染病事故时，发现人应以最快速度与事故应急小组联系。接到消息后，应急小组人员应立即赶到出事地点，确认其是否为食物中毒和中毒程度，并查出中毒来源或是否患传染病及其来源。项目负责人或安全员迅速拨打“120”紧急事故报警电话，门卫负责在大门口接应救护车，并立即组织人员采取抢救措施。

煤气中毒实际上就是一氧化碳（CO）中毒。煤气中毒后，切不可慌张。在送医院前可采取一些自救措施，并一定要让中毒者充分吸氧，并注意呼吸道的畅通。

CO 中毒的基本原因就是缺氧，主要表现是大脑因缺氧而昏迷。急救方法为：

1）将中毒者安全地从中毒环境内抢救出来，迅速转移到清新空气中。

2）若中毒者呼吸微弱甚至停止，立即进行人工呼吸。

3）只要心跳还存在就有救治可能，人工呼吸应坚持 2 小时以上。

4）如果患者曾呕吐，人工呼吸前应先清除口腔中的呕吐物。

5）如果心跳停止，就进行心脏复苏。

如食物中毒，可将胃里的东西呕吐出来，当发现其中毒较深昏迷时，立即将其抬到大门口，等救护车的到来，或直接送往就近医院。

发现传染病人员应设置隔离区，防止疫情蔓延；要建立安全通道，对施工现场和工棚进行检查；对民工宿舍、食堂、厕所逐一定时、定点消毒。不得擅自停工和遣散民工。及时将病人送往医院就诊，派专人守候，初步确诊后按传染病种类及时上报卫生管理部门；配合卫生防疫人员做好疫源地的消毒工作；保护易感人群，进行预防接种。传染病患者直接送往医 院。后勤供应组负责配合急救人员的后勤工作，善后工作组负责指挥及联络工作。

## 九、事故后处理工作

（1）查明事故原因及责任人。从时间过程来看，事故是一种连锁反应现象，海因里希事故发生顺序的多米诺骨牌原理认为，按因果顺序事故是由以下 5 个组成要素的连锁反应所造成的：

1）人的素质（M）。

2）个人缺陷（P）。

3）人的不安全行为或机械的和物质的缺陷所引起的危险性（H）。

4）发生事故（D）。

5）造成伤害（A）。

M、P的发生能导致H发生，且只有H的发生才能最终导致事故D的发生，造成伤害A。所以H是整个事故发生的关键因素，也是直接原因。致使H发生的原因不仅仅是M、P的发生，还有许多其他原因导致其存在、集聚以致发生，这些就是事故发生的间接原因。其中有些还是事故的主要原因。一般认为事故的间接原因有以下几种：

① 技术和设计上的缺陷。工业构件、建筑物、机械设备、仪器、仪表、工艺过程、操作方法、维修检验等的设计、施工和材料存在问题。

② 教育培训不够或未经培训，缺乏或不懂安全技术知识。

③ 劳动组织不合理。

④ 对现场工作缺乏检查或指导错误。

⑤ 没有安全操作规程或不健全。

⑥ 没有或不认真实施事故防范措施，对事故隐患整改不力。

一般生产管理上存在的问题导致事故发生的原因中属于下列情况者为主要原因：

① 防护、保险、信号等装置缺乏或有缺陷。

② 设备、工具、附件有缺陷。

③ 个人劳动防护用品、用具缺乏或有缺陷。

④ 光线不足或工作地点及通道情况不良。

⑤ 没有安全操作规程或不健全。

⑥ 劳动组织不合理。

⑦ 对现场工作缺乏检查或指挥有错误。

⑧ 技术和设计上有缺陷。

⑨ 不懂操作技术知识。

⑩ 违反操作规程或劳动纪律。

根据上述原理针对事故发生的原因进行分析，找出直接原因、间接原因和主要原因以及相应的责任人。

（2）遵照《生产安全事故报告和调查处理条例》（国务院第493号令），以书面形式向上级写出报告，包括发生事故时间、地点、受伤（死亡）人员姓名、性别、年龄、工种、伤害程度、受伤部位。

（3）制定有效的纠正、预防措施，防止此类事故再次发生。对于所有拟订的纠正、预防措施，在其实施前应先通过风险评价过程进行评审，以识别是否会产生新的风险。评价应对风险的大小、后果进行识别和评价。风险大的纠正、预防措施应坚决放弃。最终采取的措施应与问题的严重性和风险相适应，并记录措施的执行情况。

（4）组织所有人员进行事故教育。向所有人员宣读事故结果及对责任人的处理意见。

（5）善后处理。配合公司善后小组进行善后处理，避免发生不必要的冲突。

## 十、应急预案的评审

应急事故发生后，或依照《××项目应急救援预案演练计划》进行演练后，应对预案的可实施性进行评审。评审内容包括：

（1）预案实施过程中各机构、人员的配合程度。

（2）预案中各项措施的有效性和人员熟悉情况。

（3）预案中是否存在没有识别到的风险。

# 第七章

## 现场急救安全知识

## 第一节　现场急救步骤

现场急救，就是应用急救知识和最简单的急救技术进行现场初级救生，最大程度地稳定伤病员的伤、病情，减少并发症，维持伤病员最基本的生命体征，现场急救是否及时和正确，关系到伤病员生命和伤害的结果。现场急救一般遵循下述4个步骤：

（1）当出现事故后，迅速使伤者脱离危险区，若是触电事故，必须先切断电源；若为机械设备事故，必须先停止机械设备运转。

（2）初步检查伤员，判断其神志、呼吸是否有问题，视情况采取有效的止血，防止休克，包扎伤口，固定、保存好断离的器官或组织、预防感染、止痛等措施。

（3）施救同时拨打急救电话120，呼叫救护车求救，并继续施救到专业救护人员到达现场接替为止。拨打求救电话时必须讲清楚事故发生的地点、工地名称、伤害性质、中毒物质、受伤害人员数、报警电话号码和报警人姓名，同时派人在交通路口等候救护车到来后引路。

（4）迅速上报上级有关领导和部门，以便采取更有效的救护措施。

## 第二节　触电

### 一、触电概述

#### （一）触电原理

触电原理非常复杂，但是对现在的人来说已经不太陌生了。众所周知，人体就是一个导体，当电器设备通过人体形成回路时，人体内就会有强电流流过，进而对人体造成伤害。另外，人体的各种功能都是通过神经传递电流实现的（生物电），强大的电流通过人体时，将会造成神经功能紊乱，导致各组织器官的工作失常，如：肢体抽搐、胸部迷走神经功能紊乱引起的心脏功能紊乱和呼吸紊乱等现象，其中致命的是电流对胸部迷走神经造成的伤害，它可以在极短的时间内致使心律失常、心脏功能紊乱、心室颤动，最后导致呼吸循环衰竭造成死亡。

## （二）触电种类

触电主要有以下两个种类：

### 1. 电击

人体接触带电物体时电流通过人体，造成肌肉抽搐、呼吸困难、心脏麻痹，最后导致呼吸循环衰竭而死亡，这就是电击伤害，大部分触电死亡事故都是由电击造成的。

### 2. 电伤

这种伤害是由电流的热效应、机械效应、化学效应及在电流作用下熔化的金属颗粒对人体外部造成的伤害，如灼伤、烙伤等。

（1）灼伤：灼伤是由电流的热效应引起的，如拉闸时被电弧灼伤及被熔丝灼伤等。

（2）烙伤：烙伤是由电流的化学效应及机械效应引起的，通常会在人体与带电体相接触的部位发生，在皮肤上留下肿块的疤痕，颜色为灰色或淡黄色，边缘比较明显，受伤皮肤可能硬化。

（3）皮肤金属化：这种伤害是由被电流熔化和蒸发的金属微粒渗入皮肤表层造成的，受伤部位会形成一个粗糙坚硬的表面，日久会自然脱落。

按照人体触电的方式和电流通过人体的途径，触电可分为单相触电、两相触电、跨步电压触电。

## （三）触电事故判断

（1）假如触电者伤势不重，神志清醒，未失去知觉，但有些内心惊慌，四肢发麻，全身无力，或触电者在触电过程中曾一度昏迷，但已清醒过来，则应保持空气流通和注意保暖，使触电者安静休息，不要走动，严密观察，并请医生前来诊治或者送往医院。

（2）假如触电者伤势较重，已失去知觉，但心脏跳动和呼吸还存在。对于此种情况，应使触电者舒适、安静地平卧；周围不围人，使空气流通；解开他的衣服以利呼吸，如天气寒冷，要注意保温，并迅速请医生诊治或送往医院。如果发现触电者呼吸困难，严重缺氧，面色发白或发生痉挛，应立即请医生作进一步抢救。

（3）假如触电者伤势严重，呼吸停止或心脏跳动停止，或二者都已停止，仍不可以认为已经死亡，应立即施行人工呼吸或胸外心脏按压，并迅速请医生诊治或送医院。

（4）如果触电人受外伤，可先用无菌生理盐水和温开水洗伤，再用干净绷带或布类包扎，然后送医院处理。如伤口出血，则应首先设法止血。通常方法是：将出血肢体高高举起，或用干净纱布扎紧止血等，同时急请医生处理。

## 二、直接伤害的急救

人体触电后，会出现昏迷不醒、呼吸中断、心跳停止等症状，这种现象通常是假死现象，切不可当作死亡草率处理。为了争取最佳抢救时间，应尽快进行现场抢救。

第一步：切断电源。触电事故发生时，触电者的身体已经带电，这时候千万不可直接把触电者拖离电源，以免造成抢救者本人触电。正确的做法是：马上拉闸断电，如果出事地点离电源开关太远，抢救者可以用绝缘良好的木棍、竹竿等拨开电线或把触电者拉开（做这项工作时抢救者应穿绝缘良好的鞋或站在干燥的木板上，保证自己不导电）。如果触电者因痉挛而握紧电线，抢救者可用木柄斧、带有绝缘手柄钢丝钳切断电线。

第二步：按照触电者受伤程度对症救治。

（1）如果触电者还没有昏迷，可以让他静卧进行观察，并迅速请医生来救治。

（2）如果触电者已经处于昏迷状态，但还有呼吸，可让其舒适安静地平卧，劝散围观者保持空气流通，并解开他的上衣以利呼吸，迅速请医生前来救治。

（3）如果触电者呼吸困难，次数渐少，并不时出现抽筋现象，应准备一旦心跳、呼吸停止后立刻采用人工氧合方法进行救治。人工氧合工作必须连续进行而不可草率中止，即便是在送往医院的路上，因为经过连续6小时人工氧合而将触电者救活的实例确实存在。只有患者身体冰凉并出现尸斑，或瞳孔放大而且光感消失时（用手电照射患者眼睛时瞳孔不再收缩），才可以确认触电者死亡。

（4）人工呼吸法：人工呼吸法是触电急救最有效的方法之一，其中口对口人工呼吸效果最为明显，具体操作方法如下：

1）迅速使触电者仰卧，解开触电者衣扣、紧身衣、裤带等衣物，以保证触电者的胸部和腹部自由扩张。然后掰开他的嘴，清除口腔中的呕吐物，带有假牙的触电者应摘下来，如果触电者的舌头往后收缩，应该拉出来，保证其呼吸道畅通；如果触电者牙关紧闭，可以用小木片或金属片从嘴角伸入牙缝慢慢撬开。

2）抢救者在触电者头部旁边，一手捏紧触电者的鼻子（不要漏气），另一手扶住触电人的下颌，使其张开嘴（为了防止触电者腹中的污浊气体或呕吐物进入抢救者嘴里，应在其嘴上盖一块纱布或其他透气薄布）。

3）抢救者深呼吸后，紧贴触电者的嘴吹气（不要漏气）并观察触电者胸部的起伏情况，以胸部略有起伏为宜，吹气太多容易吹裂肺泡（可根据情况调节吹气量的大小）。

4）抢救者准备换气时，应立即离开触电者的嘴让其自然呼气，并观察胸部复原情况以判断患者有无呼吸道梗阻现象。

以上步骤反复进行，成人的吹气次数为 14 ～ 16 次 /min（大约 5min 吹一次，吹气时间约为 2s，呼气时间约为 3s），儿童的吹气次数为 18 ～ 24 次 /min，可让其鼻孔自然漏气，不必捏紧。切记不要让儿童的胸部过分膨胀，以防吹破肺泡。如果触电者的嘴不能掰开，亦可捏紧其嘴唇通过鼻孔吹气。

（5）胸外挤压法（心外按摩）：

1）让触电者仰卧并保持呼吸道畅通（具体要求可参照人工呼吸法），背部着地的地方应平整、稳固。以保证挤压效果。抢救者两手交叉叠在一起，把下面的掌根放在触电者两胸间略下一点，胸骨下 1/3 处（略高于胸口）。

2）肘关节伸直，适当用力带有冲击性地挤压患者胸骨（对准脊椎骨从上往下用力），这时候可以触摸到被抢救者的脉搏跳动，否则说明挤压部位不正确或是力度不够，应根据具体情况进行调节。切记：使用心外按摩方法时不可用力过猛或过大，以防把胃中的食物挤压出来造成呼吸道阻塞或折断肋骨。但也不可用力过小，用力过小将达不到挤压效果。具体操作方法是成人可压下去 3 ～ 4cm，儿童用力要小些，压下去的深度也要相应浅一些，可单手操作。

3）挤压后掌根应迅速放松（但不要离开胸部），使触电者的胸骨自动复位。

4）挤压次数：成人为 60 次 /min，儿童为 90 ～ 100 次 /min。

（6）人工氧合：人工呼吸法和胸外按摩法同时进行称为人工氧合法，具体操作方法为：人工氧合法应由两个人轮流进行，一般胸外按摩为 60 次 /min，人工呼吸为 14 ～ 16 次 /min，操作比例为 4∶1，如果抢救者只有一个人，可以先做 4 次胸外按摩，再做 1 次人工呼吸。

触电抢救工作往往需要很长时间，有时甚至要 1 ～ 2 个小时，必须连续进行，不可中断。抢救见效以后，触电者会出现面色好转、嘴唇红润、瞳孔缩小等反应，心跳和呼吸也会慢慢恢复正常。对于触电者因跌倒或高空坠落所造成的外伤应迅速请医生救治。

### 三、间接伤害的急救

间接伤害不是电能作用的结果，而是由于触电导致人员跌倒或坠落等二次事故所造成的伤害。

对因跌倒或高空坠落造成二次受伤的触电者，抢救者应先检查其伤势再进行救治，如遇到下列情形之一，则不可采用胸外按摩方法：

（1）内出血：对内出血患者进行胸外按摩会加大其出血量，进而形成生命危险。内出血的主要表现为血压持续下降。

（2）脊椎骨骨折：脊椎骨骨折容易压迫或损伤脊髓神经，发现这种情况切不可施行胸外按摩术，搬运患者时应让其仰卧在平整木板上，不可随意背、抬或者让其翻身、转身，以免导致截瘫而铸成终生遗憾。

（3）其他严重骨折。

出现以上各种情况，不影响人工呼吸的操作。

## 第三节 坠落

### 一、高处坠落摔伤

高处坠落摔伤是指从高处坠落而导致受伤。急救要点：

（1）坠落在地的伤员，应初步检查伤情，不乱搬动摇晃，立即呼叫 120 急救医生前来救治。

（2）采取初步救护措施：止血、包扎、固定。

（3）怀疑脊椎骨折，按脊椎骨折的搬运原则。切忌一人抱头一人扶腿搬运；伤员上下担架应由 3 ～ 4 人分别抱住头、胸、臀、腿，保持动作一致平稳，避免脊椎弯曲扭动，加重伤情。

### 二、水中淹溺

淹溺是指人淹没在水中，由于呼吸道被外物堵塞或喉头、气管发生反射性痉挛而造成的窒息和缺氧，以及水进入肺后造成呼吸、循环系统及电解质平衡紊乱，发生呼吸、心跳停止而死亡。淹溺的现场急救要点：

### （一）迅速清除呼吸道异物

溺水者从水中救起后，呼吸道常被呕吐物、泥沙、藻类等有异物阻塞，应以最快的速度使其呼吸道通畅，并立即将患者平躺，头向后仰，抬起下巴，撬开口腔，将舌头拉出，清除口鼻内异物，如有活动假牙也应取出，以免坠入气管；有紧裹的内衣、乳罩、腰带等应解除。

在清除口内异物时常会遇到如何打开口腔的问题。牙关紧闭者，可按捏其两侧颊肌，再用力启开。如有开口器启可用开口器启开。在迅速清除口鼻异物后，如有心跳者，习惯上多行控水处理。

### （二）排除胃内积水处理

这是指用头低脚高的体位将肺内及胃内积水排出。最常用的简单方法是：迅速抱起患者的腰部，使其背向上、头下垂，尽快倒出肺、气管和胃内积水；也可将其腹部置于抢救者屈膝的大腿上，使头部下垂，然后用手平压其背部，使气管内及口咽的积水倒出；也可利用小木凳、大石头、倒置的铁锅等物做垫高物。在此期间抢救动作一定要敏捷，切勿因控水过久而影响其他抢救措施。以能倒出口、咽喉及气管内的积水为度，如排出的水不多，应立即采取人工呼吸、胸外心脏按压等急救措施。

### （三）人工呼吸、胸外心脏按压

首先要判断有无呼吸和心跳，应以你的侧面对着患者的口鼻，仔细倾听，并观察其胸部的活动，同时可触摸颈动脉，看有无搏动。若呼吸已停，应立即进行持续人工呼吸，方法以俯卧压背法较适宜，有利于肺内积水排出，口对口或口对鼻正压吹气法最为有效。若救护者能在托出溺水者头部出水时，在水中即行口对口人工呼吸，对患者心、脑、肺复苏均有重要意义。如溺水者尚有心跳，且较有节律，也可单纯做人工呼吸。如心跳也停止，应在人工呼吸的同时做胸外心脏按压。胸外心脏按压与人工呼吸的比例为 15 : 2。胸外心脏按压的正确位置应在胸骨的上 2/3 与下 1/3 的交界处，抢救者以手掌的掌跟部置于上述按压部位，另一掌交叉重叠于此掌背上，其手指不应加压于患者的胸部，按压时两腹伸直，用肩背部力量垂直向下，使胸骨下压 3 ～ 4cm 左右然后放松，但掌跟不要离开胸壁，按压次数为 60 ～ 80 次 /min，连续按压 15 次再做人工呼吸 2 次。如胸外心脏按压无效时，应考虑电除颤。人工呼吸吹气时气量要大，足以克服肺内阻力才有效。经短期抢救心跳、呼吸不恢复者，不可轻易放弃。人工呼吸必须直至自然呼吸完全恢复后才可停止，至少坚持 3 ～ 4 小时。转院途中也应继续进行抢救。面罩加压通气常会引起胃内积水等被误送入呼吸道内，不宜采用。到医院后应采用气管插管加压人工呼吸，并提高吸氧浓度达 70% 以上。

（四）复温

复温对纠正体温过低造成的严重影响是急需的，使患者体温逐渐恢复到 30° ～ 32°，但复温速度不能过快。具体方法有热水浴法、温热林格氏液灌肠、体外循环复温法等。恢复体温救治工作应有医务专业人员实施。

（五）紧急用药

心跳已停者应紧急送往医院，有医务人员采取用药物急救。一般可重复静脉推注肾上腺素 0.5 ～ 1mg，如发现室颤又无除颤器时可静脉推注利多卡因 50 ～ 100mg，还可同时用尼可刹米 375mg、洛贝林 3 ～ 6mg，以帮助呼吸恢复。

# 第四节　中毒

## 一、中毒概述

（1）施工现场一旦发生中毒事故，应设法尽快使中毒人员脱离中毒现场、中毒物源，排除吸收的和未吸收的毒物。

（2）救护人员在将中毒人员脱离中毒现场的急救时，应注意自身的保护，在有毒有害气体发生场所，应视情况，采用加强通风或用湿毛巾等捂着口、鼻，腰系安全绳，并有场外人控制、监护、应急，在有毒气场所施救时，救护人员应使用防毒面具。

（3）在施工现场因接触油漆、涂料、沥青、外掺剂、添加剂、化学制品等有毒物品中毒时，应脱去污染的衣物并用大量的微温水清洗污染的皮肤、头发以及指甲等，对不溶于水的毒物用适宜的溶剂进行清洗。吸入毒物中毒人员尽可能送往有高压氧舱的医院救治。

（4）在施工现场食物中毒，对一般神志清楚者应设法催吐：喝微温水

300～500mL，用压舌板等刺激咽后壁或舌根部以催吐，如此反复，直到吐出物为清亮物体为止。对催吐无效或神志不清者，则送往医院救治。

（5）在施工现场如已发现心跳、呼吸不规则或停止呼吸、心跳的时间不长，则应把中毒人员移到空气新鲜处，立即施行口对口（口对鼻）呼吸法和体外心脏按压法进行抢救。

## 二、食物中毒急救要点

（1）立即停止食用可疑中毒食物。

（2）强酸、强碱物质引起的食物中毒，应先饮蛋清、牛奶、豆浆或植物油200mL保护胃黏膜。

（3）封存可疑食物，留取呕吐物、尿液、粪便标本，以备化验。

（4）采取催吐的方法，尽快排出毒物。一次饮600mL清水或1∶2000的高锰酸钾溶液，然后用筷子等物刺激咽喉壁，造成呕吐，将胃内食物吐出来，反复进行多次，直到吐出清水为止，已经发生呕吐的病人不要再催吐。

（5）尽快将病人送医院进一步救治。

## 三、防中毒、窒息应急措施

（1）对已建排水管道井下作业，必须提前揭开工作井及其相邻的上下游井盖，进行自然通风或强制通风，并用叉子搅动井内沉积物，排除有毒、易燃气体。下井前应用仪器对井内的气体进行检查，经气体检查符合下井要求时，方可下井。井上应设专人对井下作业人员安全实施监护。

（2）在下水道、燃气管线以及有可能发生有毒有害气体的场所施工时，都要检测气体的种类和浓度，采取通风措施，待浓度达到规定的标准之下后方能作业。在作业过程中，还要随时进行气体检测和保持通风良好，当发现有害气体的浓度超标时，要立即撤离作业人员。

（3）下井作业人员必须身系安全带，地面上要有人员配合呼应，若呼叫井下人员无应答、拉动安全带无响应，则及时把井下人员拉上地面。若人员已发生中毒、窒息时，立即进行现场人工呼吸救护，同时向项目部安全员、项目经理紧急汇报或报120等请求紧急救援，不可冒险下井对中毒、窒息人员进行救护。

（4）食堂要认真做好卫生保洁工作，炊事人员要有健康证。食物生熟要分开保管，有些食物要煮熟炒透，如豆类、黄花菜等，避免发生食物中毒事故。

（5）若发生食物中毒事故，需及时送医院进行抢救，通知项目经理和公司领导，封存剩余食物及保护呕吐现场，送有关检测部门检验，便于事故调查。

（6）冬期施工，要注意预防因取暖造成一氧化碳浓度过高及缺氧引起的中毒事故。

## 第五节　其他

### 一、中暑

夏季，在建筑工地上劳动或工作最容易发生中暑，轻者全身疲乏无力、头晕、头疼、烦闷、口渴、恶心、心慌；重者可能突然晕倒或昏迷不醒。遇到这种情况应马上进行急救，让病人平躺，并放在阴凉通风处，松解衣扣和腰带，慢慢地给患者喝一些凉开（茶）水、淡盐水或西瓜汁等，也可给病人服用十滴水、仁丹、藿香正气片（水）等消暑药。病重者，要及时送往医院治疗。

### 二、烧伤急救要点

（1）防止烧伤：身体已经着火可就地打滚或用厚湿的衣物盖以压灭火苗，或者尽快脱去燃烧衣物，如果衣物与皮肤粘连一起，应用冷水浇湿或浸湿后，轻轻脱去或剪去。

（2）冷却烧伤部位，用冷水冲洗、冷敷或浸泡肢体，降低皮肤温度。

（3）用干净纱布或被单覆盖和包裹烧伤创面，切忌在烧伤处涂各种药水和药膏，如紫药水、红药水等，以免掩盖病情。

（4）为防止烧伤休克，烧伤伤员可口服自制烧伤饮料糖盐水，如在500mL开水中放入白糖500g左右、食盐1.5g左右制成。切忌给烧伤伤员喝白开水。

（5）搬运烧伤伤员，动作要轻柔、平稳，尽量不要拖拉、滚动，以免加重皮肤损伤。

### 三、冻伤

冻伤是人体遭受低温侵袭后发生的损伤。冻伤的发生除了与寒冷有关，还与潮湿、局部血液循环不良和抗寒能力下降有关。一般将冻伤分为冻疮、局部冻伤和冻僵三种。

（1）冻疮：冻疮在一般的低温，如 3 ～ 5℃，及潮湿的环境中即可发生。因此，不仅我国的北方地区，而且在华东、华中地区也较常见。冻疮常在不知不觉中发生，部位多在耳廓、手、足等处。表现为局部发红或发紫、肿胀、发痒或刺痛，有些可起水泡，尔后发生糜烂或结痂。发生冻疮后，可在局部涂抹冻疮膏；糜烂处可涂用抗菌类和可地松类软膏。

（2）局部冻伤：局部冻伤多在 0℃以下缺乏防寒措施的情况下，耳部、鼻部、面部或肢体受到冷冻作用发生的损伤。一般分为四度：

一度冻伤：表现为局部皮肤从苍白转为斑块状的蓝紫色，以后红肿、发痒、刺痛和感觉异常；

二度冻伤：表现为局部皮肤红肿、发痒、灼痛，早期有水泡出现；

三度冻伤：表现为皮肤由白色逐渐变为蓝色，再变为黑色。感觉消失。冻伤周围的组织可出现水肿和水泡，并有较剧烈的疼痛；

四度冻伤：伤部的感觉和运动功能完全消失，呈暗灰色。由于冻伤组织与健康组织交界处的冻伤程度相对较轻，交界处可出现水肿和水泡。

发生冻伤时，如有条件可让患者进入温暖的房间，给予温暖的饮料，使伤员的体温尽快提高。同时将冻伤的部位浸泡在 38 ～ 42℃的温水中，水温不宜超过 45℃，浸泡时间不能超过 20min。如果冻伤发生在野外无条件进行热水浸浴，可将冻伤部位放在自己或救助者的怀中取暖，同样可起到热水浴的作用，使受冻部位迅速恢复血液循环。在对冻伤进行紧急处理时，绝不可将冻伤部位用雪涂擦，或用火烤，这样只能加重损伤。

（3）冻僵：冻僵是指人体遭受严寒侵袭，全身降温所造成的损伤。伤员表现为全身僵硬，感觉迟钝，四肢乏力，头晕，甚至神志不清，知觉丧失，最后因呼吸循环衰竭而死亡。

发生冻僵的伤员已无力自救，救助者应立即将其转运至温暖的房间内，搬运时动作要轻柔，避免僵直身体的损伤。然后迅速脱去伤员潮湿的衣服和鞋袜，将伤员放在 38 ～ 42℃的温水中浸浴；如果衣物已冻结在伤员的肢体上，不可强行脱下，以免损伤皮肤，可连同衣物一起进入温水，待解冻后取下。

## 四、窒息

窒息按发生的原因可分为两类，一类是阻塞性窒息，另一类是吸入性窒息。

伤员如发生呼吸困难或窒息，应迅速判明原因，采取相应措施，积极进行抢救。

窒息救治的关键是早期发现与及时处理。如发现伤员有烦躁不安、面色苍白、鼻翼煽动、三凹片、口唇发绀、血压下降、瞳孔散大等呼吸困难或窒息症状时，则应争分夺秒进行抢救。

（1）对阻塞性窒息的伤员，应根据具体情况，采取下列措施：

1）因血块及分泌物等阻塞咽喉部的伤员，应迅速用手掏出或用塑料管吸出阻塞物，同时改变体位，采取侧卧或俯卧位，继续清除分泌物，以解除窒息。

2）因舌后坠而引起窒息的伤员，应在舌尖后约2cm处用粗线或别针穿过全层舌组织，将舌牵拉出口外，并将牵拉线固定于绷带或衣服上。可将头偏向一侧或采取俯卧位，便于分泌物外流。

3）上颌骨骨折段下垂移位的伤员，在迅速清除口内分泌物或异物后，可就地取材采用筷子、小木棒、压舌板等，横放在两侧前磨牙部位，将上颌骨向上提，并将两端固定于头部绷带上。通过这样简单的固定，即可解除窒息，并可达到部分止血的目的。

4）咽部肿胀压迫呼吸道的伤员，可以由口腔或鼻腔插入任何形式的通气导管，以解除窒息。如情况紧急，又无适当通气导管，可用15号以上粗针头由环甲筋膜刺入气管内。如仍通气不足，可同时插入2～3根，随后作气管造口术。如遇窒息濒死，可紧急切开环甲筋膜进行抢救，待伤情缓解后，再改作常规气管造口术。

（2）对吸入性窒息的伤员，应立即进行气管造口术，通过气管导管，迅速吸出血性分泌物及其他异物，恢复呼吸道通畅。这类伤员在解除窒息后，应严密注意防治肺部并发症。

## 五、骨折

骨头受到外力打击，发生完全或不完全断裂时，称骨折。

骨折固定的目的是：止痛、止动、减轻伤员痛苦、防止伤情加重、防止休克、保护伤口、防止感染、便于运送。

### （一）骨折的判断

疼痛和压痛、肿胀、畸形、功能障碍。

按骨折端是否与外界相通分为：闭合性骨折，骨折端没刺出皮肤和开放性骨折，骨折端刺出皮肤。

（二）骨折固定的材料

常用的有木制、铁制、塑料制夹板。临时夹板有木板、木棒、树枝、竹竿等。如无临时夹板，可固定于伤员躯干或健肢上。

（三）骨折固定的方法要领

先止血，后包扎，再固定；夹板长短与肢体长短相称；骨折突出部位要加垫；先扎骨折上下两端，后固定两关节；四肢露指（趾）；胸前挂标志；迅速送医院。

（四）常见5种骨折固定的方法

（1）前臂骨折固定法。先将夹板放置骨折前臂外侧，骨折突出部分要加垫，然后固定腕、肘两关节（腕部8字形固定），用三角巾将前臂悬挂于胸前，再用三角巾将伤肢固定于胸廓。前臂骨折无夹板三角巾固定：先用三角巾将伤肢悬挂于胸前，后用三角巾将伤肢固定于胸廓。

（2）上臂骨折固定法。先将夹板放置于骨折上臂外侧，骨折突出部分要加垫，然后固定肘、肩两关节，用三角巾将上臂悬挂于胸前，再用三角巾将伤肢固定于胸廓。上臂骨折无夹板三角巾固定：先用三角巾将伤肢固定于胸廓，后用三角巾将伤肢悬挂于胸前。

（3）锁骨骨折固定法。丁字夹板固定法——丁字夹板放置背后肿骨上，骨折处垫上棉垫，然后用三角巾绕肩两周结在板上，夹板端用三角巾固定好。三角巾固定法：挺胸，双肩向后，两侧腋下放置棉垫，用两块三角巾分别绕肩两周打结，然后将三角巾结在一起，前臂屈曲用三角巾固定于胸前。

（4）小腿骨折固定法。先将夹板放置骨折小腿外侧，骨折的突出部分要加垫，然后固定伤口上下两端，固定膝、踝两关节（8字固定踝关节），夹板顶端再固定。

（5）大腿骨折固定法。先将夹板放置骨折大腿外侧，骨折突出部分要加垫，然后固定伤口上、下两端，固定踝、膝关节，最后固定腰、髂、腋部。

（五）骨折的搬运

当发现有骨折伤员时，切记不可乱搬动，防止不合理的扶、拉、搬动而导致伤情加重或伤害神经。要设法保护受伤部位。需要搬运时，应用木板等硬物器抬运，让伤员平置，并保持平稳，减轻颠簸。

## 六、严重创伤出血伤员救治

### （一）止血

（1）当肢体受伤出血时，先抬高伤肢，然后用消毒纱布或棉垫覆盖在伤口表面，在现场可用清洁的手帕、毛巾或其他棉织品代替，再用绷带或布条加压包扎止血。

（2）当肢体动脉创伤出血时，一般的止血包扎达不到理想的止血效果。这时，就先抬高肢体，使静脉血充分回流，然后在创伤部位的近心端放上弹性止血带，在止血带与皮肤间垫上消毒纱布棉垫，以免扎紧止血带时损伤局部皮肤。止血带必须扎紧，要加压扎紧到切实将该处动脉压闭。同时记录上止血带的具体时间，争取在上止血带后 2h 以内尽快将伤员转送到医院救治。要注意过长时间地使用止血带，肢体会因严重缺血而坏死。

### （二）包扎、固定

（1）创伤处用消毒的敷料或清洁的医用纱布覆盖，再用绷带或布条包扎，既可以保护创伤预防感染，又可减少出血帮助止血。

（2）在肢体骨折时，可借助绷带包扎夹板来固定受伤部位上、下 2 个关节，减少损伤，减少疼痛，预防休克。

（3）在房屋、支架倒塌、塌陷中，一般受伤人员均表现为肢体受压。在解除肢体压迫后，应马上用弹性绷带缠绕伤肢，以免发生组织肿胀。这种情况下的伤肢就不应该抬高，不应该局部按摩，不应该施行热敷，不应该继续活动。

### （三）搬运

（1）经现场止血、包扎、固定后的伤员，应尽快正确地搬运转送医院抢救。不正确的搬运，可导致继发性的创伤，加重病痛，甚至威胁生命。

（2）肢体受伤有骨折时，宜在止血包扎固定后再搬运，防止骨折断端因搬运振动而移位，加重疼痛，再继发损伤附近的血管神经，使创伤加重。

（3）处于休克状态的伤员要让其安静、保暖、平卧、少动，并将下肢抬高 20°左右，及时止血、包扎、固定伤肢，以减少创伤疼痛，尽快送医院进行抢救治疗。

（4）在搬运严重创伤伴有大出血或已休克的伤员时，要平卧运送伤员，头部可放置冰袋或戴冰帽，路途中要尽量避免振荡。

（5）在搬运高处坠落伤员时，若疑有脊椎受伤可能的，一定要使伤员平卧在硬板上搬运，切忌只抬伤员的两肩与两腿或单肩背运伤员。因为这样会使伤员的躯干过分屈曲或过分伸展，致使已受伤的脊椎移位，甚至断裂将造成截瘫或导致死亡。

# 第八章

# 施工现场环境和卫生管理

# 第一节　文明施工管理

## 一、文明施工管理概述

文明施工有广义和狭义两种理解。广义的文明施工，简单地说就是科学地组织施工。本章所讲的文明施工是从狭义上理解的。它是指在施工现场管理中，要按现代文明施工要求，使施工现场保持良好的施工环境和施工秩序。它是施工现场管理的一项重要的基础工作。

### （一）文明施工主要包括以下几个方面的工作

（1）规范施工现场的场容，保持作业环境的整洁卫生。

（2）科学组织施工，使生产有序进行。

（3）减少施工对周围居民和环境的影响。

（4）保证职工的安全和身体健康。

### （二）文明施工的意义

（1）文明施工能促进企业综合管理水平的提高。保持良好的作业环境和秩序，对促进安全生产、加快施工进度、保证工程质量、降低工程成本、提高经济和社会效益有较大作用。文明施工涉及人、财、物各个方面，贯穿于施工全过程和全体人员之中，体现了企业在工程项目施工现场的综合管理水平。

（2）文明施工是适应现代化施工的客观要求。现代化施工更需要采用先进的技术、工艺、材料、设备和科学的施工方案，需要严密组织、严格要求、标准化管理和较好的职工素质等。文明施工是实现优质、高效、低耗、安全、清洁、卫生的有效手段。

（3）文明施工代表企业的形象。良好的施工环境与施工秩序，可以得到社会的支持和信赖，提高企业的知名度和市场竞争力。

（4）文明施工有利于员工的身心健康，有利于培养和提高施工队伍的整体素质。文明施工可以提高职工队伍的文化、技术和思想素质，培养尊重科学、遵守纪律、提倡公德、团结协作的大生产意识，促进企业精神文明建设。从而还可以促进施工队伍整体素质的提高。

### （三）文明施工的组织与管理

#### 1. 组织和制度管理

（1）施工现场应成立以项目经理为第一责任人的文明施工管理组织。分包单位应服从总包单位的文明施工管理组织的统一管理，并接受监督检查。

（2）各项施工现场管理制度应有文明施工的规定。包括个人岗位责任制、经济责任制、安全检查制度、持证上岗制度、奖惩制度、竞赛制度和各项专业管理制度等。

（3）加强和落实现场文明检查、考核及奖惩管理，以促进施工文明管理工作提高。检查范围和内容应全面周到，包括生产区、生活区的场容场貌、环境文明及制度落实等内容。

#### 2. 建立收集文明施工的资料及其保存的措施

（1）上级关于文明施工的标准、规定、法规等资料。

（2）施工组织设计（方案）中对文明施工的管理规定，各阶段施工现场文明施工的措施。

（3）文明施工自检资料；上级单位和相关政府部门的检查资料。

（4）文明施工教育、培训、考核计划的资料。

（5）文明施工活动各项记录资料，包括文字和影像资料。

#### 3. 加强文明施工的宣传和教育

（1）在坚持岗位练兵基础上，要采取派出去、请进来、短期培训、上技术课、登黑板报、广播、看录像、看电视等方法狠抓教育工作。

（2）要特别注意对临时工的岗前教育和作业前的交底工作。

（3）专业管理人员应熟悉掌握文明施工的规定。

### （四）现场文明施工的基本要求

（1）施工现场必须设置明显的标牌，标明工程项目名称、建设单位、设计单位、施工单位、项目经理和施工现场总代表人的姓名、开竣工日期、施工许可证批准文号和接受社会监督的公开电话（投诉电话）等。施工单位负责施工现场标牌的保护工作。在城镇区域内进行市政工程施工，应做好作业区与外界的围护隔离设施。

（2）施工现场的管理人员在施工现场应当佩戴证明其身份的胸卡。

（3）应当按照施工总平面布置图设置各项临时设施。现场堆放的大宗材料、成品、半成品和机具设备不得侵占场内道路及安全防护等设施。

（4）施工现场的用电线路、用电设施的安装和使用必须符合施工现场临时用电安装规范和安全操作规程，并按照施工组织设计进行架设，严禁任意拉线接电。施工现场必须设有保证施工安全要求的夜间照明；危险潮湿场所的照明以及手持照明灯具，必须采用符合安全要求的电压。

（5）施工机械应当按照施工总平面布置图规定的位置和线路设置，不得任意侵占场内道路。施工机械进场须经过安全检查，经检查合格的方能使用。施工机械操作人员必须建立机组责任制，并依照有关规定持证上岗，禁止无证人员操作。

（6）应保证施工现场道路畅通，排水系统处于良好的使用状态；保持场容场貌的整洁，随时清理工程和生活垃圾。在车辆、行人通行的地方施工，应当设置施工警示标志，并对沟井坎穴进行安全覆盖。

（7）施工现场的各种安全设施和劳动保护器具，必须定期进行检查和维护，及时消除隐患，保证其安全有效。

（8）施工现场应当设置各类必要的职工生活设备，并符合卫生、整洁、通风、照明等要求。职工的膳食、饮水供应等应当符合卫生要求。

（9）应当做好施工现场安全保卫工作，采取必要的防盗措施，在工程项目部基地和施工现场周边设立围护设施。

（10）应当严格依照《消防法》的规定，在施工现场建立和执行防火管理制度，设置符合消防要求的消防设施，并保持完好的备用状态。在容易发生火灾的地区施工，或者储存、使用易燃易爆器材时，应当采取特殊的消防安全措施。

（11）施工现场发生工程建设重大事故的处理，依照《生产安全事故报告和调查处理条例》（国务院第493号令）执行。

## 二、文明施工基本条件与要求

文明施工是指保持施工场地整洁、卫生，施工组织科学，施工程序合理的一种施工活动。实现文明施工，不仅要着重做好现场的场容管理工作，而且还要相应做好现场材料、机械、安全、技术、保卫、消防和生活卫生等方面的管理工作。一个工地的文明施工水平是该工地乃至所在企业各项管理工作水平的综合体现。

### （一）文明施工基本条件

（1）有整套的施工组织设计（或施工方案）。

（2）有健全的施工指挥系统和岗位责任制度。

（3）工序衔接交叉合理，交接责任明确。

（4）有严格的成品保护措施和制度。

（5）大小临时设施和各种材料、构件、半成品按平面布置堆放整齐。

（6）施工场地平整，道路畅通，排水设施得当，水电线路整齐。

（7）机具设备状况良好，使用合理，施工作业符合消防和安全要求。

### （二）文明施工基本要求

（1）工地主要入口要设置简朴规整的大门，门旁必须设立明显的标牌，标明工程名称、施工单位和工程负责人姓名等内容。

（2）施工现场建立文明施工责任制，划分区域，明确管理负责人，实行挂牌制，做到现场清洁整齐。

（3）施工现场场地平整，道路坚实畅通，有排水措施，基础、地下管道施工完后要及时回填平整，清除积土。

（4）现场施工临时水电要有专人管理，不得有长流水、长明灯。在施工工地要设置临时卫生厕所，严禁在工地上大小便。

（5）施工现场的临时设施，包括生产、办公、生活用房、仓库、料场、临时上下水管道以及照明、动力线路，要严格按施工组织设计确定的施工平面图布置、搭设或埋设整齐。

（6）工人操作地点和周围必须清洁整齐，做到活完脚下清，工完场地清；丢洒在道路、硬地面上的砂浆混凝土、沥青拌和料要及时清除。

（7）砂浆、混凝土在搅拌、运输、使用过程中，要做到不撒、不漏、不剩，使用地点盛放砂浆、混凝土必须有容器或垫板，如有撒、漏要及时清理。

（8）要有严格的成品保护措施，严禁损坏污染成品、堵塞管道。

（9）施工现场不准乱堆垃圾及余物。应在适当地点设置临时堆放点，并定期外运。清运渣土垃圾及流体物品，要采取遮盖防漏措施，运送途中不得遗撒。

（10）根据工程性质和所在地区的不同情况，采取必要的围护和遮挡措施，并保持外观整洁。

（11）施工作业人员必须按不同工种要求，正确使用劳动防护用品。

（12）针对施工现场情况设置宣传标语和黑板报，并适时更换内容，切实起到表扬先进、促进后进的作用。

（13）施工现场严禁居住家属，严禁居民、家属、小孩在施工现场穿行、玩耍。

（14）现场使用的机械设备，要按平面布置规划固定点存放，遵守机械安全规程，经常保持机身及周围环境的清洁，机械的标记、编号明显，安全装置可靠。

（15）清洗车辆机械排出的污水要有沉淀排放措施，不得随地流淌。

（16）在用的搅拌机、砂浆机旁必须设有沉淀池，不得将浆水直接排放下水道及河流等处。

（17）塔吊轨道按规定铺设整齐稳固，塔边要封闭，道渣不外溢，路基内外排水畅通。

（18）施工现场应建立不扰民措施，针对施工特点设置防尘和防噪声设施，夜间施工必须有当地主管部门的批准。

## 三、地下管线的保护

### （一）隔离法

通过钢板桩、树根桩、深层搅拌桩等形成隔离体，限制地下管线周围的土体位移，挤压或振动管线。这种方法较适合管线埋深较大而又临近桩基础或基坑的情况。对于管线埋深不大的也可通过挖隔离槽方法，隔离槽可挖在施工部位与管线之间，也可在管线部位挖，即将管线挖出悬空。隔离槽一定要挖深至管线底部以下，才能起到隔断挤压力和振动力的作用。

### （二）悬吊法

一些暴露于基坑内的管线，或因土体可能产生较大位移而用隔离法将管线挖出的，中间不宜设支撑，可用悬吊法固定管线。要注意吊索的变形伸长以及吊索固定点位置应不受土体变形的影响。悬吊法中，管线受力、位移明确，并可以通过吊索不断调整管线的位移和受力点。

### （三）支撑法

对于土体可能产生较大沉降而造成管线悬空的可沿线设置若干支撑点支撑管线。支撑体可以是临时的，如打设支撑桩、砌支墩等；也可以是永久性的。

### （四）土体加固法

顶管、盾构、沉井施工中，可能由于土体超挖和坍塌而导致地面沉降和土

体位移的，可以采取注浆加固土体的办法。一是施工前对地下管线与施工区之间的土体进行注浆加固；二是施工结束后对管壁或井壁松散土和空隙进行注浆充填加固。也可用旋喷法、深层搅拌法、分层注浆法加固基坑边坡的土体，通过保护边坡稳定来达到保护临近管线的目的。此外，在砂性土层，且地下水位又较高的环境中开挖施工时，为防止流砂发生，也可用井点降水方法。

### （五）选择合理施工工艺

基坑开挖、地下连续墙施工可采用分段开挖、分段施工的方法，使管线每次只暴露局部长度，施工完一段后再进行另一段，或分段间隔施工。对于桩基工程，可以合理安排打桩顺序，如临近管线的桩先打，退着往远离管线的方向打桩，以减少对管线的挤压，还可考虑调整打桩速率的方法，如打打停停，以减小土中的孔隙水压力，或者在打桩区四周设排水砂井、塑料排水板，使孔隙水压力很快消失，减少挤土效应。顶管工程施工，对临近管线区域，可采用放慢顶进速率，以及减少一次顶进距离的办法，做到勤顶勤挖，减少对土体的挤压力，顶头穿过管线区后，勤压膨润土，以充填顶头切削造成的管壁外间隙，减少地面沉降。有些地下工程还可采用逆作法施工保护管线，对管线起固定作用的部位可先施工并加固，再施工其他部位。基坑回填时分层夯实，钢板桩拔除时及时用砂充填空隙并在水中振捣密实，尽量缩短管线受影响区的施工时间等。

### （六）对管线进行搬迁、加固处理

对于便于改道搬迁，且费用不大的管线，可以在基础工程施工之前先行临时搬迁改道，或者通过改善、加固原管线材料、接头方式，设置伸缩节等措施，增大管线的抗变形能力，以确保土体位移时不失去使用功能。

### （七）卸载保护

施工期间，卸去管线周围，尤其是上部的荷载，或通过设置卸荷板等方式，使作用在管线上及周围土体上的荷载减弱，以减少土体的变形和管线的受力，达到保护管线的目的。

### （八）不保护方式

对一些不明无主管线，估计破坏后不会造成重大损失或影响的，或经与有关部门联系，可暂停使用的管线，可采用不保护方式，进行突击施工，在几小时或几天内施工完后再恢复管线使用功能。

以上各种保护地下管线的方法，实际中如何取用，要视具体的管线性质（即管线使用功能、管材、接头构造、基础形式、管径、管节长度以及管内压力等）、管线埋深、走向和基础工程的类型、规模、施工工艺以及地质地形等现场条件而定，并征得管线业主单位确认。同时还要考虑费用、工期长短等因素。在选用保护措施时尽可能结合对临近建筑物的保护及基坑边坡保护一同考虑，以降低保护费用。

# 第二节　施工现场的环境保护

## 一、现场环境保护的意义

（1）保护和改善施工环境是保证人们身体健康和社会文明的需要。采取专项措施防止粉尘、噪声和水源污染，保护好作业现场及其周围的环境，是保证职工和相关人员身体健康、体现社会总体文明的一项利国利民的重要工作。

（2）保护和改善施工现场环境是消除对外部干扰，保证施工顺利进行的需要。随着人们的法制观念和自我保护意识的增强，尤其在城市中，施工扰民问题反映突出，应及时采取防治措施，减少对环境的污染和对市民的干扰，也是施工生产顺利进行的基本条件。

（3）保护和改善施工环境是现代化大生产的客观要求。现代化施工广泛应用新设备、新技术、新的生产工艺，对环境质量要求很高，如果粉尘、振动超标就可能损坏设备、影响功能发挥，使设备难以发挥作用。

（4）节约能源、减少排污量是保护人类生存环境、保证社会和企业可持续发展的需要。人类社会已面临环境污染和能源危机的挑战，为了保护子孙后代赖以生存的环境条件，每个公民和企业都有责任和义务来保护环境。良好的环境和生存条件，也是企业发展的基础和动力。

（5）为保障工地现场作业人员的身体健康和生命安全，改善作业人员的工作环境与生活条件，保护生态环境，防止施工过程对环境造成污染，预防各类疾病的发生，国家建设部 2005 年 1 月 21 日发布了《建筑施工现场环境与卫生标准》JGJ 146—2004。该标准对防治大气污染、水土污染、噪声污染和施工现场的临时设施、卫生防疫都提出了严格要求。

## 二、大气污染的防治

### （一）大气污染物的分类

大气污染物的种类有数千种，已发现有危害作用的有 100 多种，其中大部分是有机物。大气污染物通常以气体状态和粒子状态存在于空气中。

**1. 气体状态污染物**

气体状态污染物具有运动速度较大、扩散较快、在周围大气中分布比较均匀的特点。气体状态污染物包括分子状态污染物和蒸汽状态污染物。

（1）分子状态污染物：指在常温常压下以气体分子形式分散于大气中的物质，如燃料燃烧过程中产生的二氧化硫（$SO_2$）、氮氧化物（$NO_x$）、一氧化碳（CO）等。

（2）蒸汽状态污染物：指在常温常压下易挥发的物质，以蒸汽状态进入大气，如机动车尾气、沥青烟中含有的碳氢化合物、苯类气化物等。

**2. 粒子状态污染物**

粒子状态污染物又称固体颗粒污染物，是分散在大气中的微小液滴和固体颗粒，粒径在 0.01 ～ 100μm 之间，是一个复杂的非均匀体。通常根据粒子状态污染物在重力作用下的沉降特性又可分为降尘和飘尘。

（1）降尘：指在重力作用下能很快下降的固体颗粒，其粒径大于 10μm。

（2）飘尘：指可长期飘浮于大气的固体颗粒，其粒径小于 1000μm，飘尘具有胶性的性质，故又称为气溶胶，易随呼吸进入人体肺脏，危害人体健康，故称为可吸入颗粒。

施工工地的粒子状态污染物主要有锅炉、熔化炉、厨房烧煤、沥青现场加热熔化产生的烟尘。还有建筑材料破碎、筛分、碾磨、加料过程、装卸运输过程产生的粉尘等。

### （二）大气污染的防治措施

空气污染的防治措施主要针对上述粒子状态污染物和气体状态污染物进行治理。主要方法如下：

**1. 除尘技术**

在气体中除去或收集固态或液态粒子的设备称为除尘装置。主要种类有机械除尘装置、洗涤除尘装置、过滤除尘装置和电除尘装置等。工地的烧煤茶炉、锅炉、炉灶等应选用装有上述除尘装置的设备。

工地其他粉尘可用遮盖、淋水等措施防治。

**2. 气态污染物治理技术**

大气中气态污染物的治理技术主要有以下几种方法。

（1）吸收法：选用合适的吸收剂，可吸收空气中的 $SO_2$、$H_2S$、$NO_x$ 等。

（2）吸附法：让气体混合物与多孔性固体接触，把混合物中的某部分吸留在固体表面。

（3）催化法：利用催化剂把气体中的有害物质转化为无害物质。

（4）燃烧法：是通过热氧化作用，将废气中的可燃有害部分，转化为无害物质的方法。

（5）冷凝法：是使处于气态的污染物冷凝，从气体分离出来的方法。该法特别适合处理有较高浓度的有机废气。如对沥青气体的冷凝，回收油品。

（6）生物法：利用微生物的代谢活动过程把废气中的气态污染物转化为少害甚至无害的物质。该法应用广泛，成本低廉，但只适用于低浓度污染物。

**3. 施工现场空气污染的防治措施**

（1）施工现场垃圾渣土要及时清理出现场。

（2）施工现场道路应指定专人定期洒水清扫，形成制度，防止道路扬尘。

（3）对于细颗粒散体材料（如水泥、粉煤灰、黄砂等）的运输，储存要注意遮盖、密封，防止和减少飞扬。

（4）车辆开出工地要做到不带泥砂，基本做到不撒土、不扬尘，减少对周围环境污染。

（5）除有符合规定的除尘减排装置外，禁止在施工现场焚烧油毡、橡胶、塑料、皮革、树叶、枯草、各种包装物等废弃物品以及其他会产生有毒、有害烟尘和恶臭气体的物质。

（6）机动车都要安装减少尾气排放的装置，确保符合国家车辆尾气排放标准。

（7）工地茶炉应尽量采用电热水器。若只能使用烧煤茶炉和锅炉时，应选用消烟除尘型茶炉和锅炉，大灶应选用消烟节能回风炉灶，使烟尘降至允许排放范围为止。

（8）大城市市区的建设工程已不容许现场搅拌混凝土和沥青混合料。在容许设置搅拌站的工地，应将搅拌站封闭严密，并在进料仓上方安装除尘装置，采用可靠措施控制工地粉尘污染。

## 三、施工现场水污染的防治

### （一）水污染物主要来源

（1）工程污染源：指各种工程废水、污水、油污、废土；及施工机械运行时的扬尘。

（2）生活污染源：主要有食物废渣、生活垃圾、合成洗涤剂、粪便、杀虫剂、病原微生物等。

（3）其他污染源：主要有工程废弃物和各类防腐剂以及燃烧物释放的有害气体等。

施工现场废水和固体废物等污染物随水流流入水体或土体内，包括泥浆、水泥、油漆、各种油类、沥青路面废料、混凝土外加剂、重金属、酸碱盐、非金属无机毒物等形成对自然环境的污染。

### （二）废水处理技术

废水处理的目的是把废水中所含的有害物质清理分离出来。废水处理可分为化学法、物理方法、物理化学方法和生物法。

（1）物理法：利用筛滤、沉淀、气浮等方法。

（2）化学法：利用化学反应来分离、分解污染物，或使其转化为无害物质的处理方法。

（3）物理化学方法：主要有吸附法、反渗透法、电渗析法。

（4）生物法：生物处理法是利用微生物新陈代谢功能，将废水中成溶解和胶体状态的有机污染物降解，并转化为无害物质，使水得到净化。.

### （三）施工过程水污染的防治措施

（1）禁止将有毒有害废弃物作土方回填。

（2）施工现场搅拌站废水和各种车辆、机械冲洗污水必须经沉淀池沉淀合格后再排放，最好将沉淀水用于工地洒水降尘和采取措施回收利用。

（3）现场存放油料，必须对库房地面进行防渗处理，如采用防渗混凝土地面、铺油毡等措施。使用时，要采取防止油料跑、冒、滴、漏的措施，以免污染水体。

（4）施工现场100人以上的临时食堂，污水排放时可设置简易有效的隔油池，定期清理，防止污染。

（5）工地临时厕所，化粪池应采取防渗措施。中心城市施工现场的临时厕所可采用水冲式厕所，并有防蝇、灭蛆措施，防止污染水体和环境。

（6）化学用品、外加剂等要妥善保管，库内存放，防止污染环境。

## 四、施工现场的噪声防治

### （一）噪声的概念

#### 1. 声音与噪声

声音是由物体振动产生的，当频率在 20 ～ 20000Hz 时，作用于人的耳鼓膜而产生的感觉称之为声音。由声构成的环境称为“声环境”。当环境中的声音对人类、动物及自然物没有产生不良影响时，就是一种正常的物理现象。相反，对人的生活和工作造成不良影响的声音就称之为噪声。

#### 2. 噪声的分类

（1）噪声按照振动性质可分为气体动力噪声、机械噪声、电磁性噪声。

（2）按噪声来源可分为交通噪声（如汽车、火车、飞机等）、工业噪声（如鼓风机、汽轮机、冲压设备等）、工程施工噪声（如打桩机、推土机、混凝土搅拌机等发出的声音）、社会生活噪声（如高音喇叭、收音机等）。

#### 3. 噪声的危害

噪声是影响与危害非常广泛的环境污染问题。噪声环境可以干扰人的睡眠与工作、影响人的心理状态与情绪，造成人的听力损伤，甚至引起许多疾病。此外噪声对人们的对话干扰也是相当大的。

### （二）施工现场噪声的控制措施

噪声控制技术可从声源、传播途径、接收者防护等方面来考虑。

#### 1. 声源控制从声源上降低噪声，这是防止噪声污染最根本的措施

（1）尽量采用低噪声设备和工艺，代替高噪声设备与工艺，如低噪声振捣器、风机、电动空压机、电锯等。

（2）在声源处安装消声器消声，即在通风机、鼓风机、压缩机、燃气机、内燃机及各类排气放空装置等进出风管的适当位置设置消声器。

#### 2. 传播途径的控制

在传播途径上控制噪声方法主要有以下几种。

（1）吸声：利用吸声材料（大多由多孔材料制成）或由吸声结构形成的共振结构（金属或木质薄板钻孔制成的空腔体）吸收声能，降低噪声。

（2）隔声：应用隔声结构，阻碍噪声向空间传播，将接收者与噪声声源分隔。隔声结构包括隔声室、隔声罩、隔声屏障、隔声墙等。

（3）消声：利用消声器阻止传播。允许气流通过的消声降噪是防治空气动力性噪声的主要装置。如对空气压缩机、内燃机产生的噪声等。

（4）减振降噪：对来自振动引起的噪声，通过降低机械振动减小噪声，如将阻尼材料涂在振动源上，或改变振动源与其他刚性结构的连接方式等。

**3. 接收者的防护**

让处于噪声环境下的人员使用耳塞、耳罩等防护用品，减少相关人员在噪声环境中的暴露时间，以减轻噪声对人体的危害。

**4. 严格控制人为噪声**

进入施工现场不得高声喊叫、无故甩打模板、乱吹哨，限制高音喇叭的使用，最大限度地减少噪声扰民。

**5. 控制强噪声作业的时间**

凡在人口稠密区进行强噪声作业时，须严格控制作业时间，一般晚 9 点到次日早 6 点时间内应停止强噪声作业。确系特殊情况必须昼夜施工时，应获得当地环保部门书面批准，尽量采取降低噪声措施。同时，主动会同建设单位找当地居委会、村委会或当地居民协调，出安民告示，求得群众谅解。

### （三）施工现场噪声的限值

根据国家标准《建筑施工场界环境噪声排放标准》GB 12523—2011 的要求，对不同施工作业的噪声限值见表 8-1 所示。在工程施工中，要特别注意不得超过国家标准的限值，尤其是夜间禁止打桩作业。

**施工场界噪声限值**　　　　**表8-1**

| 施工阶段 | 主要噪声源 | 噪声限值（dB（A）） | |
|---|---|---|---|
| | | 昼间 | 夜间 |
| 土石方 | 推土机、挖掘机、装载机等 | 75 | 55 |
| 打桩 | 各种打桩机械等 | 85 | 禁止施工 |
| 结构 | 混凝土搅拌机、振捣棒、电锯等 | 70 | 55 |
| 装修 | 吊车、升降机等 | 65 | 55 |

# 第三节　施工现场的环境卫生

## 一、施工现场的环境卫生概述

### （一）施工区卫生管理

#### 1. 环境卫生管理的责任区

为创造舒适的工作环境，养成良好的文明施工作风，保证职工身体健康。施工区域和生活区域应有明确划分，把施工区和生活区分成若干片，分片包干，建立责任区。从道路交通、消防器材、材料堆放到垃圾、厕所、厨房、宿舍、火炉、吸烟等都有专人负责，做到责任落实到人（名单上墙），使文明施工、环境卫生工作保持经常化、制度化。

#### 2. 环境卫生管理措施

（1）施工现场要天天打扫，保持整洁卫生，场地平整，各类物品堆放整齐；主要道路必须进行硬化处理。道路平坦畅通，无堆放物、无散落物，做到无积水、无黑臭、无垃圾，有排水措施。

（2）生活垃圾与建筑垃圾要分别定点、分类堆放，严禁混放，并应及时采用相应容器清运出场。施工现场严禁焚烧各类废弃物。

（3）施工现场严禁随地大小便，发现有随地大小便现象要对责任人进行处罚。施工区、生活区有明确划分，设置标志牌，标牌上注明责任人姓名和管理范围。

（4）卫生区的平面图应按比例绘制，并注明责任区编号和负责人姓名。

（5）施工现场零散材料和垃圾，要及时清理，垃圾临时放不得超过3天，如违反制度规定要对责任人进行追究。

（6）办公室内做到天天打扫，保持整洁卫生，做到窗明地净，文具摆放整齐，制度上墙。

（7）施工现场的厕所，必须对墙面、水槽粘贴瓷砖，要有水冲设施；做到有顶、门窗齐全、通风采光；坚持天天打扫，每周消毒两次，消灭蝇蛆。

（8）为了广大职工身体健康，施工现场必须设置开水桶（建议自带茶杯），

公用杯子必须采取消毒措施，茶水桶必须有盖并加锁，专人管理。

（9）施工现场的卫生要定期进行检查和不定期进行抽查，发现问题，限期改正。

（10）施工现场应配备常用药及绷带、止血带、颈托、担架等急救器材。

## （二）生活区卫生管理

### 1. 宿舍卫生管理规定

（1）宿舍必须设置可开启的窗户，宿舍内的床铺不得超过2层，严禁使用通铺。室内净高不得小于2.4m，通道宽度不得小于0.9m，每间宿舍内居住人员不得超过16人。

（2）职工宿舍要有卫生管理制度，实行室长负责制，规定一周内每天卫生值日名单并张贴上墙，做到天天有人打扫。保持室内窗明地净，通风良好。

（3）职工宿舍铺上、铺下做到整洁有序，室内和宿舍四周保持干净，污水、污物和生活垃圾集中处理，及时外运。

（4）宿舍内保持清洁卫生，清扫出的垃圾倒在指定的垃圾桶内，并及时清理。

（5）生活废水处置应有污水池，经沉淀后排放市政管网。临时生活设施二楼以上一般也要有水源及水池，做到卫生区内无污水、无污物，废水不得乱倒乱流。

（6）夏季宿舍应有防暑和防蚊虫叮咬措施。

（7）宿舍内一律禁止使用电炉及其他用电加热器具。不得随意增大照明用电量。

### 2. 办公室卫生管理规定

（1）办公室的卫生由办公室全体人员轮流值班，负责打扫，排出值班表。

（2）值班人员负责打扫卫生、打水，做好来访记录，整理文具。文具应摆放整齐，做到窗明地净，无蝇、无鼠。

（3）办公人员在工作时间内禁止吃各种零食，各类零食不得在办公室内存放过夜。

（4）办公室内一律禁止使用电炉及其他电加热器具。

### 3. 食堂安全管理

（1）为加强施工工地食堂管理，严防肠道传染病的发生，杜绝食物中毒，把住病从口入关，各单位要加强对食堂的治理整顿。工地设立食堂，应远离厕所、垃圾投放点、有毒有害场所等污染源的地方。

（2）工地食堂必须有当地卫生防疫部门发放的《卫生许可证》，炊事人员必须持身体健康证上岗。《卫生许可证》和炊事人员健康证应张贴食堂醒目处。

（3）根据《食品安全法》规定，具有与生产经营的食品品种、数量相适应的食品原料处理和食品加工、包装、贮存等场所，保持该场所环境整洁，并与有毒、有害场所以及其他污染源保持规定的距离。

1）食品安全

① 采购运输。

a. 采购外地食品应向供货单位索取县以上食品安全监督机构开具的检验合格证或检验单。必要时可请当地食品安全监督机构进行复验。

b. 采购食品使用的车辆、容器要清洁卫生，做到生熟分开，防尘、防蝇、防雨、防晒。

c. 不得采购制售腐败变质、霉变、生虫、有异味或《食品安全法》规定禁止生产经营的食品。

② 贮存、保管。

a. 根据《食品安全法》的规定，避免食品接触有毒物、不洁物。要建立健全管理制度，严禁有毒物与食物同库存放。

b. 贮存食品要隔墙、离地 20cm，注意做到通风、防潮、防虫、防鼠。食堂内必须设置合格的密封熟食间，有条件的单位应设冷藏设备。主副食品、原料、半成品、成品要分开存放。

c. 盛放酱油、盐等副食调料要做到容器物见本色，加盖离地 20cm 存放，清洁卫生。

d. 禁止用铝制品、非食用性塑料制品盛放熟菜。

③ 制售过程的安全。

a. 制作食品的原料要新鲜、卫生，做到不用、不卖腐败变质的食品，各种食品要烧熟煮透，以免食物中毒的情况发生。

b. 制售过程及刀、墩、案板、盆、碗及其他盛器、筐、水池子、抹布和冰箱等工具要严格做到消毒、生熟分开，售饭菜时要用专用器具夹送直接入口食品。

c. 非经过安全监督管理部门批准，工地食堂禁止供应生吃凉拌菜，以防止肠道传染疾病。剩饭、菜要回锅彻底加热再食用，一旦发现变质，不得食用。

d. 共用食具要洗净消毒，应有上下水洗手和餐具洗涤设备。

e. 使用的代价券必须每天消毒，防止交叉污染。

f. 盛放丢弃食物的桶（缸）必须有盖，并及时清运。

2）炊管人员卫生

① 凡在岗位上的炊管人员，必须持有所在地区卫生防疫部门办理的健康证

和岗位培训合格证，并且每年进行一次体检。

② 凡患有痢疾、肝炎、伤寒、活动性肺结核、渗出性皮肤病以及其他有碍食品卫生的疾病，不得参加接触直接入口食品的制售及食品洗涤工作。

③ 炊管人员无健康证的不准上岗，否则予以经济处罚，责令关闭食堂，并追究有关领导的责任。

④ 炊管人员操作时必须穿戴好工作服、发帽，做到“三白”（白衣、白帽、白口罩），并保持清洁整齐，做到文明操作，不赤背，不光脚，禁止随地吐痰。

⑤ 炊管人员必须做好个人卫生，要坚持做到四勤（勤理发、勤洗澡、勤换衣、勤剪指甲）。

3）集体食堂发放《卫生许可证》验收标准

① 新建、改建、扩建的集体食堂，在选址和设计时应符合卫生要求，远离有毒有害场所，30m 内不得有露天坑式厕所、暴露垃圾堆（站）和粪堆畜圈等污染源。

② 需有与进餐人数相适应的餐厅、制作间和原料库等辅助用房。餐厅和制作间（含库房）建筑面积比例一般应为 1 : 1.5。其地面和墙裙的建筑材料，要用具有防鼠、防潮和便于洗刷的水泥等。有条件的食堂，制作间灶台及其周围要镶嵌白瓷砖，炉灶应有通风排烟设备。

③ 制作间应分为主食间、副食间、烧火间，有条件的可开设生间、摘菜间、炒菜间、冷荤间、面点间。做到生与熟，原料与成品、半成品，食品与杂物、毒物（亚硝酸盐、农药、化肥等）严格分开。冷荤间应具备“五专”（专人、专室、专容器用具、专消毒、专冷藏）。

④ 主、副食应分开存放。易腐食品应有冷藏设备（冷藏库或冰箱）。

⑤ 食品加工机械、用具、炊具、容器应有防蝇、防尘设备。用具、容器和食用苫布（棉被）要有生、熟及反、正面标记，防止食品污染。

⑥ 采购运输要有专用食品容器及专用车。

⑦ 食堂应有相应的更衣、消毒、盥洗、采光、照明、通风和防蝇、防尘设备，以及通畅的上下水管道。

⑧ 餐厅应设有洗碗池、残渣桶和洗手设备；下水道铺设防鼠网。

⑨ 公用餐具应有专用洗刷、消毒和存放设备。

⑩ 食堂炊管人员（包括合同工、临时工）必须按有关规定进行健康检查和卫生知识培训并取得健康合格证和培训证。

⑪ 具有健全的卫生管理制度。单位领导要负责食堂管理工作，并将提高食品卫生质量、预防食物中毒，列入岗位责任制的考核评奖条件中。

⑫ 集体食堂的经常性食品安全检查工作，各单位要根据《食品安全法》有关规定和有关地方规定进行管理检查。

4）职工饮水卫生规定

施工现场应供应开水，饮水器具要卫生。夏季要确保施工现场的凉开水或清凉饮料供应，暑伏天可增加绿豆汤，防止中暑脱水现象发生。

**4. 厕所卫生管理**

（1）施工现场要按规定设置厕所，厕所的设置要离食堂30m以外，屋顶墙壁要严密，门窗齐全有效，便槽内必须铺设瓷砖。

（2）厕所要有专人管理，应有化粪池，严禁将粪便直接排入下水道或河流沟渠中，露天粪池必须加盖。

（3）厕所定期清扫制度。厕所有专人天天冲洗打扫，做到无积垢、垃圾及明显臭味，并应有洗手装置，工地厕所要有水冲设施，保持厕所清洁卫生。

（4）厕所灭蝇蛆措施。厕所按规定采取冲水或加盖措施，定期打药或撒白灰粉消毒，消灭蝇蛆。

## 二、临时设施

（1）施工现场应设置办公室、宿舍、食堂、厕所、淋浴间、开水房、民工学校、文体活动室、密闭式垃圾站（或容器）及盥洗设施、消防设施等临时设施。临时设施所用建筑材料应符合环保、消防要求。

（2）办公区和生活区应设围坪隔离，并设立警卫室。

（3）办公室内布局应合理，文件资料宜归类存放，并应保持室内清洁卫生。

（4）宿舍内应设置生活用品专柜，有条件的宿舍宜设置生活用品储藏室。夏季高温时，应有防暑降温设施（风扇、空调等）。

（5）宿舍内应设置鞋柜或鞋架，室外应有垃圾桶，生活区内应提供为作业人员晾晒衣物的场地。

（6）食堂应设置在远离厕所、垃圾站、有毒有害场所等污染源的地方。

（7）食堂应设置独立的制作间、储藏间，门扇下方应设不低于0.2m的防鼠挡板。制作间灶台及其周边应贴瓷砖，所贴瓷砖高度不宜小于1.5m，地面应做硬化和防滑处理。粮食、蔬菜、烹调用料存放台距墙和地面应大于0.2m。

（8）食堂应配备必要的排风设施和冷藏设施。

（9）食堂的燃气罐应单独设置存放间，存放间应通风良好并严禁存放其他物品。

（10）食堂制作间的炊具宜存放在封闭的橱柜内，刀、盆、案板等炊具应生熟分开。食品应有遮盖，遮盖物品应有正反面标识。各种佐料和副食应存放在密闭器皿内，并应有标识。

（11）食堂外应设置密闭式泔水桶，并应及时清运。

（12）施工现场应设置水冲式或移动式厕所，厕所地面应硬化，门窗应齐全。蹲位之间宜设置隔板，隔板高度不宜低于0.9m。

（13）厕所大小应根据作业人员的数量设置。厕所应设专人负责清扫、消毒，化粪池应及时清掏。

（14）淋浴间内应设置满足需要的淋浴喷头，可设置储衣柜或挂衣架。门内应设遮拦板。

（15）盥洗设施应设置满足作业人员使用的盥洗池，并应使用节水龙头。

（16）生活区应设置专用开水炉、电热水器或饮用水保温桶；施工区应配备流动保温水桶。

（17）民工学校和文体活动室应配备电视机、书报、杂志等文体活动设施、用品。

## 三、卫生与防疫

（1）施工现场应设专职或兼职保洁员，负责卫生清扫和保洁。

（2）办公区和生活区应采取灭鼠、蚊、蝇、蟑螂等措施，并应定期投放和喷洒药物。

（3）食堂必须有卫生许可证，炊事人员必须持身体健康证上岗。

（4）炊事人员上岗应穿戴洁净的工作服、工作帽和口罩，并应保持个人卫生。不得穿工作服出食堂，非炊事人员不得随意进入制作间。

（5）食堂的炊具、餐具和公用饮水器具必须清洗消毒。

（6）施工现场应加强食品、原料的进货管理，食堂严禁出售变质食品。

（7）施工现场作业人员发生法定传染病、食物中毒或急性职业中毒时，必须在2小时内向施工现场所在地建设行政主管部门和卫生防疫部门报告，并应积极配合调查处理。

（8）现场施工人员患有法定传染病时，应及时进行隔离，并报卫生防疫部门进行处置。

# 第四节　施工现场的治安保卫

## 一、保障社会稳定的意义

安全生产是人类生存发展过程中永恒的主题。随着社会的进步和经济的发展，安全问题正愈来愈多地受到整个社会的关注与重视。搞好安全生产工作，保证人民群众的生命和财产安全，是实现我国国民经济可持续发展的前提和保障，是提高人民群众的生活质量，促进社会稳定的基础。

工程建设施工行业，安全就是形象，安全就是发展，安全就是需要，安全就是效益的观念，正在被广泛接纳，并更多地受到建设施工企业的高度重视。

## 二、建立企业治保管理责任制

（1）施工单位必须建立健全施工现场治安保卫制度和治安防范措施，明确落实治安管理责任人，防止发生各类治安案件，加强对工地、财务、库房、办公室、宿舍、食堂等易发案件区域的管理，落实防盗措施。

（2）施工现场应建立务工人员档案，及时办理暂住登记。非本工程施工人员不得擅自在施工现场留宿。

（3）施工现场应建立流动人口计划生育管理制度，开工前应按规定签订计划生育协议。

（4）施工现场生活区内应设置民工学校和职工娱乐场所，配备报刊、杂志、电视机等学习、娱乐活动用品。

（5）施工单位应加强对职工法律知识、治安保卫知识的培训教育，严禁赌博、酗酒、盗窃、吸毒、打架斗殴、男女混居和传播淫秽物品等违纪违法行为。对各类违法犯罪行为应当及时制止，并报告公安机关。

## 三、建立建筑工人培训学校

### （一）组织要求

（1）一般独立设置或与建设工地的会议室、食堂或活动室共用，在门口悬挂“某某工地（项目部）民工学校”的牌匾。室内四周墙上要有民工学校教学管理制度、学员守则、教学计划和内容，反映学员学习情况的“学习园地”以

及醒目、简洁、体现个性化的标语，以营造良好的学习氛围。

（2）应建立由业主、总承包施工企业、分包企业等有关负责人参加的教学工作班子。确定校长、副校长、教务和总务等负责人，负责学校重大事项的处理及教学、管理和活动组织。总承包企业工程项目部负责从工程项目开工至竣工工地民工学校的组织和教学管理，所有参与工程建设的民工都要在总承包企业所办的民工学校参加学习培训。业主要对建立民工学校大力支持、配合，协助解决办学中的实际问题。

（3）必须要有基本资金作保障。各办学单位要积极筹措资金，开源节流，增加投入，确保民工学校正常运行。办学资金可在项目管理费中开支。

### （二）教学要求

（1）教学是的基本职能和主要任务。要抓住提高民工素质这一根本目的，围绕“创建文明工地、保障安全生产、提高工程质量、树立行业形象”这一主线，根据工程特点和工地实际，从全局出发，精心安排教学内容。

（2）教学内容分必修课和自选课。必修课主要是：当前经济社会新一轮发展特别是城市建设和城市管理的形势和任务；建设职工（相应岗位从业人员）职业道德规范和市民守则；外来从业人员有关政策、建设行业文明施工、安全生产一系列法规；计划生育管理、社会综合治理和有关法律常识、基本要求；针对工程建设需要的施工技术、操作技能、质量管理和安全生产标准规范；工程项目建设的重要意义，工程、工地创建的目标要求等课目。自选课因工地而宜，即随着形势发展新变化、工程进展新要求，民工队伍新问题及企业自身需要的内容等设置相应课程。

（3）各民工学校要按照上述要求，认真制定教学规划和每个阶段教学的实施计划，确定相应能胜任的专兼职授课教师，编写和组织落实各课教材、有关辅导资料，做到有计划、有步骤、有针对性地抓好教学。要利用具有较高理论知识和实践经验的企业内外工程技术、业务管理人员和当地社区、派出所工作人员等各方面的资源和优势，建立师资队伍，做好教学台账记录。

（4）教学要理论联系实际，注重实效，学以致用，确保质量。民工培训应尽量安排在雨天或晚上等空闲时间，每节课时间原则上不少于二小时。每课内容既要有比较系统的通俗易懂道理，更要有比较典型的形象生动事例，使民工听得进、坐得牢、记得住、用得上。要与解决实际问题结合起来，引导民工把学到的知识用于工作和生活中，对存在的问题边学边整改，对自身的素质边学边提高，使他们逐渐成为热爱第二故乡，讲文明、守纪律、懂技术、会操作、有理想的新一代民工。

# 第九章

## 市政工程安全信息化管理

# 第一节　信息化管理简介

## 一、概述

信息化是指培养、发展以计算机为主的智能化工具为代表的新生产力，并使之造福于社会的历史过程（智能化工具又称信息化的生产工具。它一般必须具备信息获取、信息传递、信息处理、信息再生、信息利用的功能）。与智能化工具相适应的生产力，称为信息化生产力。

随着社会经济的发展，数字化和信息化建设受到广泛的关注和利用，而作为市政工程管理来说，目前，绝大多数发达国家开始运用先进的计算机通信技术实现了市政设施管理的数字化发展，而我国也在许多发展城市开启了“数字市政”模式，因此，本文结合相应的工作经验，对市政设施信息化管理系统的发展现状及其应用情况进行探讨，以期对市政建设有一定的促进作用。

## 二、市政工程管理信息化简介及问题分析

在20世纪七八十年代，随着网络技术的飞速发展，市政工程管理信息化也应运而生。经过了三十多年风风雨雨的发展，我国的市政工程管理信息化已然达到了一定的水平，且信息技术也应用到市政工程信息化的建设中。然而，市政工程管理是一项相对繁杂的工作，包括一系列的管理单元，所以，做好市政工程管理是非常困难的。与国外先进的市政工程管理相比，我国的市政工程管理还存在一定的不足，这无疑阻碍了我国市政工程管理信息化的发展速度。以下是我国市政工程管理中存在的几点不足：

### （一）网络技术应用受限

虽然网络信息技术在市政工程管理中有一定的应用，但应用范围非常的小。目前，市政工程信息化系统仅仅是应用到了信息查询方面，在更加重要的信息收集、整合方面几乎是零应用，这使得企业无法及时了解建筑市场的变化情况，不利于企业管理者做出科学的经营决策。

### （二）管理系统信息流动性差

如今，虽然不少企业建立了内部局域网，但是信息的流动却远远没有达标。在企业内部，信息往往只是在项目经理和工地之间流动；但是，各个部门之间以及企业和市场之间的信息还是相对阻塞的，远远没有做到信息共享的地步，这样就会限制企业的经营管理范围，阻碍企业的正常发展。

### （三）信息化建设的诸多误区

在市政工程管理信息化的建设中，很多建设者并不了解信息化的确切含义，甚至认为信息化和计算机、局域网是相同的。在市政工程管理信息化建设过程中，还是有很多的工程单位之间通过书面形式来传递信息，并没有完全地应用信息技术。数字化是信息技术的基础，所以在市政工程信息化建设中，信息资源的数字化是整个建设的前提。但是，在我国现阶段信息化管理中，信息技术仅仅作为一种管理手段，并没有完全地应用到整个市政工程的管理中去，更不要说改变市政工程的管理模式。总的来说，我国的市政工程管理信息化还存在一定的问题，我们要通过分析这些问题来找到解决这些问题的途径。

## 三、市政工程管理信息化的对策

### （一）明确建设目标

在做出任何改革之前，都要明确改革的目标，市政工程管理信息化也不例外。而市政工程管理信息化的目标就是在国家深入推进发展的过程中，实现各个施工单位的信息化交流，建设无纸化信息资源共享平台，以此来降低企业的投入成本，提高企业的经济效益，增强国内企业的国际竞争力。

### （二）完善管理制度

在市政工程管理信息化建设中，我们充分利用了网络信息技术，但是信息化建设不仅仅是技术手段的改善，更是企业管理模式的改革创新。所以，在实现信息化建设目标时，我们不仅要注意技术手段的实时更新，更要打破传统的管理模式，形成更加新颖、更加适合现代化信息管理的思维模式。所以，在市政工程管理信息化的发展进程中，完善信息化管理的各项制度，是快速推进管理信息化建设发展的根本保证。

### （三）加快信息系统和软件开发

在市政工程施工过程中，环境是一个非常重要的因素，且这个因素对工程的前期预算以及工程后期质量会产生很大的影响。同时又由于国外软件对国内环境适应性很差，很难适应国内建筑行业的大环境。所以加快国产系统、软件的研究和开发是非常重要的。相对于国外软件，国产软件可以根据施工的具体情况，实时调整对应参数，保证各项工作数据的准确性，提高施工工程效益。

### （四）以项目管理为中心

在管理信息化建设中，管理自然是整个建设过程的中心内容。所以在市政工程管理信息化建设中，应根据项目的具体情况来设计合理的信息管理系统。同时还要统一整个项目管理体系中各个部门的工作平台。在项目施工时，这个平台可以对项目的各项指标进行实时监测和管理，保证项目工程高质量地完成。

### （五）政府充分发挥宏观调控作用

在如今的市场经济中，企业和企业之间的竞争是不可避免的，甚至延伸为产业供应链之间的竞争。信息化建设是一项非常繁重的任务，并不是任何一家企业可以独自完成的，而是需要整个产业的相互合作，共同参与。所以，政府需要充分发挥宏观调控作用，将这个产业的各个企业有机地整合起来，统一部署、管理，全面发展信息化管理。

### （六）推进企业特征性信息化管理

对于不同的企业，应建立起企业特征信息化管理。根据企业自身的实际情况，合理地建设企业管理信息化的各个方面，不能盲目跟风和没有目的地建设。应根据企业的实际情况，不断深入信息化管理建设，逐渐完善信息化管理的相关制度，推进信息化建设的深入发展。同时，还要考虑到企业发展的长远目标，充分利用社会各界的共享资源，努力推进市政工程管理信息化的快速发展。

信息技术的发展给市政工程管理信息化的产生带来了希望，继而促进着市政工程管理信息化的高速发展。信息技术的广泛应用，不仅大大提高了市政工程管理的技术手段，还在很大程度上创新了市政工程管理的思维理念，非常有利于我国建筑行业的快速发展。但是，我国市政工程管理信息化过程还是存在着诸多的问题，如信息技术应用受限、信息流通差等，这都严重影响着我国市政工程管理信息化的速度和质量。所以，在我国市政工程管理信息化的建设历程中，应依据企业的自身情况，在政府宏观调控的作用下，逐步完善工程管理制度，做好信息

化管理的各项工作，促进信息化管理的发展，为我国的发展做出应有的贡献。

# 第二节　视频监控系统

市政行业是一个国家的基础行业，任何一个城市的发展都离不开市政行业。但是市政施工工地是一个安全事故多发的场所。目前，市政工程建设规模不断扩大，工艺流程纷繁复杂，如何搞好施工现场管理，控制事故发生频率，一直是施工企业、政府管理部门关注的焦点。利用现代科技，优化监控手段，实现实时的、全过程的、不间断的安全监管也成了建筑行业安全施工管理待考虑的问题，为此，各地方建设局都明文规定：辖区内的建筑工地必装音视频监控系统以供远程监视，并录像取证。随着科技高速发展，视频信号经过数字压缩，通过宽带在互联网上传递，可实现远程视频监控功能。将这一功能运用于施工现场安全管理，势必会大大提高管理效率，提升监管层次。该监控系统的运行，将使施工企业跃上新的管理平台，政府监管力度得到加强，及时有效地掌握现场施工动态情况。视频监控装置犹如"电子眼"，全过程、多方位地对施工进展进行实时监控，对于作业人员而言，也无形之中增加了制约力度，规范了行为，提高了安全意识。

与此同时，市政施工工地对于灾害和突发事件的应急处理的要求也越来越高，各个下属、各个区域面对各种突发事件以及自然灾害，我们的监控系统如何才能发挥其应有的作用，这就要求监控系统能够实现在这种意外发生的时候，利用监控系统和现有的网络（包括互联网、卫星、无线等）能够实现随时随地的远程视频和音频的双向互通，在第一时间面对应急事件的即时处理和指挥调度，建委以及上级部门希望能够及时快速的处理工程事故，杜绝事态发展的可能，提高整体的协同性和快捷性，集合集中监控和视频会议的网络视频指挥调度系统成为行业的首选。

## 一、视频安防监控系统的概念和功能

### （一）视频安防监控系统的概念

视频安防监控系统（VSCS）（V ideo Surveillance & Control System）是一种应用广泛的安全技术防范措施，系统通过遥控摄像机及辅助设备（镜头、云台等），直接观察被监视场所的情况，同时可以把被监视场所的情况进行同步录像。视频安防监控系统能在人无法直接观察的场合，适时、真实地反映被监视对象的画面，并作为即时处理或事后分析的一种手段。视频安防监控系统已成为广大用户在现代化管理中监控的最为有效的观察工具，尤其在银行、政府、星级宾馆、重要交通路口等环境下应用更为广泛。

### （二）视频安防监控系统的功能

视频安防监控系统的主要功能是对防范的重要方位和现场实况进行实时监视。通常情况下，由多台电视摄像机监视楼内的公共场所（如各个楼门口、地下停车场）、重要入口（如电梯口、楼层通道）等处的人员活动情况。当安防系统发生警报时会联动摄像机开启，并将该报警所监视区域的画面切换到主监视器或屏幕上，同时启动录像机记录现场情况，供管理人员和保安人员及时、迅速、准确地处理。

利用 VSCS 控制中心，操作人员可以选择各种摄像机，将其图像显示在监视器。如果摄像机具有推拉、转动等遥控功能，那么操作人员可以在控制中心遥控摄像机。录像机、图像分割器及图像处理设备等均可以接入本系统，并通过视安防监控系统控制中心进行遥控。

#### 1. 视频安防监控系统的特点

一般应用电视通常都用同轴电缆（或光缆）作为电视信号的传输介质，其特点是通过有线传输介质传送信号。视频监控系统的信号传输有两种方式，一种是射频信号传输，另一种是视频信号传输。不论是哪种方式，都应属于模拟视频信号传输。

视频安防监控系统具有以下特点：

（1）视频安防监控与单向型的广播电视不同，它是集中型的，一般作为监视、控制、管理使用。

（2）信息来源于多台摄像机，多路信号要求同时传输，且能同时显示。

（3）传输的距离一般较短，多在几十米到几千米的有限范围内。

（4）由于同轴电缆的传输特性决定了在一千米以内用电缆传输，一千米以上应该用光缆传输。

（5）模拟信号的摄像机传送给控制中心的是模拟信号，可通过控制矩阵在监视器上显示，如果摄像机是数字的，控制中心的设备是模拟的，则应加数模转换器才能在监视器上显示。

#### 2. 视频安防监控系统的分类

视频安防监控系统从应用场合来说，分为小型、中型、大型系统。如果从组织形式上来说，中小型系统又可分为：简单的定点监控系统、简单的全方位

监控系统、具有小型主机的监控系统和具有声音监听的监控系统。

（1）简单的定点监控系统

简单的定点监控系统就是在监视现场安置定点摄像机（摄像机配接定焦镜点），通过同轴电缆将视频信号传送到监控中心的监视器。例如，在小型工厂的大门口安装一台摄像机，并通过同轴电缆将视频信号传送到厂办公室内的监视器（或电视机）上，管理人员就可以看到哪些人上班迟到或早退，离厂时是否携带了厂内的物品。若是再配置一台录像机，还可以把监视的画面记录下来，供日后检索查证。

这种简单的定点监视系统适用于多种场合。当摄像机的数量较多时，可通过多路切换器、画面分割器或系统主机进行监视。

当监视的点数增加时会使系统规模变大，但如果没有其他附加设备及要求，这类监控系统仍可属于简单的定点系统。

（2）简单的全方位监控系统

简单的全方位监控系统是将定点监控系统中的定焦镜头换成电动变焦镜头，并增加可上下左右运动的全方位云台（云台内部有两个电动机），使每个监视器的摄像机可以进行上下左右的扫视，其所配镜头的焦距也可在一定范围内变化（监视场景可拉远或推近）。云台和电动镜头的动作需要由控制器或与主机配合的解码器来控制。

简单的全方位监控系统与简单的定点监视系统相比，在监视场所增加了一个全方位的云台及电动变焦镜头，在监控中心增加了一台控制器。

在实际应用中，并不一定使每一个监视点都按全方位来配置，通常仅是在整个监控系统中的某几个特殊的监视点才配备全方位设备。

（3）具有小型主机的监控系统

多大的系统才需要配置系统主机并没有严格限制。一般来说，当监控系统中的全方位摄像机数量达到 3、4 台以上时，就可考虑使用小型系统主机。虽然用多台单路控制器或一台多路（如 4 路或 6 路）控制器也可以实现全方位摄像机的控制，但这样所需要的控制线缆数量较多（每一路至少要一根 10 芯电缆），而且线缆的长度将过长，整个系统也会显得零乱。

一般来说，使用系统主机会增加整个监控系统的造价，这是因为系统主机的造价要比普通切换器高。而与之配套的前端解码器的价格也比普通单路控制器高。但从布线考虑，各解码器与系统主机之间是采用总线方式连接的，因此系统中线缆的数量不多。

另外，集成式系统主机大都有报警探测器接口，可以方便地将防盗报警系统与视频监控系统整合于一体。当有探测器报警时，该主机还可以自动地将主监视器画面切换到发生警情现场摄像机所拍摄的画面。

（4）具有声音监听的监控系统

视频安防监控系统中还常常需要对现场声音进行监听，因此从系统结构上看，整个监控系统由图像和声音两个部分组成。由于增加了声音信号的采集及传输，从某种意义上说，系统的规模相当于比纯定点图像监控系统增加了一倍，而且在传输过程中还应保证图像与声音信号的同步。

**3. 两种典型的电视监视系统**

（1）一般要求的视频监控系统

一般要求的视频监控系统由摄像机、镜头、终端解码器、视频传输线路及控制信号总线、控制及监视器组成。它的主要功能是通过摄像机捕获监视场所的图像信号，但不能拾取声音号。信号传输采用视频基带传输方式，适用于距离较近、规模较小的视频监控系统。

（2）特别要求的视频监控系统

1）带有声音拾取功能的视频监控系统

这种系统可以把监视的图像和声音内容一起传输到控制中心。它的信号传输一般采用声音和图像分别传输；也可以将声音信号调频到6.5MHz上，与图像信号一起传输到控制中心，再把声音信号解调起来。

2）与防盗报警系统联动的视频监控系统

这种系统在控制台设有防盗报警的联动接口。在有防盗报警信号时，控制台发出报警，并且启动录像机自动对警报的场所进行录像。

这种系统由视频监控系统和防盗报警系统两部分组成，控制中心通过控制台将两部分合在一起进行联动。

3）具有自动跟踪和锁定功能的视频监控系统

最先进的自动跟踪和锁定系统采用“数字式视频监控系统”。数字式视频监控系统的核心是多媒体计算机及其配套的其他设施。这种系统的工作方式是将入侵目标的图像及声音信号变为计算机文件，从中提取目标信号，然后反馈给摄像机及电动云台，以控制摄像机及云台进行跟踪锁定。另外，还将自动启动该摄像机附近其他关联的摄像机或报警装置，以便进行继续跟踪和锁定。

4）运距离多路信号的视频监控系统

远距离多路信号根据要求和实际情况在传输方式上有以下几种：视频基带传输方式，射频传输方式，光纤传输方式，无线发射传输方式，无线发射并且移动传输方式，“远端切换”的视频基带传输方式，“平衡式”视频传输方式，电话电缆传输方式。

# 致 谢

记忆是一个永远不会过去的现在。如同所有的感恩之情带来的这份感激，深深地根植于我们心中：朋友、老师、同事和家人，许多幕后英雄默默地奉献着自己的理解和关切，提供想法、启迪、晤谈、批评、鼓励、援助以及各种支持。致谢辞让笔者有机会代表丛书编委会向这么多的单位和爱心人士表达谢意并且致敬。没有他们，也就不可能有这套丛书的诞生，也不可能有青川县未成年人精神家园的援建和诞生。

首先，要感谢中共青川县委、县人民政府对这一援建工程的高度重视。在汶川大地震中，青川受灾学生高达42000多人，学生死亡数380人，全县的学校基本夷为平地。青川县有64个孩子失去了双亲，365个孩子成了单亲家庭，还有更多的未成年人成了残疾儿童。受伤亡人员的亲情影响，许多未成年人思想负担重，心理创伤大。本项目的规划、建设得到了陈正永县长、现任县委书记罗云同志的关心。为了重点建设好、早日建成这一公共建筑，县委县人民政府将其列为近几年县十大民生工程之一。

在此，还要感谢浙江省精神文明办和龚吟怡先生对灾区未成年人健康成长和环境建设的关怀。感谢顾承甫同志——为了2008年12月的那天你接听了那通电话，并鼓励笔者将内心的想法运用到灾区建设中去。经历了半年多的曲折寻找，终于从浙江省援建青川指挥部了解到此一待援建项目。谢谢你为此所做的努力，以及多年来的友谊、交流、相助和那份简洁明了的热忱。

非常感谢马健部长，在县城乔庄镇可利用土地资源承载极其有限的情况下，在本援建工程立项与否，以及项目启动以后，面临建设用地移作他用的压力下，是你挺身而出，成功保住了这一重点项目的建设。谢谢你尤其对友人的淳厚与大度。在援建活动最困难的情况下，你总是给我们以信任与呵护，患难中见真情。

在此，还十分感谢罗家斌副县长。历历往事，悠悠乡愁，在青川工程的共同努力中，你多次不辞辛劳来浙江，甚至在身体不适的情况下。一切心灵的意境在世上皆有其地方。非常幸运，在灾区家乡建设中，我们结下了诚挚的友情。这犹如播下种子，度过秋冬季节，直到春临大地，新绿萌生。

感谢你，刘成林同志，启动县未成年人校外活动中心建设项目阶段工作十分艰巨，这一段经历给人留下了无法忘怀的深刻记忆，谢谢你为此洒下了辛勤的汗水，还有你的热情、友谊、付出和期待。

苟蔚栋主任，你对灾区孩子们遭遇的巨大灾难与不幸比许多人认识的都更深刻，你讲的木鱼中学遇难学生的亲历往事让人听了心碎。青川工程推进之际，我们的联系最为频繁。谢谢你的友情、川味、信赖和合作，以及抱着一个美好的目的所付出的一切，许多往事都将成为值得回味的故事。

中共青川县委宣传部、县精神文明办作为项目业主单位，有一个优秀的群体：熊凯、杨丽华、尤顺亮、李玖碧、赵友、徐云燕、刘夕森等诸位朋友，感谢你们从这场历经五载的友情马拉松、奉献、精神成长和从这场社会公益之旅的第一天起，一路给予我们的支持。在此，还要感谢敬飞同志的帮助、交流和友谊。

在任何一项事业的起步阶段，总有一些人冒着个人、困难和职业风险支持襁褓中的理念。一些善心人士在我们进行社会公益活动的初起阶段，便直接投入或参与进来。他们无论在援建灾区未成年人精神家园建设还是本套丛书编写仍然处于艰难起步阶段的时候就给予信任和支持，这份感激让人一直铭记于心。

感谢董丹申先生，为了 2009 年 5 月那天我们所通的电话。谢谢你在第一时间做出的决定，并带领如此优秀的勘察设计团队援建此一工程，你还多次为优化设计方案提出建议，这种园丁式的建筑师的敏锐和悟性，在废墟中给人性开创了丰富的空间可行性，从而将助长花园中的生命。历经五载，风风雨雨见证了我们的友谊。

感谢本建筑的主创设计师陆激博士，谢谢你对作品内涵的把握、表现力、讨论、午餐、诗歌——这种酬唱，相信是对忧思的另一种释放，它使人确信，每个人在自己的内心，都会保留着一片精神的花园，每个人的内心最深处，都住着一位辛劳而又快乐的园丁。在此，还要感谢蔡梦雷先生所展示的才华、合作、敬业、潜力和沉静，谢谢你付出的辛勤劳动。

浙江大学建筑设计研究院作为本工程特邀设计单位，得到了各专业背景的专家伸出的援助之手，谢谢你们——甘欣、曾凯、雍小龙、冯百乐、王雷、严明、周群建、杨毅等诸位朋友，你们的职业操守，印证了法国当代建筑师鲍赞巴克的一句话："建筑师处在社会的建设性的、积极的山肩上……建筑师需要具备为他人修建的责任感"。

在此，非常感谢浙江籍企业家楼金先生对本援建项目的庇护、关照和相助。汶川大地震发生后，海南亚洲制药集团先后四次伸出慷慨援助之手，包括这一

座青川的花园。楼先生长期活跃在祖国医药事业的前沿。在这场援建活动中，率先垂范。但报效祖国、报答社会的目标，却使他觉得任重道远，做得很不够。这样的言谈举止也是永生永世的好老师。这使人想到：人之为人，假若没有对大地、对人的无比热爱，没有追求美和爱的激情和为之忍受苦难的精神，那生之意义有何在呢？

十分幸运，这套丛书经中国建筑工业出版社选题审阅后，决定列入重点出版计划。这对作者们来说并不容易。在此尤其要感谢沈元勤社长的热情、眼光、鼓励和对丛书援建灾区活动的策划支持。编辑部的决定表现了一家大型出版社的社会责任感，若不是你们提供发表这些书籍的园地，丛书出版说不定还要走较长的探索之路。在后面我还将进一步提及并致谢。

盛金喜先生，感谢你的友情和破费周折地热心相助，促成了温州东瓯建设集团等两家企业原本业已捐给当地慈善机构的捐款，得以成功转给青川县援建项目，这是工程启动后的一笔重要捐赠。在此，还要谢谢倪明连和麻贤生两位先生的帮助。这种事先铺平道路的爱心，正如在地里播种。

做人意味着无法免遭不幸与灾难，意味着时而感到自己需要救助、慰藉、排遣或启迪。我们的状况多半是平凡的，不是非凡的。我们对他人负有的最低限度的道义责任，不在于为他指点救赎之道，而在于帮助他走完一天的路。

雷与风，持续不停。在此特意要感谢恽稚荣先生，在本援建活动十分困难的情况下给予的热心相助！谢谢你的电话、热情引见和浙江省建筑装饰行业协会的帮助。我还要感谢你多年的友情、同事和关照，而最重要的是你对做这类事情的人文理解，和要求确保内心的那份坚定。

非常感谢浙江中南集团吴建荣先生，对灾区未成年人精神家园建设实实在在的表态和直接参加援建的落实。谢谢你的晤谈、慷慨和展望，尤其是对本援建工程困难的体恤。建造较高水准的室内影院是你的一个心愿，这样的目光决非仅限于卡通和影像的虚拟世界。假如没有“浓浓绿荫”也就没有“绿色之思”。视这种情感为植根于文化传统，这一点已得到了揭示。

友谊本身于人生必不可少，在此，我想对俞勤学先生说：没有什么比和悦相伴的共同努力更能给生活带来美好的回味。杭州市建筑设计研究院有限公司参与捐建，体现了一家大型民营设计单位的社会担当。你说的好：受益于改革开放，在社会需要的时候，不忘回馈社会。谢谢你的友情交流和对真知的求索，以及给予援建活动的重要支持。

姚恒国先生，十分感激你，永康古丽中学、古丽小学和金色童年幼儿园是一家主动提出参加援建的浙江省民办学校。在本工程筹资阶段相当困难的日子里，得到你的爱心相助。这非常特别。如果把春风化雨比喻成学校良好的教育方式，那么，正是这种育人为本、德育为先和服务社会的理念，使我们对“善的栽培者”有了新的理解。在此，我还要感谢永康市规划局胡永广先生的热情引见。

十分感谢新昌县常务副县长柴理明先生在援建工程艰难前行中所给予的热情支持，谢谢浙江科技学院副院长冯军先生的友谊和相助，谢谢新昌县发改局李一峰先生的促进和落实。

陈金辉先生，感谢你多年来的友情和参与援建灾区工程，你的那句创业感言：“办企业一要对得起自己的员工，二要对得起社会”，说得直白、亲切，胜似金玉良言。想当年创业伊始，历经多少艰辛，如今企业发展了日子好过一点了，既想到要对得起自己的员工，又觉得要对得起社会。

郑声轩先生，要衷心感谢你的友情和真诚相助，也谢谢宁波市城市规划学会及黄生良秘书长，你们的价值关怀是灾区家乡建设的财富。感谢宁波市各城乡规划院。张能恭先生、李斌先生、徐瑾女士、张峰先生、喻国强先生、明思龙先生、赖磅茫先生，与你们同行之所以顺利，莫过于一种源自心灵的共识。假如这种共识有道理，那么，最能帮助我们从忧思中得到慰藉的，莫过于一座活生生的花园。

于利生先生的鼓励和热情支持，对工程推进可谓雪中送炭，为此要向你致敬！而武弘设计院又为本项目室内装饰工程提供了整套设计图纸，谢谢陈冀峻院长、徐旻设计总监对设计方案的讨论，谢谢建筑设计师李文江女士、陈奕女士为本项目所做的富有灵感的理解和设计，以及对装饰施工图的多次交流，谢谢专业技术人员王小俨、陈倩、董瑜明等各位朋友付出的辛勤劳动。

吴飞先生，徐伟总经理，人只要能记和忆，记忆中的事情总能从现时的思维活动中涌出。在此，非常感谢你和徐伟总经理，对援建活动所做出的讨论和决定，从而使工程推进迈开了转折性的一步：多谢浙江省建工集团有限责任公司及所属建筑装饰工程公司对项目装饰工程派出的援建队伍。谢谢施泽民总经理、阮高祥和何荒震副总经理的关心和落实。你们的理解和热忱，以及在一个并非现成的运作场所提供的服务，是公司发展理念的持续涌流。

本套丛书在理论实践和服务社会过程中有个大本营。他们的价值观维系着关怀呵护之努力的个人与社会。

在这套丛书中，我们与中国建筑工业出版社开展了深入的合作。感谢社长沈元勤先生就丛书选题和发行、编写援建项目纪念图册、出版社赠送灾区未成年人活动中心图书、建筑模型等系列活动给予了热情洋溢的策划支持，并带队一行四人来浙江，参加丛书编写工作启动会，与作者们交流互动。

中国建筑工业出版社的决定不仅在丛书的发行渠道及其模式创新上做出了积极探索，给予了丛书援建活动以有力的帮助和支持，更从精神上体现了我们这个社会最具价值的人文关怀。

感谢郭允冲先生为本丛书作序。谢谢您对丛书编写出版和丛书援建灾区活动所做的肯定。这样的鼓励，使人重温了建设者忧思和关怀的天职，它培养我们以有限的存在方式尽心服务社会，并以播种大地和建设家园为己任。

感谢谈月明先生对编者的信任、鼓励和支持，以及对丛书社会实践活动的评语。浙江，青川，相隔 2000 多公里，却感觉近在咫尺。记得辛卯年春节前夕你在百忙中寄来信札，它使笔者得以分享到一份艺术情愫——一款“真情无价”的书法题字，倍感亲切。

还要感谢出版社副社长王雁宾先生的热情和支持，何时再能领略你即兴赋诗的场景。感谢出版社房地产与建筑管理图书中心主任、编审郦锁林先生的热情和合作，以及在丛书编写启动会议上就专业性书籍编写要点进行细致入微的讲解。

在此，尤其需要感谢丛书责任编辑赵晓菲女士的热情和不懈努力。谢谢你的耐心、火锅、献疑、澄清、编辑以及数年来付出的辛勤劳动。你和你的同事为每本书做了高度复杂的编校工作，使得本丛书具有更佳的可读性。最重要的是，对编辑这份工作，让我们理解它吧，如今可能理解得更好些！

请允许我向丛书的每一位作者致谢。技术书籍的普遍价值，首先表现在服务于现实世界和社会的风格、内容，或者说表现于满足需求的适切性和书的聚合力，同时也体现于这样一个方面，即一个人为同时代的其他人所作的贡献。

谢谢每位参与者的认真、构思、调研、读写修改的过程，以及一切与孤独相伴的劳动；谢谢你们在合写的著述中所体现出的协作、智慧和团队精神，以及一遍一遍、一遍又一遍地讨论、通稿、争辩，在 qq 群里发通稿纪要，交流信息。做这样的事情需要沉下来，和艰难的美融合在一起，拒绝平庸！

感谢吴恩宁先生，在生病住院的情况下还为书稿的完善而操劳，为了去芜存菁所进行的一切严谨、朴实的工作。谢谢邓铭庭教授级高工对数本书稿和援建活动多个场合的相助。感谢杨燕萍所长、牛志荣老师、吴飞先生、王立峰老师、周松国总工、王建民总工、罗义英老师、黄思祖总工、李美霜副总工，谢谢你们多年的友谊、分担、精益求精和责任心，谢谢你们为书写工程建设安全生产、保护劳动者权益等内容而承担的责任和义务，在一个非常特殊的意义上来说，你们就是这整套书。

十分感谢龚晓南院士对本丛书有关专业书籍的审核、指导和建议。

感谢史佩东先生多年来的友情、书籍和近年来你多次主持的台海学术交流活动带给业界的启示。谢谢金伟良教授、钱力航研究员在工程建设技术标准制、修订过程中的交流。

在此，还要谢谢黄亚先生、周荣鑫先生、杨仁法老师、袁翔总工、戴宝荣先生的建议、启发和热心帮助。郑锦华先生，希望有机会到大成建设集团的施工现场去学习安全作业的经验。感谢你们的责任心：黄先锋副总工，以及方仙兵、王德仁、张乃洲、于航波和童朝宝等诸位专家的热情投入；林平主任的热忱、专业、工作午餐和讨论；以及很有潜力的年轻专业人员夏汉庸、苟长飞、潘振化工程师。谢谢有关单位在丛书统稿过程中所给予的方便。

最后，要感谢丛书的作者们把所有版权收入捐给灾区未成年人精神家园的建设，用义写这种形式，不仅从专业性反思到实践语言的投入，更用一种沉默的行动表达了一个知识群体的一片爱心，一种塑造价值的真诚！

任何力量也无法夺走往昔与友人的聚会、交谈和同行带来的欢畅，愉悦的回忆给今天、也给日后带来欣慰，无论命运为将来作出何种安排。

青川工程，推进之际，筹资之路多艰难。谢谢张静女士，通过你的帮助，温州市各有关规划院义无反顾地伸出了援助之手，这带来另眼看待的世界体验。何志平先生，那个雨夜在山上小咖啡店的场景多融洽，人生的交往带来的愉悦莫过于数位能相互倾听和启发的友人之间聪慧、有益的交谈。谢谢方素萍院长对灾区建设困难的体恤，而你的帮助又是如此低调、迅速。与郑国楚先生的通话和交流颇受助益。在此，还要谢谢应生伟先生多年的友情、交往、启迪和促进。所有这些，都让生命中的固有价值得到热切肯定，让艰难的奋争日渐得以支撑。

退休老县长在我心中留下风尘仆仆的身影。感谢林周朱先生的热情、电话、相陪为筹资的事情而忙碌。它仿佛又使我重新见到了2006年“桑美”台风来袭浙江沿海时，在重灾区苍南县奔忙的那个身影。

感谢金国平先生带有亲和力的支持，十分重要的是温州市建筑设计研究院的分担和促进，不仅使青川工程受益，它也展现了企业文化中的精髓之一：合作精神和社会责任心。在此，还要真诚地感谢虞慧忠、林胜华两位同行所予以的爱心关怀。

这里有一份念想：就是要衷心感谢张建浩先生爱智人生尽其所能，以及对工程困难富有人性的理解和对贫困灾区建设施以援手。

在受国际金融危机影响，国内经济市场受到较大冲击的环境下，这几年不少民营企业，在克服发展资金短缺和产值、利润大幅度下滑的情况下，参与到项目的捐建活动中来，实属不易。为此，请允许我对刘自勉会长、郑育娟女士、饶太水先生、丁国幸校长、单德贵先生、马毓敏女士、蒋干福先生、周全新同学、李光安院长等诸位朋友，真诚地表示敬意并致谢。

袁建华先生，谢谢你的信任、交流和以个人名义对青川工程的捐赠。这一切都是为了给予希望的勉励。周筱芳女士，你的相助决不意味着为避免让人伤心而随声附和，只求一团和气，恰恰相反，言语的坦诚是一种原则，谢谢你！

感谢袁益中先生和吴荔荔女士的亲蔼、体恤和相助。这种体恤的鼓励也意味着，当艰难来临，使我们有准备无怨无悔地忍受困苦；当福祉临门，则心安理得地去迎接它。

在此，我还要对吴海燕、杨立新两位先生本真地道一声谢谢，因为你们的热情和话语交流，非常符合当今提倡的社会主义核心价值观。宁波市两所高校建筑设计研究院给予本工程以爱心的参与——感谢俞名涛先生饱含的热忱、范儿和帮扶老少边穷情结，谢谢原正先生的朴实、仁慈、社会责任心和张黎建院长的低调、清澈。

感谢一些特殊的朋友。他们曾在汶川大地震后奔赴第一线参加灾后重建，对扶持本工程又颇为热心。谢谢李全明先生的仁慈之助，最重要的是你对灾区未成年人有一个真实的爱心故事。感谢朱定勤先生的信任、对灾区建设的这份关心与呵护。在此还要向嘉善县干窑镇陆剑峰镇长的热情、干练和支持致意。盛维忠院长，你的多次热心促进和直接参与，是对灾区情结的一种诠释。在此，还要谢谢马德富同志和曲建国同学的帮助。

筹资之路多艰难。徐颖女士，那个冬天你陪我们在山路上走，不慎摔得多厉害，当时车子把你送往医院的情景，至今回想起来都让人后怕。很内疚，也万分感谢你。在此还非常感谢汉嘉设计集团西南分院付晓波女士，对工程造价所做的公正、客观、热情的义务劳动。王剑笠院长关于文化传承的见解也给了我极大的帮助，谢谢你的低调和对灾区建设的热情赞助。在此还要谢谢叶克盛先生对青川工程的促进，以及嘉善县天凝镇洪溪村支书陈俐勤女士的热情支持。

希望是面向未来的应有姿态，正如感恩是面向以往的应有姿态。昔日的友谊令人心存感激，这份感恩之情始终也是催人奋进的一处泉源，因而也成了来日建设家园的一种保证。

值此机会，特意要感谢胡理琛先生的信任、友情、照拂和相助，就像光线和声音，始终如一。谢谢你形诸笔端对于人类潜能的信念、对历史的反思和对建筑环境等诸多现象的阐释与思虑，善的知识只可能植根于善的心灵。宁静愉悦中的交谈与交往，收获之处总能带来新的见地、意义、感受和思绪，而其中的启示更使人受益匪浅。

在《为了生命和家园》丛书系列中，我们还同其他两位人士开展了深入合作，在此我想一并致谢。感谢李建平先生以娴熟的知识积累撰写的著作《网络与信息安全》，作为国际小波理论及其在信息安全应用领域的著名学者，李教授还希望，本工程中的计算机软硬件系统由电子科技大学计算机科学与工程学院来援建，谢谢你的友情、帮扶和对灾区家乡建设的关怀。谢谢浙江大学环境与资源学院倪吾钟研究员对丛书系列的参与策划和启迪，以及深入研究撰写的著作《农村生态安全导读》。

感谢严晓龙、龚承先和蒋妙飞工程师，与你们的交谈为《城镇消防安全防范及灭火救援技术读本》一书的编写带来了新的见地、意义、感受和新的思路。

谢谢中国美术学院风景建筑设计研究院，你们在室内立面的点位图设计等方面，为本建筑的内在空间增添了一分美的神韵。谢谢徐永明先生、董奇总规划师，以及参与人员叶洁、金永杰、吴志铜、谭激、陈俐婧、徐照工程师等各位朋友。你们所做的一切，加深了我们对于克服困难的整体体验。

楼建勇先生，多谢你为这一花园建筑屋顶花坛所做的植物配置设计，还不辞辛劳从川浙等地精心挑选了一百多种花卉植物，风尘仆仆亲运现场，亲手栽种。这是你对园艺劳动的本真理解。而这种亲近大自然的理念和培养孩子们动手能力的构想，与提倡自我修养的园丁理想实则同根同源。

李本智先生，感谢你在城乡规划研究中那些美妙、真诚的感悟。也谢谢王建珍主任的礼遇和诚挚，你们的爱心关注是园丁式的，也突显了企业文化。

感谢澳大利亚艺术家卡尔·吕先生，雕塑家林岗先生合作构思创作的主题喷雕《命运交响曲》，谢谢你们这样神奇美妙的作品，它显示了——恰恰在历史事件呈现出“命运”特征的情况下，人的能动作用才既遭遇挫折，又获得解放。

许多事情不在我们力所能及的范围之内，比方说防范日后的不幸——我们拥有的许多东西，包括健康、亲人、朋友、财富，都可能被夺走，但是没有什么能夺走我们对生命过程的热爱和家园建设中的乐观与感激之心。

感谢我们的家人、朋友和老师，你们的默默支持和爱心捐赠，让我想起了一句心理学格言——“使你的爱更博大以扩大我的价值”[①]。超越存在的自我努力使每个充满爱的生命都扩大了。希望我们所做的一切能让你们引以为豪。

感谢彭茗玮，你策划的“浙报公益联盟”爱在春苗行动使笔者又经历了一次意义之旅。谢谢你直到对公益活动小册子的细微处都心领神会时才给予的肯定，你如实反映了每一个糟糕的主意和准确的直觉，让笔者可以明鉴孰优孰劣。

在此要对宣日锦、吕海力和鲍力三位朋友，再次道一声谢谢——为你们的友情、率真、对灾区多次伸出援助之手。和你们的交流能够迅速摆脱挫折的困扰，而且确实可以找到令人吃惊的、无需理由的快乐。

李晓松先生，你去年冒着盛夏酷暑从上海赶来浙江，感谢你为造福灾区未成年人教育事业，像七月流火般的热情、付出的失眠与奔波。你就是黑龙江人。谢谢你捐赠活动中心的全套监控、弱电系统器材设备及安装等及善款。谢谢仁慈的朋友朱向娟和张健先生。

汤静，谢谢你说的话“我们不是金钱的奴隶”，在人事的无常面前，本真的语言交流确实能起到了缓冲和抚慰的作用。在此，要谢谢金建平、田军县和孙宝梁三位专家对该工程外墙建筑节能多次提出构造措施建议，这份热心弥足珍贵。

郑耀先生，谢谢你的信赖和诚挚交流。早春时节，在通话中听你说“这个事能够帮好忙是很开心的。”听这样的话，也让人由衷地开心啊！这样的对话直到遥远的将来都会给人带来温馨的回忆。

在此，还要谢谢楼永良先生曾给予笔者的精神鼓励。对此一鼓励的思忖真正地意味着：无畏地去接受命运的挑战，不间断地驱使自己去行动、去抗争、去实现、去克服、去改变。

骆圣武先生，谢谢你对青川这座建筑将来投入使用后有更多的关注。让人感到欣慰的是，尽管悲剧发生在许多青少年家庭和他们自己身上，但他们还是用一种非同寻常的方式重拾生活、学习的信心。这对他们来说并不容易。

王海金和张威两位监理工程师，你们作为单位派出的援建志愿者，为保证本项目的工程质量安全尽了一份天职。金健先生和高淑微副总经理，我们要为你们选派的公司优秀员工点赞。这几年和他们一起坚守，使一箩筐的困难得以一点点地消化克服。这很好。在压力、学习、尝试和改变中逐步了解自己的潜力，保持前进的势头。

方利强先生，十分感谢你带领的团队为此一工程所做的户外景观设计和捐

① 注：Make thy love larger to enlarge My worth引自英国女诗人伊丽莎白·巴雷特·布朗宁（1806～1861）的一句诗。

助。同时要谢谢陈颖副院长和朱锡冲、黄宇飞、沈弋、左璐等专业技术人员的学养和奉献，它们都印证了浙江诚邦园林——“以德立人，以诚兴邦”的创业宗旨和“辉煌源于持久，强大源于合作”的发展理念。你们的热忱不是现代人游走四方漫无目标的热情，而是一种园艺道德。

董奇老师，我们这个社会，良知的资源是如此丰富，有时候不经意到花园附近去走走，绿色便会自己燃烧起来。谢谢你赠送给活动中心两台钢琴，还特意邀约了中国美术学院两位同事吴碧波老师、夏云老师，一起为几个美术教室和多媒体教室配上全套桌椅板凳。为人师表的老师，谢谢你们的行动照亮生活，燃烧生命。

感谢诗人余刚的相助！最近我又读了你送的诗集。还希望进一步和王应有一起调研，交流新农村建设中的防灾话题。

在此，还要向其他不计其数的无名英雄致以谢意：感谢每一位对这套作品和援建活动有过知遇之恩，并且给予它支持和鼓励的人士。

宁波市轨道交通工程建设指挥部和集团公司，今年早春，从决策层到建设工人们，共有2600余人次，以及28个参建单位参加了由单位发起的爱心捐献活动。如此感人，体现了当代城市轨道交通建设工作者的精神风貌！

感谢李东流先生给予援建工程的热情相助，也谢谢湖州市对口支援工作领导小组办公室、市住房和城乡建设局、市精神文明办和南浔产业集聚区政府等各方人士的热心助推，体现出政府公务人员一种服务社会的意识。

微光处处，总能发现人性光亮的绰约闪烁。感谢施明朗先生、朱持平先生和同事吴胜全先生的热心帮助，你们的关爱让人体验到了新的生机。公益活动小册子《家乡的期盼》编辑、印制不容易，谢谢陈黎先生的友谊和相助，以及陈新君女士出色的文印工作和辛勤劳动。

感谢朱俐德先生，感谢陆峰先生、吴伟年女士，相信你们的关注将会引起新一轮的爱心活动。为此也期待着新的合作。

蒋莹先生和陈春雷总工、钟为东先生、徐召儿院长、张矗院长、闵后银先生，你们的助推将构成一个活生生的有机体。还有邱晓湄老师、贾华琴秘书长、宁波市城市规划学会李娜娜，你们都是心甘情愿地做些公益活动，这寓意着心灵不单单像土壤，它本身就是土壤。谢谢何火生先生、郑仁春秘书长、陈赛宽总经理为点缀花园而做的努力。

谢谢许成辰老师的电话、热情和对灾区少年儿童健康成长的关心！中国计量学院视觉传达设计专业大二学生马颐真同学为活动中心进行了logo设计，其造型在具象和抽象之间，寓意颇为生动活泼。

感谢先后共事过的同事,他们是我的良师益友。谢谢赵克同志,周仲光同志,谢谢宋炳坚同志和城乡规划处同仁们的友谊和信任，以及王晓里、陈继辉同志在工作中的客观、澄清和责任心。

朱文斌先生，谢谢你多年的友情、鼓励和城乡规划研究的交流。樊秋和女士，周伟强先生，感谢你们为川浙两省的民间友好往来所做的建议。在此，也要对四川省财政厅工作人员卢飞凤、朱向东同志说声谢谢,是你们的热情和服务,使得捐建资金及时通过银行账户渠道汇给灾区。

感谢解放军信息工程大学于大鹏老师、同济大学建筑与城市规划学院邵甬老师、清华大学建筑学院饶戎老师、中国计量学院标准化学院李丹青老师、哈尔滨工业大学建筑学院张姗姗老师、浙江警官职业学院孙斌老师、浙江工业大学陈馨如老师、浙江科技学院武茜老师等对丛书编写和援建活动，以不同的方式关注之。这种友人在百忙中的交流也意味着：汇聚在祖国一座座花园里的活力属于我们这个星球谐和同一的生命，因为教师本来就是园丁。

自发的社会公益活动，在艰难中一路走来，得到如此多爱心单位和人士的关怀和鼓励。这使人豁然悟出了一个道理：涓涓爱心皆溪流，溪流可以成江河。藉此再一次向各位致敬并致谢。

# 青川县未成年人校外活动中心
# 参加援建和业已捐资的单位、团队和个人名单

《工程建设安全技术与管理丛书》全体作者
海南亚洲制药股份有限公司
浙江大学建筑设计研究院
中国建筑工业出版社
温州东瓯建设集团股份有限公司
浙江省建筑装饰行业协会
浙江省建工集团有限责任公司
浙江中南集团
永康市古丽高级中学
杭州市建筑设计研究院有限公司
浙江省武林建筑装饰集团有限公司
温州中城建设集团股份有限公司
浙江工程建设监理公司
宁波弘正工程咨询有限公司
桐乡市城乡规划设计院有限公司
浙江华洲国际设计有限公司
新昌县人民政府
宁波市城市规划学会
宁波市规划设计研究院
宁海县规划设计院
余姚市规划测绘设计院
宁波市鄞州区规划设计院
奉化市规划设计院
浙江诚邦园林股份有限公司
浙江诚邦园林规划设计院

浙江瑞安市城乡规划设计研究院
温州市建筑设计研究院
义乌市城乡规划设计研究院
温州市城市规划设计研究院
浙江省诸暨市规划设计院
浙江省宁波市镇海规划勘测设计研究院
浙江武弘建筑设计有限公司
慈溪市规划设计院有限公司
浙江高专建筑设计研究院有限公司
乐清市城乡规划设计院
温州建苑施工图审查咨询有限公司
宁波大学建筑设计研究院有限公司
平阳县规划建筑勘测设计院
卡尔·吕先生（澳大利亚） 林岗先生
浙江同方建筑设计有限公司
袁建华先生
宁波市轨道交通集团有限公司
宁波市土木建筑学会
浙江建设职业技能培训学校
电子科技大学计算机科学与工程学院
上海瑞保健康咨询有限公司 李晓松先生
浙江华亿工程设计有限公司
徐韵泉老师 钟季鍙老师
杭州大通园林公司
浙江天尚建筑设计研究院
浙江荣阳城乡规划设计有限公司
衢州规划设计院有限公司
中国美术学院风景建筑设计研究院
森赫电梯股份有限公司
嘉善县城乡规划建筑设计院
慈溪市城乡规划研究院
温州建正节能科技有限公司
董奇老师 吴碧波老师 夏云老师

云和县永盛公路养护工程有限公司
浙江宏正建筑设计有限公司
浙江蓝丰控股集团有限公司
浙江城市空间建筑规划设计院有限公司
浙江玉环县城乡规划设计院有限公司
台州市黄岩规划设计院
象山县规划设计院
湖州市公路局

# 青川县未成年人校外活动中心建设掠影

鸟瞰图

奠基仪式

施工现场

建成后实景之一

建成后内景之二